Whiskey

위스키 수업

Orignially published in 2019 in United States by Sterling Publishing Co. Inc.
under the title THE COMPLETE WHISKEY COURSE:
A COMPREHENSIVE TASTING SCHOOL IN TEN CLASSES.
This edition has been published by arrangement with Union Square & Co., LLC.,
a subsidiary of Sterling Publishing Co., Inc.,
33 East 17th Street, New York, NY, USA, 10003.

전통과 유행을 넘나드는 황홀한 여정

Whiskey

위스키 수업

로빈 로빈슨 지음 | 정영은 옮김

니들북

○ 스코틀랜드 아일라섬의 부나하벤 증류소.

언제나 나를 믿어준,

누구보다 이 책을 자랑스러워했을

타마라를 위해.

우리는 나란히 서서 손에 위스키 잔을 든 채 위스키의 유산과 생산공정, 숙성 햇수에 대해 이야기한다. 그러나 우리 사이의 공간을 인식하지 못한다면, 잔은 비어 있는 것이나 다름없다. 위스키의 생명과 의미, 과거와의 연결, 서로의 연결을 만들어내는 것은 바로 우리가 잔을 들고 마주한 그 공간이기 때문이다.
자, 이제 잔을 들어 건배를 하자. 위스키가 만들어내는 유대감이 공기 중으로 사라지기 전에.

로빈 로빈슨

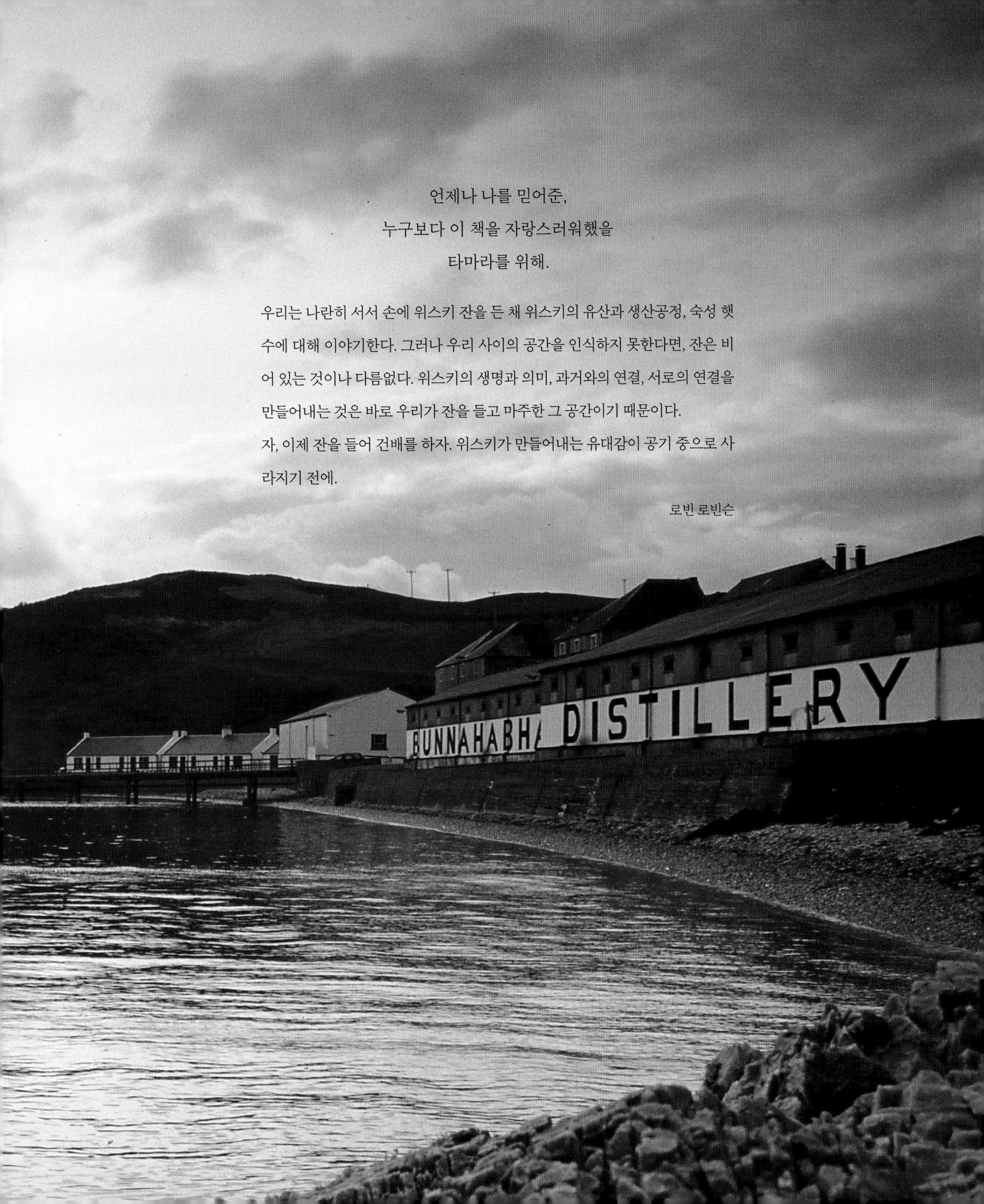

○ 웨스트버지니아에 있는 스무스 앰블러 스피리츠의 병입 라인.

Contents

○ 스코틀랜드의 글렌파클라스 증류소.

PART 1

광활한 위스키의 세계

위스키, 돌아오다

사실 누구도 예상치 못했다. 지난 20여 년간 생소한 지역 생산자에서 신생 업체, 전통과 역사를 자랑하는 기존 증류소까지 많은 곳에서 새로운 종류의 위스키를 쏟아내며 전 세계적으로 위스키 생산량과 소비량이 폭발적으로 증가했다. 마치 1980년대의 와인 붐을 보는 것 같다. 물론 위스키 쪽이 도수는 훨씬 높긴 하지만.

어찌 보면 위스키의 부활은 기적과도 같은 일이다. 1970년대 초부터 1990년대까지 위스키는 주류 소비자를 놓고 보드카와 진을 비롯한 무색 증류주와의 '대결'에 휩쓸렸고, 그 싸움에서 패했다. 할아버지 세대가 집에서 그리고 어두운 바에서 즐겼던 전통 위스키들도 대부분 버림받았다. 이 암울한 시기가 남긴 것은 위스키에 대한 잘못된 통념과 혼란뿐이었다. 그 결과 위스키 초보자들은 이제 "스카치가 위스키인가요?"라거나 "그럼 버번도 위스키인가요?", "호밀로 만든 것도요?"라는 질문을 던지고 있다(참고로 모든 질문에 대한 답은 "그렇다"다). 이러한 질문에 답하고자 하는 내 사명이 이 책의 근간을 이룬다. 나는 이 책을 통해 위스키에 관련된 모든 것을 알리고, 기존의 지식에 도전하고, 독자들의 위스키 사랑을 응원하고 싶다.

○ 텍사스주 발코네스 디스틸링의 재러드 힘스테드(Jared Himsted).

위스키의 부활은 그야말로 모든 것이 딱 맞아떨어진 결과라고 볼 수 있다. 다시 말해, 위스키의 부활은 풍부한 진짜 풍미를 추구하는 새로운 세대의 등장, 스마트폰과 각종 기기를 통한 빠른 정보 접근, 전통적인 재료를 활용한 크래프트 칵테일의 재발견이 복합적으로 작용한 결과다. 그 위스키 붐을 견인한 것은 전 세계의 마이크로 증류소들이다. 미국에서 등장하기 시작한 이들 증류소는 새로운 세대의 창업가와 기존 업계에 불만을 느낀 전문가들 그리고 자가 증류를 즐기는 이들로 인해 세계 곳곳에 생겨났다. 위스키는 진정한 황금기를 맞았다. 그 한가운데에 있는 우리는 그저 기쁘게 즐기기만 하면 된다.

위스키의 철자 표기법

처음 접하는 이에게 위스키는 주식시장이나 날씨 패턴만큼 혼란스럽게 느껴질 수 있다. 종류의 다양성에서 오는 혼란도 있지만, 무엇보다 위스키라는 단어의 철자 표기법조차 하나로 통일되어 있지 않기 때문이다. 아일랜드와 미국에서는 위스키를 'whiskey'로 표기한다(단, 메이커스마크Maker's Mark의 경우 설립자가 지닌 스코틀랜드-아일랜드계 혈통을 기리기 위해 'whisky'로 표기하고 있다). 스코틀랜드와 캐나다를 비롯한 그 외 지역은 'whisky'라는 표기를 선호한다.

일관성을 유지하는 차원에서 이 책에서는 각 지역의 선호에 맞춰 영문을 각각 'whisky'와 'whiskey'로 표기했다. 스카치위스키에 대한 직접적인 언급이 있을 때는 'whisky'

○ 스코틀랜드 로크길페드의 위스키 증류기, 1819년.

로 표기하되, 그 외 일반적인 의미에서 위스키를 논할 때는 'whiskey'로 통일했다.

간략하게 살펴보는 위스키의 역사

인류 문화를 볼 때 기존 기술에 대한 혁신과 개선은 늘 오랜 시간이 걸리는 작업이었다. 경우에 따라서는 수 세기가 걸리기도 했다. 위스키가 만들어진 과정도 마찬가지다. 위스키는 한순간의 깨달음으로 탄생한 술이 아니며, 다양한 영감과 수많은 시행착오를 거쳐 탄생했다. 증류 기술의 진화에 대해서는 추후에 살펴보고, 우선 서양 역사에서 위스키가 '머릿속에서 잔 속으로' 옮겨가기까지 결정적인 역할을 한 네 집단에 대해 알아보자. 동양의 경우 증류 기술에 대한 영향이 언제 어떤 방식으로 전파되었는지를 특정할 만한 근거가 많이 남아 있지 않지만, 서양의 경우 다음의 네 집단이 한 역할을 비교적 명확하게 확인할 수 있다.

농부

서양에서는 농부가 자신이 재배한 곡물을 시장에 직접 내다 팔지 못하던 시절이 있었다. 판매할 수가 없다 보니 다 키운 곡물을 들판에서 말라 죽게 두거나 저장고에 담아놓고 썩어 가게 두어야 하는 경우도 있었다. 그런데 이 부패가 곡물의 핵심적인 변화로 이어졌다. 부패와 분해 과정에서 자연적인 발효가 일어난 것이다. 과일을 발효해 만든 과실주는 태초부터 인류의 생존을 도왔다. 인류가 수렵채집에서 농경 위주의 생활로 넘어가던 시기, 유기물 분해 과정에서 자연적으로 생성된 소량의 에탄올은 물속의 해로운 세균을 없애주는 역할을 했다. 그 결과 과실주와 에일, 맥주는 사회의 필수적인 요소로 자리 잡았고, 뒤이어 브랜디와 위스키 등이 나타났다.

○ 과실주와 증류주, 또는 약물을 맛보고 있는 수도사들.

수도사와 침략자

증류 기술이 전 세계로 전파된 긴 여정은 종교와 불가분의 관계에 있다. 현대사회에서는 과학과 종교를 양립 불가한 것으로 보는 경향이 있지만, 고대 세계에서 둘은 하나이자 동일한 것이었다. 고대 페르시아의 주술사와 알렉산드리아 시대의 신비주의자, 고대 그리스의 철학자는 염료와 연고, 향료와 치료약물을 만드는 과정에서 증류 기술을 발전시켰다. 이들은 각자 자신의 신을 기리며 원료를 정화할 때 증류를 활용했고, 그렇게 발전한 증류 기술은 각자의 믿음이 전파되는 과정에서 복음처럼 함께 퍼져나갔다.

증류 기술은 8~9세기 이슬람 침략자들과 함께 이베리아반도에 상륙하며 처음 유럽에 전파되었다. 유럽에 도착한 증류법은 그 기술을 이해할 만한 유일한 계층, 즉 암흑기에서 벗어난 쇠락한 비잔틴제국의 수도원장과 수도사들의 손에 들어갔다. 이들은 중세 시대의 의사이자 약사였다. 수도원과 성당은 연구시설이었고, 그곳에서 일하던 이들은 오늘날의 과학자나 기술자와 다름없었다. 수도사들은 하나의 생명원소(액체)에서 또 다른 생명원소(기체)를 분리해내는 이 놀라운 기술이 성스러운 '영혼(spirit)'을 만들어낸다고 믿었다. 신의 영감으로 만들어진 게 틀림없는 이 결과물은 정화의 힘과 치유력을 지닌 '아쿠아 비테(aqua vitae),' 즉 생명의 물로 여겨졌다.

증류 기술자

증류 기술자는 마술사이자 주술사, 신비주의자이자 과학자였다. 이들은 거품이 이는 발효액을 끓여 신비의 영약을 만들어내는 사람이었다. 증류로 얻은 농축 알코올을 용매로 쓸 수 있다는 사실을 알아낸 초기 증류 기술자들은 각종 식물과 약초, 뿌리를 담가 정유를 추출했다. 오늘날 우리가 즐기는 샤르트뢰즈(Chartreuse), 베네딕틴(Benedictine) 등의 술 또한 약초를 활용하는 수백 년 전 제조법으로 수도사들이 만든 리큐어(알코올에 식물이나 향신료를 섞어서 만든 술—옮긴이)에 해당한다.

추천 위스키

그레이트 킹 스트리트 글래스고 블렌드
Great King Street Glasgow Blend

블렌디드 스카치위스키는 편한 사교모임에 가장 무난하게 어울리는 술이지만 그렇다고 꼭 뻔한 맛일 필요는 없다. '싱글몰트'가 최고라는 고상한 친구들과 블라인드 시음을 해보고 그 깜짝 놀란 표정을 찍어서 아무 해시태그 없이 SNS에 올려보자.

43% ABV

퓌르가이스트 바바리안 홉 위스키
PÜRGEIST BAVARIAN HOP WHISKY

퓌르가이스트 브랜드 소유주인 키키 브래버먼(Kiki Braverman)은 전업 주부이자 업계 베테랑이다. 수상 경력에 빛나는 이 위스키는 브래버먼의 출신지인 바이에른의 지역 맥주에 대한 애정을 바탕으로 세심한 조율을 통해 탄생했다. 브래버먼은 홉이 들어간 복(bok) 맥주를 증류한 후 버번 오크통에서 숙성하고 그라파가 담겼던 밤나무 배럴에서 피니싱해 이 위스키를 완성했다.

42% ABV

위스키 상식

전 세계 모든 기타 국가의 위스키 생산량을 합쳐도 5대 생산 지역(스코틀랜드, 미국, 일본, 캐나다, 아일랜드) 중 한 지역의 생산량에도 미치지 못한다.

아일랜드에서는 국가가 수도원을 폐쇄하며 많은 성직자가 일반인이 되었다. 특히 1534년 헨리 8세는 로마교회와 결별을 선언하며, 크고 작은 수도원에 소속되어 있던 성직자들을 방출했다. 이렇게 수도원 밖으로 나온 수도사들은 게일어로 이시케 바하(uisce beatha)라 불린 '생명의 물' 제조법을 전국에 전파하며 최초의 증류 기술자 집단이 되었다. 이들은 농민들의 일상에 자리 잡고 있던 과실주와 에일을 정제하고 농축해 증류주를 만들었다. 그 후 수백 년에 걸쳐 아일랜드와 스코틀랜드, 잉글랜드, 웨일스에는 수천 명의 증류 기술자가 생겨났다.

과세자

증류가 널리 전파되고 현재 우리가 아는 형태의 위스키가 탄생하는 데 누구보다 큰 역할을 한 것은 역설적이게도 왕과 제후, 국가 등 과세주체들이었다. 이들은 관세나 세금의 형태로 어떻게든 돈을 뜯어내려고 끊임없이 애썼고, 증류업자들은 이를 피하고자 사업장을 옮기고 기존의 증류 방식을 수정하고 새로운 시도를 했다. 결과적으로 당국의 과세 시도는 위스키의 생산법뿐 아니라 풍미의 다양화에도 가장 큰 영향을 준 요인이 되었다.

◁ 뷰트 경(Lord Bute)의 허수아비를 처단하는 모습을 묘사한 1763년의 풍자 판화. 영국 총리였던 뷰트 경은 '사과주 세금' 과세로 유명하다.

추천 위스키

르첵 싱글몰트 스카치위스키 10년

LEDAIG 10-YEAR-OLD SINGLE MALT SCOTCH WHISKY

게일어로 '각성'을 의미하는 이 브랜드는 스코틀랜드 멀섬에서 생산된 이 보물 같은 위스키를 한마디로 설명한다. 토버모리(Tobermory) 증류소에서는 토버모리와 르첵, 두 제품군이 생산되고 있다. 토버모리 제품군의 경우 피트를 전혀 사용하지 않아 바닷바람 내음이 느껴지는 반면, 1년 중 6개월 동안 동일한 증류기로 생산하는 르첵의 경우 피트 향이 매우 강하다. 베이컨 향과 바닐라 향이 감도는 훈연 향과 과일 향을 특징으로 하며, 톡 쏘는 46.3% ABV로 병입되었다.

46.3% ABV

코네마라 캐스크스트렝스 피티드 싱글몰트 아이리시위스키

CONNEMARA CASK STRENGTH PEATED SINGLE MALT IRISH WHISKEY

쿨리(Cooley) 증류소(현재는 빔산토리 소속)에서 생산된 피티드 싱글몰트위스키로, 원액 그대로인 캐스크스트렝스로 병입되었다. 피트와 캐스크스트렝스라는 두 스타일이 아이리시위스키의 역사와 아일랜드의 전통적인 위스키 제조 방식을 직접적으로 보여준다. 스카치위스키를 주로 즐기는 친구들을 초대해 모닥불 앞에서 길고 긴 한 모금을 음미해보자.

57.9% ABV

위스키가 논쟁을 부르는 이유

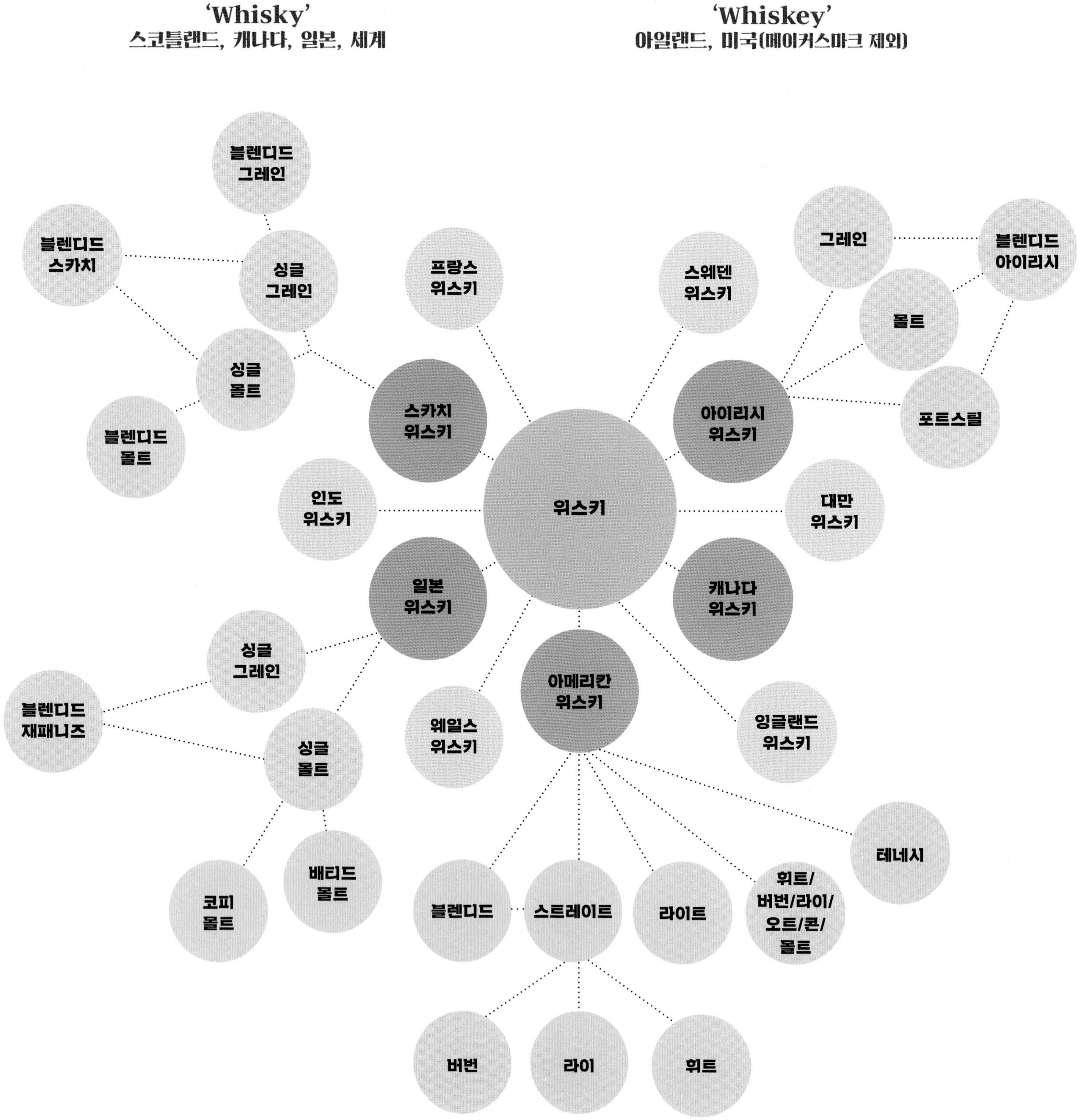

왼쪽 도표만 훑어봐도 '위스키'라는 단어가 왜 혼란을 부르는지 금방 알 수 있다. 그렇다. 확실히 위스키는 논쟁을 부른다. 위스키를 마시다 취해서 논쟁을 하는 게 아니라, 위스키에 대한 정의 자체가 불분명하다 보니 논쟁이 생긴다. 도표에 등장하는 각각의 용어는 책 전체에 걸쳐 적절한 시점에 설명할 예정이다.

◆ 그림 중앙에 위스키가 있다. 옥수수, 보리, 밀, 호밀 등 곡물을 발효하면 자연적으로 알코올이 생성되며 일종의 맥주가 만들어지는데, 위스키는 이 맥주를 증류해서 만든다.

◇ 다음 단계는 위스키를 생산하는 지역의 이름이다. 지역명은 위스키를 구분하는 명칭으로도 사용하며, 생산량을 기준으로 스코틀랜드, 일본, 미국, 캐나다, 아일랜드가 5대 생산지다(생산량 순서로 나열한 것은 아니다).

◆ 진짜 혼란은 다음 단계에서 시작한다. 5대 생산지 중 네 곳이 몰트위스키, 그레인위스키, 포트스틸 등의 용어를 사용해 위스키 유형을 자체적인 방식으로 세분화한다.

◇ 아메리칸 위스키(즉 미국 내에서 생산된 모든 위스키)는 제조 방식에 따라 버번위스키, 라이위스키, 오트위스키 등으로 세분화된다. 여기에 더해 블렌디드위스키, 라이트위스키, 스트레이트위스키도 있다('스트레이트'는 문맥에 따라 다른 의미로 사용된다).

◇ 스카치위스키는 몰트위스키와 그레인위스키, 두 유형으로 나뉜다. 이는 다시 싱글몰트, 싱글그레인, 블렌디드스카치, 블렌디드몰트, 블렌디드그레인이라는 다섯 가지 스타일로 나뉜다.

◇ 아일랜드에서는 몰트위스키 제조 시 포트스틸(pot still)이라 부르는 단식 증류기를 사용하지만, 포트스틸아이리시위스키는 별도의 스타일이며 몰트위스키가 아니다.

◇ 캐나다 위스키법은 위스키의 유형을 별도로 규정하지 않으며, 위스키가 무엇인지에 대한 범위만 정하고 있다.

◆ 사실 위스키는 모든 증류소의 모든 단계에서 끊임없이 혼합, 즉 블렌딩(blending) 과정을 거친다. '싱글배럴(single barrel)'로 표기된 제품을 제외하면 모두 블렌딩된 것으로 볼 수 있다. 그러나 '블렌디드위스키'라는 용어는 지역에 따라 다른 의미를 지닌다.

◆ 경우에 따라 증류기 종류가 스타일을 정의하기도 한다. 일례로 일본 닛카 증류소에서 보리 몰트만을 원료로 해서 코피 증류기(Coffey still)로 제조한 위스키는 코피몰트(Coffey Malt)라 한다. 그러나 같은 원료로 스코틀랜드 로크로몬드(Loch Lomond)에서 만들면 싱글그레인위스키라고 불러야 한다. 캐나다에서는 이것을 (블렌딩에 사용하는) 베이스위스키로 본다.

위스키와 테루아르: 제조품으로서의 위스키

언어는 중요하다. '테루아르(terroir)'라는 단어가 위스키와 어울리지 않는 이유를 살펴보면 위스키라는 술이 와인이나 맥주와 어떻게 다른지 알 수 있다. 와인은 원산지와 핵심 재료에서 서너 단계 만에 병에 담겨 와인 잔에 도달한다. 와인의 핵심 재료는 포도를 압착한 포도즙이며, 이 포도즙이 발효하면서 알코올이 생성된다. 그 과정에서 와인 생산자는 여러 자연 요소를 세심하게 관리함으로써 풍부하고 우아한 풍미를 이끌어낸다. 와이너리에 가본 적이 없더라도 세상의 작동 방식에 대한 일반적인 이해만 있다면 와인 제조 과정은 비교적 쉽게 이해할 수 있다. 우선 포도를 압착한다. 당분이 함유된 포도즙을 큰 통에 넣는다. 효모를 넣고 발효해 알코올을 생성한다. 배럴에 담는다. 마지막으로 와인 병에 담는다.

이 단순한 설명은 우리가 와인을 즐기고, 와인 관련 어휘를 이해하는 데 도움이 된다. 포도밭의 토양, 일조량, 강우량, 기후 등이 와인의 독특한 특성에 영향을 준다는 테루아르라는 개념은 이렇게 비교적 직관적으로 이해할 수 있다.

그러나 위스키를 비롯해 '증류주'에 속하는 모든 술은 증류라는 과정을 통해서만 얻을 수 있는 일종의 제조품이다. 사전에서는 '제조'를 "기계류를 사용해 원료나 부품, 요소 등을 고객의 요구나 기대에 맞춰 완제품으로 만드는 일"로 정의한다.

○ 매시턴 내부의 라우터링 교반기. 곡물을 저어주는 역할을 한다.

테루아르 vs. 프로비넌스

일부 위스키 제조사, 애호가, 블로거, 마케팅 담당자들은 지역적 영향으로 인해 나타나는 특정한 맛을 설명할 때 테루아르라는 표현을 사용하곤 한다. 딕셔너리닷컴(Dictionary.com)은 테루아르를 "토양, 기후 등 포도가 재배되는 환경적 조건이자, 와인에 독특한 맛과 향을 부여하는 요소"로 정의한다. 그런데 과연 위스키에도 테루아르라는 개념을 적용할 수 있을까?

위스키는 원재료를 가공해서 만든 일종의 제조품이다. 위스키는 누군가의 차고에서, 창고에서, 또는 거대한 공장에서 한 명 또는 수백 명의 노력으로 탄생하는 결과물이다. 곡물과 물, 효모라는 원재료가 증류주로 변환되는 과정은 절대 단순하지 않다.

증류기에 불을 때는 순간 시작되는 위스키 제조 과정은 와인이나 맥주의 양조 과정과는 완전히 다르다. 위스키는 제조품으로서 열 가지가 넘는 공정을 거쳐 발효 음료가 아닌 증류액으로 탄생한다. 그중 네 가지 공정은 화학적 변화와 관련이 있다. 위스키는 오랜 제조 과정에서 수많은 이의 손을 거쳐 우리의 잔에 도달한다.

이탄, 즉 피트(peat)를 테루아르의 논거로 드는 이들도 있다. 물론 피트를 가열할 때 발생하는 연기가 위스키에 어느 정도 풍미를 더하는 것은 사실이다. 그러나 몰트 제조에 쓰는 피트가 항상 같은 곳에서 채취되는 것은 아니며, 늘 같은 방식으로 사용되는 것도 아니다. 물과 곡물을 테루아르의 논거로 드는 경우도 있다. 그러나 양조와 증류에는 통상적으로 미네랄 함량을 조절한 탈염수를 사용한다. 곡물 또한 일반적으로 여러 지역에서 공급되며, 때로 원산지가 여러 나라인 경우도 있다. 마케팅 담당자가 안 듣는 데서는 증류업자들도 곡물의 원산지가 풍미에 미치는 영향이 극히 제한적이라는 사실을 인정한다.

담금액(mash) 속의 물과 효모, 곡물이 만나 발효액(wash)이 되고, 그 안에 함유된 알코올을 증기화해서 추출하는 과정까지 가면 설명은 더욱 복잡해진다. 이 과정은 단식, 연속식, 또는 하이브리드식 등 다양한 증류기를 사용해 진행되지만, 기본적으로 열과 구리의 작용으로 인해 알코올이 액체에서 기체 그리고 다시 액체 상태로 변환되는 화학적 과정이라는 점은 모두 비슷하다. 그렇게 증류기에서 배출된 증류액은 필요에 따라 커팅된다. 증류액 숙성에 사용되는 배럴은 복잡성을 더한다. 배럴은 완성된 위스키의 풍미와 특성을 절반 이상 좌우하는 중요한 역할을 한다. 기후와 온도도 빼놓을 수 없는 요인이며, 배럴에 쓰인 목재의 건조 방법, 내부를 태운 정도 또한 위스키의 풍미에 영향을 준다.

이러한 수많은 요소를 고려할 때 테루아르는 위스키의 특성을 설명하기에 적합한 용어가 아니다. 그보다는 위스키 제조가 이루어진 곳의 출처적 특성과 연결할 수 있는 '프로비넌스(provenance, '출처' 또는 '기원'이라는 의미—옮긴이)'라는 용어를 사용하는 것이 바람직하다. 한 번에 생산되는 양, 배럴의 크기, 숙성고에서의 보관 방법, 사용하는 기계, 증류를 진행하는 사람의 지식과 재능, 발효와 숙성 시간, 원재료 등 모든 요소가 영향을 미친다. 이 모든 과정에서 내려지는 결정의 총합으로 각각의 증류소는 바로 옆에 있는 이웃 증류소와도 확연히 구분되는 프로비넌스를 가지는 것이다.

땅에서 병까지의 거리

와인	맥주	위스키
포도	곡물	곡물
수확	수확	수확
압착	맥아 제조/건조	맥아 제조/건조
발효	세척/제분	세척/제분
숙성	담금	담금
병입	양조	발효
	냉각	증류/기화
	저온살균	2차 증류(아이리시위스키)
	냉각	커팅
	병입	커팅한 증류액 재증류
		희석
		배럴/숙성
		희석
		병입

위스키 관련 법

스코틀랜드, 아일랜드, 일본, 캐나다, 미국 등 주요 위스키 생산국에는 위스키 제조를 규제하는 다양한 법률이 존재한다. 각국은 통상 협정의 형태로 서로의 정의와 규제를 인정하지만, 현 시점 세계 최대 시장인 미국이 정한 기준을 가장 가깝게 따르고 있다.

미국의 경우 주류·담배·화기 및 폭발물 단속국(ATF)이 발행하는 연방규정집에 위스키 관련 규정이 정의되어 있다. 식별 표준안(Standards of Identity)에서는 위스키를 다음과 같이 규정한다.

"위스키는 발효한 곡물 담금액을 원료로 해 190프루프 미만으로 생산한 알코올 증류액으로, 일반적으로 위스키에서 기대되는 맛과 향, 특성을 지녔으며, 참나무로 만든 용기에서 숙성한 후 최소 80프루프 이상으로 병입해야 한다(콘위스키는 제외). 여기에는 또한 특정한 식별 표준안이 규정되지 않은 증류액의 혼합물도 포함된다."

위스키는 어떻게 만들까?

위스키를 만드는 데는 세 가지 재료가 필요하다. 곡물, 뜨거운 물 그리고 효모다. 그게 전부다. 물은 곡물을 분해해서 안에 들어 있던 당분을 끌어낸다. 효모가 그 당분을 먹고 알코올을 만든다. 따지자면 이 단계의 액체는 맥주에 해당한다(발효액이라 부르기도 한다). 우리가 흔히 마시는 맥주 같은 형태는 아니지만 증류를 시작하는 데 필요한 7~9%가량의 알코올을 함유하고 있다. 위스키를 만들기 위해서 이 맥주를 증류기에 넣고 증류한다. 증류기의 재질은 대부분 구리다. 열전도율이 뛰어나고 증류 과정에서 생성되는 유황 등을 흡착해 '오프노트(off-note, 이취)'를 줄여주기 때문이다.

그다음에는 증류기에 불을 때서 내부에 담긴 맥주를 가열한다. 단, 알코올은 증발하되 물은 증발하지 않을 정도로 온도를 맞춘다. 단식 증류기의 경우 하단의 본체 솥 위에 상단 솥을 뒤집어 뚜껑처럼 덮은 모양인데, 약간 호리병 같기도 하다. 상단 솥의 윗부분에 연결된 구리관으로 증기가 모이고, 뜨거운 증기는 차가운 물이 담긴 통을 통과하며 다시 액체가 되어 밖으로 배출된다.

인류는 약 900년 동안 이런 방식으로 증류를 해왔다. 증류기에서 나온 첫 증류액은 상처 소독에 사용할 수 있을 만큼 알코올 함량이 높고 음용이 불가하다. 이 액체는 따로 모아둔다. 그다음에는 알코올 도수가 조금 낮아진 증류액이 나오는데, 이것이 바로 우리가 얻고자 하는 술이다. 이것 또한 따로 보관한다. 그 이후 배출되는 액체는 알코올 함량이 더 떨어지며 불쾌한 냄새를 풍긴다. 이것도 따로 받아둔다. 증류기가 한 차례 돌아간 후에는 초기에 나온 액체와 마지막에 나온 액체를 섞어 다시 증류를 돌린다. 그렇게 증류액이 더 이상 나오지 않을 때까지 과정을 반복한다.

▷ 이러한 형태의 증류기는 19세기 초까지 미국에서 흔히 사용되었다.

Eli Barnum & Benj. Brooks.
Still

위스키는 이렇게 발효액을 끓이고 알코올을 추출하고 분리해서 만든다. 각각의 공정을 어떻게 조절하느냐에 따라 결과물은 달라진다. 증류 속도를 조절해 졸졸 흐르는 수준으로 서서히 뽑아낼 수도 있고, 발효 시간을 줄여 효모가 당분을 먹는 시간을 줄일 수도 있다. 위스키가 지닌 다양한 풍미는 이러한 공정 조절의 총합이다. 위스키는 단일 곡물을 증류할 수도 있고, 다양한 곡물을 매시빌(mash bill)이라는 레시피로 배합해 증류할 수도 있다. 각각의 곡물은 위스키 풍미에 특정한 영향을 준다. 옥수수는 달콤한 풍미를, 보리는 과일 풍미를, 호밀은 스파이시한 풍미를 준다. 증류기에서 나온 술은 나무통에서 숙성 과정을 거친다. 숙성 기간은 며칠이 될 수도, 몇 달 또는 몇 년이나 몇십 년이 될 수도 있다. 숙성을 전혀 하지 않는 위스키도 존재한다. 배럴을 보관하는 창고의 환경은 건조하고 더울 수도 있고, 습하고 서늘할 수도 있다. 배럴 숙성을 마친 후에는 다른 종류의 배럴에 추가적으로 숙성하기도 한다. 병입 전 희석을 통해 알코올 도수를 조절하기도 한다. 그리고 한 가지 확실한 것은 위스키가 우리 앞에 도달하기 전까지 무수한 사람의 코를 거친다는 점이다.

위스키 제조 기술은 이 모든 공정을 일련의 연속적인 과정으로 세심하게 엮어낸다. 각각의 단계는 이전 단계의 영향을 받으며, 이후 단계 또한 늘 인식하고 있어야 한다. 그런 의미에서 증류는 그야말로 기술과 예술이 필요한 일이지만 여전히 그 핵심은 끓이기와 추출하기, 분리하기로 요약할 수 있다.

프루프가 중요한 이유

위스키는 곡물을 발효해 양조한 맥주로 만든다. 위스키에서는 옥수수, 보리, 밀 등 매시에 들어간 곡물 고유의 맛이 나야 하는데, 그 맛은 알코올 도수의 영향을 받는다. 증류액의 알코올 함유량을 190프루프, 또는 95% ABV로 제한하는 이유가 여기에 있다. 그 이하로 증류해야만 콘지너(congener)라 불리는 향미 분자 성분이 남아 있어 원료 곡물의 맛을 내기 때문이다. 95% ABV 이상의 증류액에는 풍미를 내는 콘지너가 전혀 남아 있지 않으며, 이는 무미무취의 보드카에 가깝다. 위스키 병입 시 세계 표준은 80프루프, 또는 40% ABV 이상으로 정하고 있다.

매싱 또는 쿠킹: 위스키 증류를 위한 맥주 양조

위스키를 제조할 때는 가장 먼저 곡물을 분쇄해 담금을 준비한다. 분쇄된 곡물은 다음 단계에서 액체로 변화하기 시작한다. 대부분 국가에서는 이 과정을 매싱(mashing)이라고 부르지만, 미국 증류소에서는 쿠킹(cooking)이라고 부른다. 이 단계에서는 곡물에 담겨 있던 풍미 요소가 조금씩 녹아 나오고 전분이 당분으로 전환된다.

제분기를 거친 곡물은 껍질, 입자가 큰 곡분(grist), 입자가 작은 미분(flour)로 분리된다. 담금 과정에서는 곡분과 미분의 비율을 잘 맞추는 것이 중요하다. 미분의 비율이 너무 높으면 담금액이 엉겨 물이 빠지지 않고, 곡분의 비율이 너무 높으면 떫은맛이 강해진다. 적절한 비율로 배합한 곡물 원료는 매시턴(mash tun) 또는 매시쿠커(mash cooker)라 불리는 당화조에 들어간다. 당화조는 스테인리스나 철, 또는 나무 재질의 커다란 원형 용기다. 당화를 할 때는 점차 온도를 높여가며 뜨거운 물을 여러 차례 붓는 방식으로 전분의 당분화를 촉진해 워트(wort)라 불리는 달콤한 맥아즙을 만든다.

매싱 과정에서는 라우터링(lautering, 잔여물 여과) 실행 여부를 결정한다. 라우터링을 위해 맥아즙이 일정한 흐름으로 움직

▷ 스코틀랜드 딘스톤 증류소의 당화조와 교반 갈퀴.

이며 물 빠짐이 이루어지도록 기계 장치 등으로 계속해서 섞는다. 라우터링은 맥아즙의 투명도를 결정하며, 이는 다음 단계인 발효에서 풍미 발달 방향에도 영향을 준다.

발효

준비 단계에서 가장 중요한 시기는 위스키의 세 가지 핵심 재료인 물과 곡물, 효모가 처음 만나는 순간이다. 이 세 재료가 만나며 전분이 당화되고, 달콤한 맥아즙은 알코올을 향한 첫 걸음을 내딛는다.

당화조가 매시턴과 매시쿠커라는 두 이름으로 불리듯 발효가 이루어지는 용기 또한 국가에 따라 그 명칭이 다르다. 아일랜드와 일본, 스코틀랜드에서는 워시백(washback)으로, 미국을 비롯한 그 외 대부분 국가에서는 퍼멘터(fermenter)로 불린다. 당화조와 마찬가지로 발효조 또한 나무, 철, 스테인리스로 만든다. 증류소가 추구하는 위스키의 특성이나 환경적 조건에 따라 위에 뚜껑을 덮은 경우도 있고, 그렇지 않은 경우도 있다.

물의 힘

예전 증류소들이 물길 근처에 자리를 잡은 데는 이유가 있다. 발아를 위해 곡물을 물에 불리는 담금에서부터 당화, 냉각, 증류, 희석에 이르기까지 위스키 제조의 전 과정에는 막대한 양의 물이 필요하기 때문이다.

현대의 증류소는 대부분 상수도 물을 사용한다. 그대로 사용

○ 콜로라도주 레오폴드브러더스 증류소의 토드 레오폴드(Todd Leopold)가 발효통에 매시를 채우고 있다.

하지는 않고, 염소, 염분 등 원치 않는 성분과 불필요한 냄새를 제거하기 위해 탈이온 처리를 거친다. 물의 성질이 발효에 영향을 주기는 하지만, 물 자체의 맛이 풍미 요소가 된다는 주장은 홍보 문구에 가깝다. 물의 중요성은 그 맛 자체에 있기보다는 물의 성질에 있기 때문이다. 이는 전 세계의 블렌더와 증류 전문가들이 동의하는 사실이다. 물의 성질은 다양한 풍미의 발생 요인이 되는 발효 활동에 영향을 준다.

석회암 지대에 위치한 켄터키주와 테네시주에는 칼슘 함량이 높은 경수가 흐른다. 칼슘은 pH지수를 낮추고 발효액을 덜 시게 만들어 당의 알코올 전환을 돕는다. 스코틀랜드, 아일랜드, 일본 남부, 인도 고아 지역 등지에는 주로 미네랄 함량이 낮은 연수가 흐른다. 물은 발효로 만들어지는 맥주의 유형(페일에일 또는 다크에일)을 결정하는 요인이 되기도 한다. 이는 결과적으로 제조되는 위스키의 전반적인 맛에도 영향을 미친다. 잔존 미네랄의 양, 미생물의 존재, pH 지수는 물마다 다르다. 상업적 증류소는 같은 브랜드로 생산되는 제품의 일관성을 유지해야 하는데, 물에는 수많은 변수가 존재하기 때문에 이를 잘 제어하는 것이 중요하다.

효모의 중요성

위스키 제조에서 효모의 중요성은 두말할 나위 없다. 증류 작업자에게 효모는 일종의 성배와도 같다. 아마도 암흑기 사람들은 효모의 작용을 마법으로 여겼을 것이다. 위스키 제조에서 효모의 중요성을 나열하자면 작은 도서관 하나를 채우고도 남을 것이다. 효모는 곡물, 나무와 더불어 위스키 풍미를 만들어내는 세 가지 촉매에 해당한다. 게다가 효모는 우리의 몸 표면에, 몸 안에 그리고 주변 어디에나 존재한다. 효모는 우리 눈에는 보이지 않지만, 일상 모든 곳에 존재하는 미생물 세상의 일부다.

○ 스코틀랜드 글렌고인 증류소로 흘러드는 물.

효모가 하는 일

효모가 하는 일을 간단히 설명하면 다음과 같다. 효모는 당분을 먹고 열, 알코올, 이산화탄소를 배출한 후 죽는다. 때로는 접촉하는 다른 미생물과 상호작용을 하기도 한다. 한 물질을 다른 물질로 변환한 후 죽는 효모는 일종의 희생적 촉매다. 이 변환은 위스키 풍미가 만들어지는 시작점이 된다.

증류업자들은 당도가 높은 맥아즙을 선호한다. 당분을 섭취한 효모는 젖산을 만드는데, 이 젖산은 과일 향을 내는 에스테르(ester)라는 화합물을 생성한다. 또한 효모는 호흡을 통해 당분을 음용 가능한 알코올인 에탄올로 전환한다. 이 모든 것은 위스키의 향미 분자인 콘지너가 된다. 콘지너는 포유류가 후각으로 감지하는 맛과 풍미를 담은 복합적인 분자로, 발효 시 사용한 효모의 유형, 발효 속도, 발효 조건 등에 따라 그 종류가 달라진다.

효모 활동의 이면에는 락토바실러스(lactobacillus)균이 있다. 일상의 미생물 세상에 존재하는 락토바실러스는 발효에서 결정적인 역할을 한다. 변환 과정에서 락토바실러스가 너무 이르게 유입되면 풍미가 고약해지고 알코올 수율이 낮아지는 이중의 불상사가 발생한다. 담금액의 온도를 조절해 효모가 대부분 사멸한 후 적절히 주입하면 락토바실러스는 나머지 세포를 공격해서 더 많은 풍미를 발효액에 풀어놓는다.

풍미를 품은 곡물

곡물은 풍미를 만드는 기초적인 구성요소다. 곡물의 배합 비율, 각각의 곡물에서 배출되는 당분과 아미노산의 종류 그리고 발효와 증류의 과정은 모두 최종생산물에 가치와 특성을 더한다. 또한 곡물에는 리그닌이 풍부하게 함유되어 있는데, 이를 가열해 다양한 풍미를 얻을 수 있다.

옥수수 달콤한 풍미. 옥수수는 버번, 콘위스키, 캐나다 베이스 위스키, 콘시럽의 핵심 재료다. 전분이 매우 풍부한 곡물로, 알갱이가 머금은 높은 당분이 위스키에 옥수수 특유의 단맛을 부여한다.

호밀 스파이시와 플로럴 풍미. 호밀은 라이위스키, 버번(예를 들어 와일드터키Wild Turkey, 포로지스Four Roses), 캐나다 위스키 등에서 주곡 또는 풍미 부여용 곡물로 사용되며 그 존재감이 강하다. 증류에 사용되는 곡물 중 리그닌의 함량이 가장 높아서 호밀을 사용하면 그 풍미가 다른 곡물의 풍미를 압도하는 경향이 있다.

보리 과일과 견과류 풍미. 베리류부터 복숭아류까지 실제 과일을 연상케 하는 풍미를 낸다. 보리는 대부분 몰팅 작업을 거친 맥아 형태로 활용한다. 몰팅 과정에서는 곡물이 가진 당분을 끌어내기 위해 싹을 틔워 발아시킨다. 발아한 보리는 위스키에 매끄러운 감촉과 향긋하고 모난 데 없는 느낌을 더해준다. 발아하지 않은 생보리는 건초와 짚, 야생풀의 풍미를 더한다.

밀 과일 풍미. 밀은 보리나 옥수수보다 섬세하며 약간 밀빵과 비슷한 풍미를 낸다. 다양하게 쓰일 수 있는 곡물로, 배럴의 바닐린을 강조하기도 한다.

귀리 드라이함과 시리얼 같은 풍미. 귀리는 다른 곡물에 비해 당분 함량이 낮고 복합적인 과일 풍미가 강하지 않아 위스키 제조에는 드물게만 사용된다.

○ 위스키의 기초적인 구성요소인 곡물.

위스키 라벨 읽기

라벨의 색깔, 병 모양, 도안
모두 상표로 등록된다.

잭대니얼스 Jack Daniel's
등록된 브랜드명.

올드넘버7 Old No. 7 Brand
브랜드와 관련된 등록 문구.

미국 테네시주 린치버그 잭대니얼 증류소에서 증류 및 병입
Distilled & Bottled by Jack Daniel Distillery, Lynchburg, Tenn. USA
생산처와 병입처를 밝힘으로써 신뢰성을 강조한다.

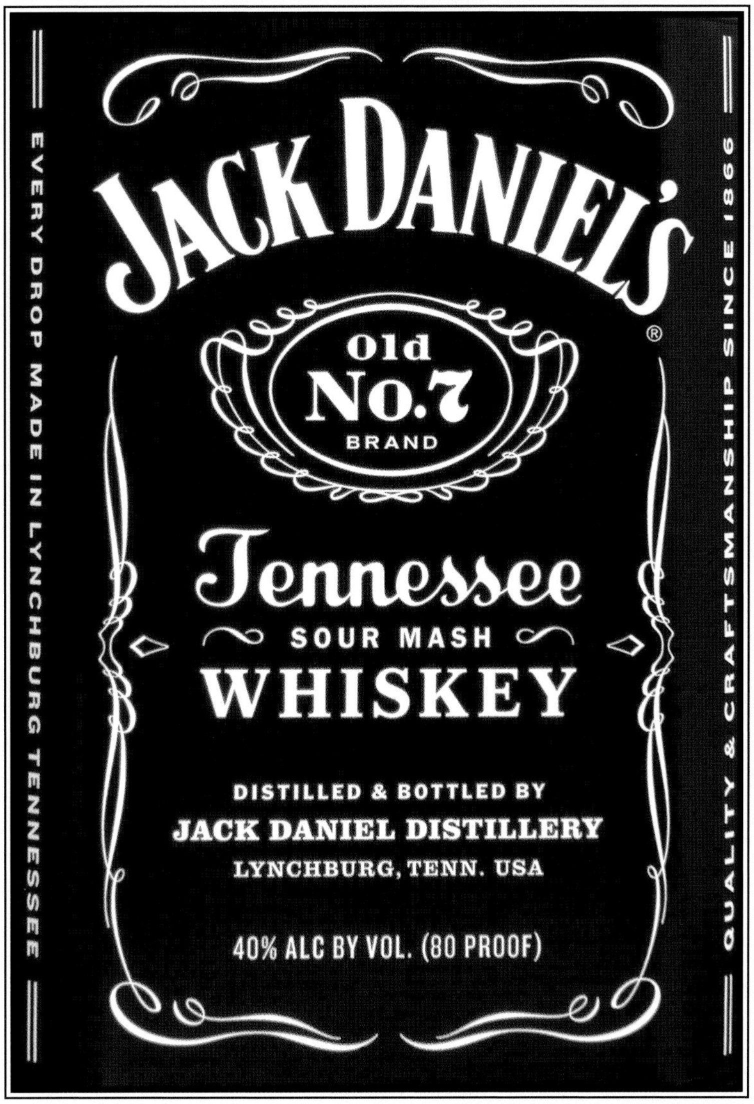

테네시 Tennessee
테네시주 규정에 따라 숯 여과와 숙성을 거쳤다는 의미.

사워 매시 Sour Mash
생산 시 적용한 공정을 홍보하기 위한 문구. 법적 의무는 아니다.

위스키 Whiskey
미국법이 규정하는 기준을 충족.

40% ABV (80프루프)
알코올 도수(미국 내 위스키 병입 법정 최저 알코올 도수).

위스키 상식

잭대니얼스는 전 세계에서 가장 많이 소비되는 증류주 20위 안에 꾸준히 랭크되고 있다.

추천 위스키

올드그랜드대드 켄터키 스트레이트 버번위스키
OLD GRAND-DAD KENTUCKY STRAIGHT BOURBON WHISKEY

올드오버홀트(Old Overholt), 올드메들리(Old Medley), 올드크로우(Old Crow), 올드테일러(Old Taylor). 듣기만 해도 '올드'한 위스키가 젊음 중독이었던 1980년대에 인기를 끌지 못한 것은 어찌 보면 당연한 일이다. 그러나 놀랍게도 올드그랜드대드는 그 어려운 시절을 견디고 높은 호밀 함량의 스파이시한 풍미를 뽐내며 여전히 우리 곁에 남아 있다. 아직 남아 있는 86프루프(43% ABV) 제품을 노리거나 지금은 찾기 힘든 114프루프 제품이 있는지 둘러보자. 가성비를 추구해온 우리 할아버지 세대와 경쟁해야 할 수도 있으니 긴장을 늦추지 말도록!

틴컵 아메리칸 위스키
TINCUP AMERICAN WHISKEY

편하게 마실 수 있는 그야말로 미국적인 위스키로, 매시빌은 옥수수 함량이 높은 버번이지만 배럴 숙성으로 거친 맛을 다듬었다. 콜로라도주의 틴컵이라는 금광 마을에서 영감을 받은 이 위스키는 바비큐 파티에서 편하게 즐기기에 제격이다. 안정적인 육각형 병에 든든한 양철 컵(tin cup)까지 딸려 있어 개울가에서 사금을 캐면서도 잔을 깰 걱정 없이 위스키를 따라 마실 수 있다.

42% ABV

쌀 섬세함과 플로럴 풍미. 쇼추(소주)를 비롯한 다른 증류주 제조에는 수백 년간 쓰여 왔지만, 위스키에 사용되기 시작한 것은 비교적 최근이다.

사워 매시

테네시와 켄터키의 덥고 습한 기후에서는 락토바실러스균이 특히 큰 골칫거리였다. 당화조와 발효조를 세척할 때 조금이라도 소홀하면 습한 환경에서 락토바실러스가 무섭게 번식해서 담금액을 망쳐버렸다. 이를 방지하기 위해 많은 증류소에서 이전 증류에 사용한 곡물 찌꺼기 일부, 즉 시큼한 '사워 매시(sour mash)'를 다음 매시에 투입해 균의 활동을 막는 일종의 예방주사로 활용하기 시작했다. 1830년대 켄터키에서 일했던 스코틀랜드 태생의 제임스 C. 크로우(James C. Crow)는 위스키 생산에 과학적 원리를 적용한 최초의 인물로 알려져 있는데, 사워 매시 공법 또한 크로우가 연구해서 도입했을 가능성이 높다. 크로우는 사워 매시가 풍미 프로필의 일관성을 높여준다는 사실을 발견했고, 그 덕에 이 공법은 오늘날까지 널리 쓰이고 있다. 라벨에 '사워 매시'를 표기하는 브랜드는 짐빔과 잭대니얼스뿐이지만, 해당 지역의 모든 증류소가 이 공법을 사용하고 있다.

발효는 유기물 분해의 한 형태다. 분해 과정에서는 에탄올이 생성된다. 많은 역사학자와 인류학자가 발효 없이는 인간이라는 종이 생존할 수 없었으리라는 결론을 내릴 만큼 인류는 오랜 시간 발효와 함께해왔다. 수렵과 채집으로 살아가던 인류는 어느 순간, 일부 과일이 상할 때 기포가 발생한다는 사실을 깨달았다. 과일이 상하는 과정에서 맛이 시큼해지며 낮은 도수의 에탄올이 생성되었고, 인류는 진화를 거듭하며 이 시큼한 맛에 반응하게 되었다.

그리고 시간이 흐르며 인류는 이 맛에 특별한 효능이 있다는 사실을 깨달았다. 인류가 느낀 효능은 알코올 작용을 통한 것이었다. 알코올 섭취는 현실을 벗어나게 해주는 고양감을 가져왔고, 이는 신비로운 체험으로 이어졌다. 초기 호모사피엔스로서는 아마도 최초로 자신이 속한 시간과 장소를 벗어나는 경험이었을 것이다. 그렇게 발효 음료는 각종 의식에 사용되었고, 이는 종교와 철학으로 발전해 공동체 생활의 중심이 되었다.

인류가 농사를 짓고 가축과 함께 생활하게 되면서 발효 음료는 또 다른 역할을 맡았다. 정착 생활이 가져온 토지의 과도한 사용으로 물이 부족해진 지역에서는 들짐승과 수원지를 공유할 수밖에 없었는데, 이는 종종 기생충 감염을 불러왔다. 시간이 지나며 인류는 그냥 물보다 발효 음료를 마시거나 발효 음료를 섞은 물을 마시는 게 감염 위험을 낮춰준다는 사실을 발견했다. 그것은 일종의 마법처럼 느껴졌다. 인류는 발효를 통해 자신이 속한 세계와 주변환경을 통제하는 법을 깨달았다. 발효 음료는 자연스럽게 일상의 일부가 되었고, 결과적으로 긴긴 세월 인류가 살아남아 현재까지 존재할 수 있게 해주었다.

○ 발효 과정에서 발생하는 이산화탄소 기포. 켄터키주 윌렛 증류소.

단식 증류기와 연속식 증류기 그리고 그 중간의 모든 것

증류는 분리를 통해 순도가 높은 뭔가를 얻는 것을 목적으로 한다. 위스키를 비롯한 알코올음료의 경우, 물과 다른 유기물질(맥주)로부터 순수한 에탄올을 분리해내는 것이 목적이다. 이것이 가능한 것은 알코올의 끓는점이 섭씨 78도로 섭씨 100도보다 낮기 때문이다.

위스키 증류에 사용하는 증류 장치는 주로 두 가지로 나눈다. 포트스틸(pot still)이라 불리는 단식 증류기와 칼럼스틸(column still)이라 불리는 연속식 증류기다. 포트스틸에 칼럼스틸을 부착하는 등의 방식으로 이 둘의 특징을 결합한 하이브리드형 증류기도 존재한다. 어떤 형태의 증류기를 사용할지는 원하는 최종 결과물, 전통, 증류에 들이고자 하는 시간, 장비에 투자할 수 있는 자금의 규모 등 다양한 요인에 따라 결정된다.

단식 증류기는 역사 속에서 다양하게 진화해왔다. 그 시작점에 있는 초기의 단식 증류기는 증류할 물질을 담는 호리병 모양의 하단 증류병(cucurbit)과 덮개 역할을 하는 상단의 알렘빅(alembic) 장치, 두 부분으로 구성되었다. 단식 증류로는 다양하고 특징적인 증류주를 얻을 수 있다. 그 이유는 역설적이게도 단식 증류가 연속식 증류에 비해 비효율적이고 여러 면에서 원시적이기 때문이다. 단식 증류의 결과물에는 매시가 담고 있던 묵직하고 예측 불가능한 풍미가 반영된다. 단식 증류의 비효율성과 투박함, 모양과 설정에 따른 개별적인 특성은 독특한 풍미 프로필을 형성하며 우리를 매료한다.

단식 증류기의 구성

단식 증류기의 크기와 용량, 설정은 천차만별이며, 따라서 단식 증류로 제조할 수 있는 위스키 종류는 무한대에 가깝다. 단식 증류기의 작동 원리, 각각의 증류기가 만들어내는 결과물의 차이를 알기 위해서는 그 구조와 기능에 대한 기본적인 이해를 갖추는 것이 중요하다.

○ 콜로라도주 레오폴드브러더스 증류소의 다양한 단식·연속식·하이브리드식 증류기들.

○ 캘리포니아주 소노마 디스틸링 컴퍼니의 포르투갈식 알렘빅 증류기와 셸/튜브형 응축기.

증류기

증류기는 주로 구리로 만든다. 가공이 쉬운 데다 열전도가 빠르고 고르기 때문이다. 구리는 위스키 제조에 필수적인 또 다른 특성을 지니고 있다. 바로 증류가 진행되는 동안 황화합물과 반응해 유황 냄새를 없애는 촉매 역할을 한다.

연료 공급원

위스키 제조 과정에서 열의 전달 방식은 매우 중요하다. 가장 단순한 방법은 증류기 아래에 직접 불을 때는 것이다. 과거 수도사나 연금술사들은 말린 배설물이나 토탄을 연료로 사용했고, 때에 따라 나무나 석탄을 이용하기도 했다. 그러나 현대 위스키 제조에서 가장 흔히 사용하는 것은 뜨거운 수증기다. 깨끗하고 효율적이며 안전하기 때문이다. 원래는 증류기 내부 바닥에 설치된 구리 코일을 통해 증기를 통과시켜 가열했는데, 이렇게 하면 증류 후 내부에 남는 곡물 찌꺼기를 세척하는 게 쉽지 않았다. 벤덤(Vendome), 크리스티안 칼(Kristian Karl) 등 현대적인 제조사가 만든 하이브리드 증류기의 경우, 증기 코일이 재킷처럼 외부에서 감싸는 형태여서 증류 후 내부 세척이 훨씬 용이하다.

넥 또는 알렘빅

증류병에 내용물을 넣고 끓이며 그 위에 관이 연결된 뚜껑을 덮어보자는 아이디어는 증류에 혁명적인 변화를 불러왔다. 발효액에서 끓어오르는 알코올 증기는 넥(neck), 또는 알렘빅('솥'을 의미하는 아랍어 '알 암비크al-ambiq'에서 변형됨)을 통해 포획된다. 증기의 포획이 가능하다는 사실을 알게 되며 그 방식에 대한 연구가 곳곳에서 이루어졌고, 고대의 각 지역은 각자의 문화적 영향과 필요에 따라 다양한 형태의 증류 장치를 개발했다.

직화 예찬

일부 증류소는 여전히 구리 증류기 하단에 불을 때는 직접 가열을 고수한다. 이들은 직접 가열에는 다른 방식이 절대 따라올 수 없는 어떤 결정적이고 물리적인 효과가 있다는 자부심을 지니고 있다. 직접 가열을 하는 경우, 구리의 금속 특성상 증류기 곳곳이 얇아지거나 변형을 일으킨다. 이는 에스테르의 순환에 영향을 주는데, 일부 증류업자들은 변형이 없는 새 증류기로 교체하면 절대 같은 풍미를 낼 수 없다고 주장한다. 또한 이들은 직화가 발효액을 부분적으로 캐러멜화해 증기 코일이나 증기 재킷 방식의 가열로는 절대 만들 수 없는 진하고 달콤한 풍미를 이끌어낸다고 주장한다. 한편 직화는 증류업자의 기술을 평가하는 잣대도 될 수 있다. 불의 효과를 파악하고 그 통제법을 익히는 데는 꽤 긴 세월이 필요하기 때문이다.

환류

증류기에 담긴 발효액에서 끓어오르기 시작한 알코올 증기는 상단의 넥으로 빠져나가려 한다. 증기는 에탄올 분자와 그에 부착된 향미 분자로 구성되는데, 넥 부분에 다다르면 무거운 분자는 중력 때문에 다시 아래로 끌려 내려가고, 가벼운 분자는 더 높이 올라가 빠져나간다. 위스키의 맛과 풍미를 형성하는 이 상승과 하강의 반복을 환류(reflux)라고 한다. 증류기의 크기와 모양에 따라 환류 작용이 다르게 일어나기 때문에 결과물의 풍미가 달라진다.

◁ 증류액 커팅 작업이 이루어지는 스피릿 세이프. 스웨덴 하이코스트 증류소.

추천 위스키

포트 아스케이그 110프루프 스카치위스키
PORT ASKAIG 110 PROOF SCOTCH WHISKY

런던의 위스키 거래상 수킨더 싱(Sukhinder Singh)은 수년 동안 쿨일라(Caol Ila) 원액을 병입해 자신이 운영하는 위스키 익스체인지(The Whiskey Exchange)에서 포트 아스케이그(쿨일라 증류소가 위치한 마을)라는 브랜드로 판매해왔다. 미국 시장에 출시된 이 제품은 (10년 미만의) 비교적 어린 위스키로, 입안을 얼얼하게 하는 강렬한 피트 향을 특징으로 한다. 피부를 찢을 기세로 맹렬하게 불어대는 바람과 물보라를 헤치고 아일라 섬 해안을 거칠게 항해하는 듯한 첫맛으로 시작해 바다표범이 반겨주는 항구를 향해 미끄러져 들어가는 듯한 부드러움으로 마무리된다.

55% ABV

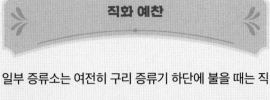

치치부 플로어 몰티드
CHICHIBU: THE FLOOR MALTED

매우 독특한 제품이다. 치치부 증류소의 아쿠토 이치로는 일본인으로 구성된 증류팀을 스코틀랜드에 파견해 독자적인 플로어몰팅 풍미를 찾아냈고, 이는 100% 플로어몰팅 보리만으로 만든 치치부 플로어 몰티드의 탄생으로 이어졌다. 강렬한 풍미와 훈연 향에서 치치부 증류팀의 대담함이 느껴진다.

58.5% ABV

○ 단식 증류기와 상향식 라인암.

스완넥과 라인암

알렘빅 상단에는 증기가 빠져나가는 구멍이 있다. 이 구멍에 연결된 관을 라인암(lyne arm) 또는 증류관(lye pipe)이라 부르는데, 에탄올 증기가 다시 액체화될 수 있도록 응축기나 웜터브의 냉각장치로 전달하는 역할을 한다.

라인암의 각도는 증류 결과물에 결정적인 영향을 준다. 중력을 거슬러 위로 향한 증기가 계속 상승해 다음 단계로 넘어갈지 다시 아래로 떨어질지 여부를 그 각도가 결정하기 때문이다. 라인암이 상향식이면 이는 넥의 연장선으로 작용해 무거운 입자가 라인암을 쉽게 넘지 못하고 다시 증류기로 떨어지게 한다. 라인암이 하향식이면 증기 속의 무거운 입자는 좀 더 수월하게 넥을 넘어 다음 단계인 응축기로 이동한다.

증류소들은 알렘빅의 모양, 넥과 라인암의 각도 등을 신중히 조합해 수백 가지 증류 환경을 만들어냄으로써 결과물을 빚어낸다.

응축기와 웜터브

증기가 마지막으로 향하는 곳은 응축기다. 뜨거운 증기는 이곳에서 다시 액체가 된다. 연금술사들이 쓰던 초기의 증류기에서는 증기관이 공기를 통과하며 천천히 식어 액화하면서 방울방울 떨어졌다. 이후에는 증기관을 차가운 물에 담가 냉각과 액화를 가속하는 방식이 등장했다. 그러다 증류가 산업으로 발전하며 구리 재질의 나선형 코일튜브를 냉수가 지속적으로 공급되는 탱크에 통과시켜 증기를 액화하는 나선형 응축기 웜터브(worm tub)가 개발되었다. 스코틀랜드의 녹듀(Knockdhu) 등 웜터브를 선호하는 증류소들은 웜터브를 사용하면 증기가 코일 모양으로 감긴 하나의 관을 통과하며 서서히 응축되므로 결과물의 감칠맛과 육향(meaty)이 부각된다고 주장한다.

현대화를 거치며 현재의 다관식 응축기 셸앤튜브(shell-and-tube)가 탄생했다. 다관식 응축기는 라인암 끝에 거대한 원통형의 구리 실린더가 연결된 형태로, 내부에는 증기가 통과하는 여러 개의 가느다란 직선형 구리관이 있다. 실린더 내부에

○ '웜'이라고도 하는 콘덴서 코일. 텍사스주 발코네스 디스틸링.

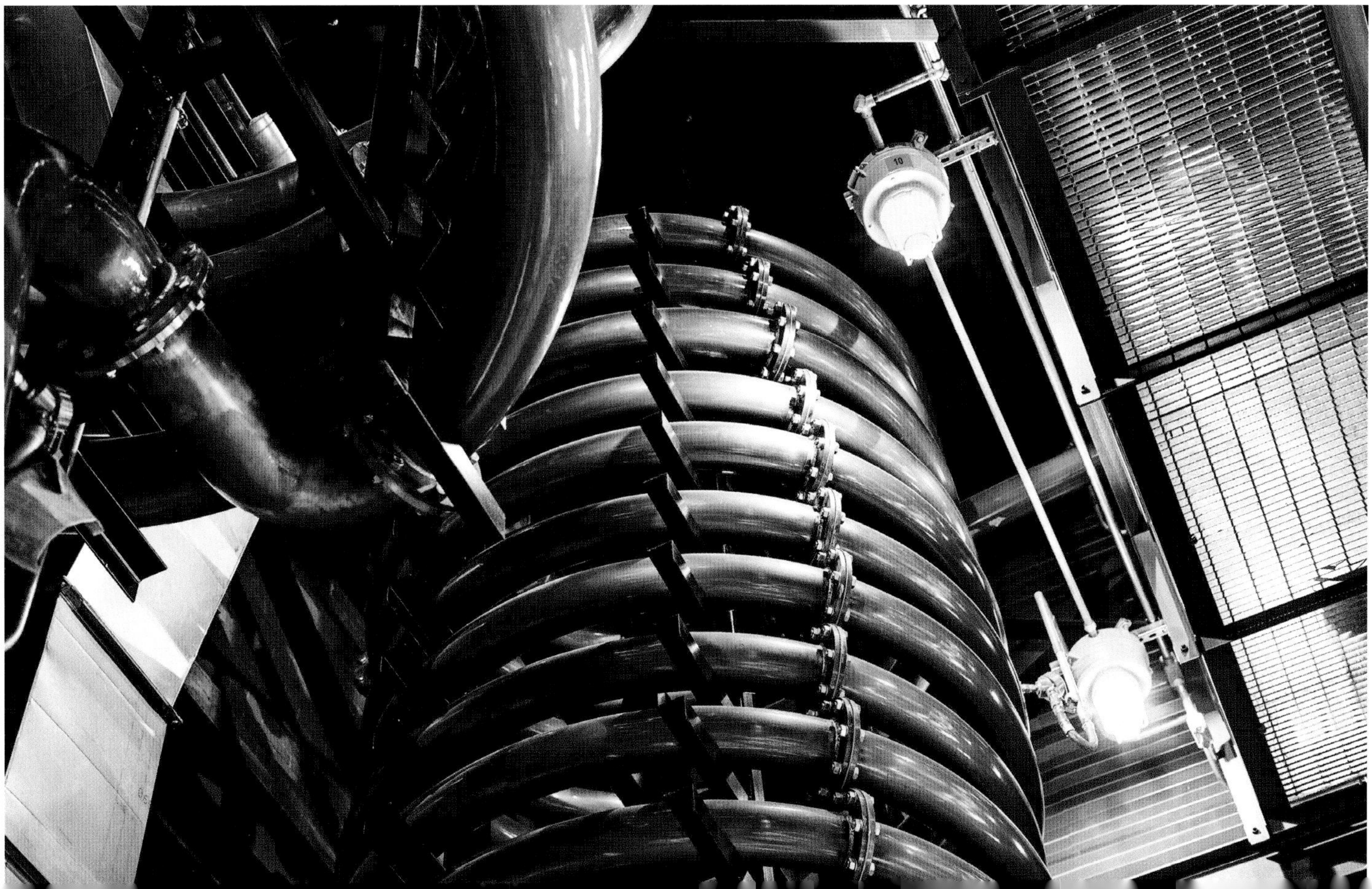

는 냉수가 지속적으로 흐르며 구리관을 냉각한다. 수직 설치가 일반적이지만 수평으로 설치하기도 하는데, 글렌알라키(Glenallachie)의 증류 담당자 리처드 비티(Richard Beattie) 같은 경우 이를 통해 결과물을 한 번 더 튜닝하기도 한다.

스피릿 세이프

1차 증류를 거친 결과물은 증류액 분리장치인 스피릿 세이프(spirit safe)로 이동한다. 응축기를 나온 증류액은 작은 관을 따라 스피릿 세이프 내부에 있는 세 개의 용기로 빨려 들어간다. 스피릿 세이프, 즉 '증류주 금고'라는 명칭은 과거 이 장치가 유리와 청동으로 만든 금고 모양의 상자였던 데서 유래한다. 이 상자는 자물쇠로 잠겨 있었는데, 열쇠는 세금을 징수하는 징세관과 증류소의 총괄 관리자만 가지고 있었다. 스피릿 세이프는 증류를 마친 증류액의 첫 배출점이었으며, 과거에는 증류소 소유주가 여기에 손을 대기 전에 징세관이 먼저 확인해서 과세하는 것이 원칙이었다.

스피릿 세이프는 1879년 스코틀랜드 아일라섬의 포트엘런(Port Ellen) 증류소가 최초로 도입했는데, 시간이 흐르고 과세 방법이 효율화된 1980년대부터는 스피릿 세이프를 금고처럼 잠그는 관행이 사라졌다.

칼럼스틸 또는 연속식 증류

칼럼스틸의 역사에 대해 얘기할 때는 으레 그 발명 시기를 아일랜드의 은퇴한 세금징수원 이니어스 코피(Aeneas Coffey)가 자신의 제품에 특허를 출원한 1830년으로 소개하곤 한다. 그러나 연속식 증류 기둥을 이용한 분별 증류(fractional distillation) 자체는 그보다 100여 년 앞서 프랑스에서 시작되었으며, 위스키 증류와는 관련이 없었다.

효율적인 증류로 이익을 내고자 했던 이들에게 단식 증류는 단점이 많은 방식이었다. 가장 큰 단점은 한번 증류를 시작하면 한 회차가 모두 끝나야만 다음 회차를 시작할 수 있다는 점이었다. 여러 혁신가가 중단 없는 증류를 가능케 하기 위해 다양한 시도를 했다. 여러 방법이 발명되어 염료 분리 등 산업에는 활용되었지만, 주류 증류에는 적용되지 못했다.

그러던 1813년 프랑스의 장 바티스트 셀리에 블뤼멍탈(Jean Baptiste Cellier Blumenthal)이 6년에 걸친 다양한 특허 출원 끝에 중력으로 인해 연속적으로 작동하는 단일 기둥식 증류기를 완성했다. 목적은 위스키나 브랜디 제조가 아닌 사탕무에서 설탕을 추출하는 것이었다. 블뤼멍탈의 특허 증류기에서 영감을 받은 스코틀랜드의 로버트 스타인(Robert Stein)은 곡물에 사용 가능한 증류기를 개발했다. 그러나 단일 기둥 방식이다 보니 생산되는 증류주의 도수가 기대보다 낮다는 문제점이 있었다.

세금징수원으로서 수많은 증류소의 위스키 제조 과정을 살펴본 코피는 스타인의 설계를 대폭 수정해 증류 기둥을 분석탑(analyzer)과 정류탑(rectifier)으로 분리했다. 코피는 이 증류기로 곡물 발효액을 이용한 최초의 연속식 증류와 위스키 제조에 성공했고, 마지막으로 특허를 받았다. 이후 코피 증류기를 판매하려는 그의 노력은 스코틀랜드와 아일랜드의 위스키 갈등을 불러오기도 했는데, 그의 증류기를 도입한 스코틀랜드 쪽이 승자가 되었다.

(칼럼스틸, 그레인스틸grain still, 비어스트리퍼beer stripper, 페이턴트스틸patent still 등으로도 불리는) 코피 증류기는 다음과 같은 변화로 위스키 증류에 혁명을 가져왔다.

몰팅의 필요성을 줄이다 코피 증류기는 맥아 보리 외에 다양한 곡물을 증류에 활용할 수 있게 해주었다. 노동집약적인 몰팅 과정을 생략하니 위스키 생산량은 급증했다. 현재 우리가 알고 있는 버번산업을 가능케 한 것도 바로 코피 증류기다.

▷ 다층 증류기 또는 연속식 증류기. 켄터키주 믹터스 증류소.

연속적인 위스키 생산이 가능하다 단식 증류기의 경우 증류의 한 사이클이 모두 끝나야 다음 증류를 시작할 수 있다. 단식 증류기의 증류 사이클은 다음과 같다. 증류기에 발효액을 채우고 가열한 후 알코올을 추출하고 응축해 증류액을 모은다. 이 과정이 끝난 후에는 증류기가 식을 때까지 기다렸다가 뚜껑을 열어 곡물 찌꺼기를 비워내고 다음 사이클을 시작한다. 그러나 연속식 증류기의 경우 주기적인 점검이나 인력 등의 문제로 잠시 멈춰야 하는 때를 제외하고는 1년 내내 중단 없이 가동할 수 있다.

관리가 용이하다 증류 후 남은 곡물 찌꺼기가 자동으로 배출되고, 증류기의 압력 조절장치 덕에 스피릿 세이프에서 따로 커팅 작업을 할 필요도 없어졌다.

코피 증류기는 오랜 세월에 걸친 개량 끝에 오늘날의 연속식 증류기로 진화해 2000년대 초 폭발적으로 일어난 크래프트 위스키 운동의 토대를 마련했다.

연속식 증류기의 작동 원리

현대의 연속식 증류기는 코피가 분석탑과 정류탑으로 나눴던 것을 다시 하나로 합쳤다. 증류 시에는 에너지 절약을 위해 예열한 발효액을 상단으로 투입한다. 이 따뜻한 발효액은 증류기 내부에 설치된 여러 개의 플레이트(plate)를 통과해 일정한 속도로 아래로 흘러내려간다. 구리 재질의 이 플레이트에는 다양한 모양의 구멍이 뚫려 있는데, 아래로부터 주입된 증기가 이 구멍을 통해 상승하며 위에서 내려오는 발효액과 각 층에서 만난다.

발효액은 아래로 이동하며 플레이트 사이의 모든 층에서 뜨거운 증기와 만난다. 온도가 상승하며 발효액에서 알코올이 분리되고, 알코올을 머금은 증기는 플레이트를 통과해 상단으로 올라갈수록 정화되어 순도가 높아진다. 증류의 일관성 유지를 위해 모든 플레이트의 온도는 정해진 비율로 변화한다. 증기가 상단으로 올라갈수록 알코올 도수도 높아지며, 열원에서 가장 먼 최상단에서는 원하는 경우 100% ABV에 가까운 고순도의 알코올을 얻을 수 있다.

○ 현재까지 가동되고 있는 마지막 코피 증류기 중 하나. 일본 닛카 증류소.

커링: 증류액 분리하기

- 응축기에서 초반에 배출되는 증류액에는 섭취 시 위험한 메탄올이 높게 함유되어 있다. 처음 나오는 이 증류액을 초류라고 하는데, 이 초류는 파이프를 타고 스피릿 세이프에 있는 별도의 탱크로 옮겨진다.
- 증류 중반에 나오는 증류액에는 알코올이 적당량 함유되어 있다. 이를 중류라고 하며, 초류와는 별도의 파이프를 통해 모은다.
- 후반에 나오는 증류액은 후류라고 한다. 후류 단계에 가면 알코올 함량이 떨어지고 유황과 퓨젤유를 비롯한 무겁고 불쾌한 요소가 혼입된다. 후류 또한 별도로 모은다.
- 초류와 후류는 로우 와인(low wines, 1차 증류액) 저장 탱크에 모아 2차 증류에 사용할 수 있다.
- 별도의 탱크에 모아둔 중류는 다음 단계인 병입 또는 배럴 숙성으로 넘어간다.

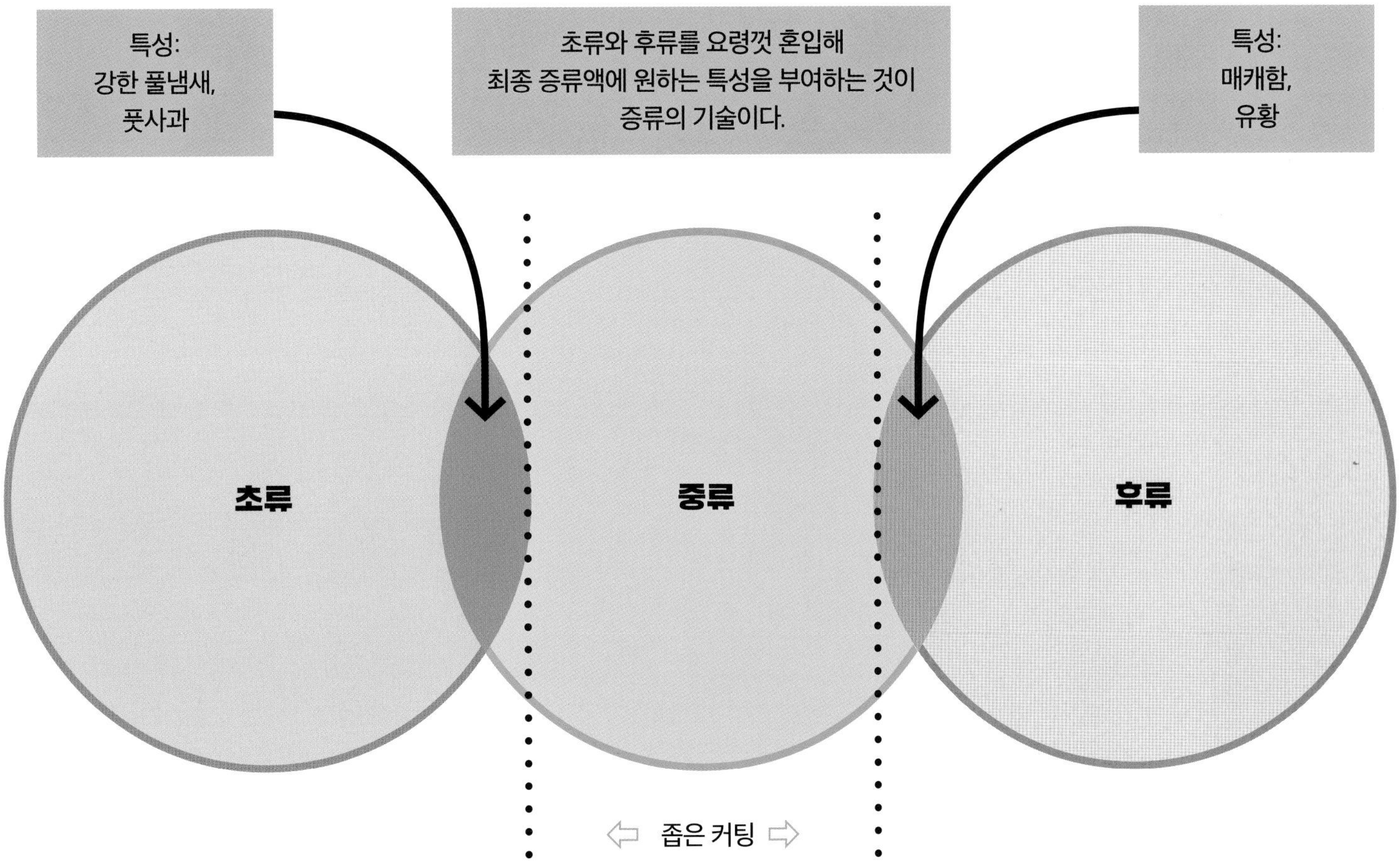

○ 빅토리아식 갈퀴로 담금액을 젓고 있는 모습. 스코틀랜드 아일라섬의 브룩라디 증류소.

나무와 위스키

와인이나 브랜디, 위스키, 테킬라는 물론 다양한 증류주와 발효주에 사용하는 배럴은 놀라운 변화를 가져오는 작은 기적이다. 제아무리 노련한 증류사나 숙성고 관리인이라도 숙성 과정에서 일어나는 변화를 정확히 예측할 수는 없다. 배럴이나 캐스크는 우리가 마시는 술에 가장 뚜렷하고도 매력적인 풍미를 입힌다. 그런 의미에서 잠시 위스키가 아닌, 위스키를 담는 나무통 이야기에 지면을 할애하려 한다.

나무가 위스키에 미치는 긍정적인 영향은 매우 중요하다. 많은 증류소가 이를 효과적으로 달성하기 위해 다양한 방법을 동원하고 있다. 위스키를 배럴에 보관하는 것은 한때 관습이나 전통으로만 여겨졌다. 그러나 배럴 숙성은 이제 위스키 제조에서 필수 요소로 자리 잡았고, '나무 관리(wood management)'는 별도의 과학과 연구가 적용되는 어엿한 한 분야가 되었다.

나무가 위스키에 영향을 주는 세 가지 방법

더하기를 통한 방법 나무는 위스키에 자연스럽게 색깔을 입힌다(물론 캐러멜 색소가 첨가되지 않았다는 전제하에). 또한 나무는 우리의 감각기관이 긍정적으로 인식하는 바닐라, 코코넛, 향신료 등의 기분 좋은 풍미를 부여한다.

빼기를 통한 방법 내부를 태운 배럴은 발효와 증류 중에 발생하는 이취, 그중에서도 우리의 미각에 불쾌감을 주는 유황과 기타 질소화합물을 제거한다.

상호작용을 통한 방법 배럴은 다공성 구조로, 호흡을 통해 내부에 담긴 액체가 산소와 접촉할 수 있도록 돕는다. 증류기에서 갓 나와 통에 담길 때 '뉴메이크 스피릿(new make spirit)' 또는 '화이트독(white dog)'이었던 무색의 증류주는 산화를 통해 위스키라는 물질로 변신한다. 이 과정에서 기분 좋은 과일 풍미가 생성되고, 톡 쏘는 풋과일 냄새의 아세탈이 잘 익은 신선한 과일 향의 아세트알데히드로 변하는 에스테르화가 일어난다.

○ 내부를 비우기 위해 순서대로 꺼내놓은 배럴들.
켄터키주 버펄로트레이스 증류소.

유용한 나무통, 배럴

나무통, 즉 배럴은 약 2,500년 전 고대 켈트족이 처음 만든 것으로 추정된다. 인류는 그동안 나무통을 다양한 곳에 활용해왔다. 헛간과 창고에 쌓아두기도 하고, 수레나 말에 싣기도 했으며, 선박의 짐 선반에 놓아두기도 하고, 작은 크기로 만들어 구조견 세인트버나드의 목에 달아주기도 했다. 나무통은 육류와 해산물, 원유, 농작물, 허브, 귀금속, 식품, 물 등을 담거나 발효된 액체를 보관하는 데 사용되었다. 한 가지 의아한 점은 나무통을 와인이나 위스키의 숙성과 풍미 개발을 위해 사용했다는 증거가 역사상 훨씬 후대, 즉 현대에 가까운 시기가 되어서야 나타난다는 점이다.

○ 1,000년이 지나도록 크게 변한 게 없는 통 제조업자의 도구들. 망치와 후프 드라이버.

통의 용량과 크기

오크통 크기의 기준은 여러 세기에 걸쳐 다양하게 개발되어 왔다. 과세, 이동과 저장의 용이성, 그 외 경제적 이유들이 그 크기에 영향을 미쳤다. 오늘날 사용되고 있는 배럴의 종류를 큰 것에서 작은 것 순으로 살펴보면 다음과 같다.

턴(tun) 턴은 주로 혼합과 블렌딩, 또는 '매링(marrying, 서로 다른 캐스크에서 숙성한 위스키를 혼합해 짧게 함께 숙성해서 안정화하는 과정—옮긴이)' 등에 사용하며 용량은 약 256갤런이다.

버트/파이프(butt/pipe, ½ 턴) 셰리를 숙성하는 오크통은 '버트', 포트와인을 숙성하는 오크통은 '파이프'라고 부른다. 비슷한 용량이지만 버트가 더 길쭉한 모양이며, 가운데 부분이 조금 더 각지게 튀어나왔다. 대개 500리터 또는 130갤런이지만, 일부는 185갤런까지 되기도 한다.

펀천(puncheon, 영국식 ⅓ 턴) 주로 맥주 양조에 사용되며 용량은 지역에 따라 편차가 크다. 스코틀랜드의 창고에서 종종 볼 수 있으며(약 140갤런) 일본에서는 더 흔히 볼 수 있다(약 110갤런).

혹스헤드(hogshead, ½ 버트) 스코틀랜드, 아일랜드, 일본의 창고에서 가장 흔하게 볼 수 있는 사이즈다. 용량은 약 65갤런으로 버트의 절반가량이며, 15세기부터 측정에 사용되어 왔다.

아메리칸 스탠더드 배럴(American Standard Barrel, ASB) 용량은 53갤런(200리터)으로, 처음 이 크기를 결정한 것은 와인업계였다. 보르도 와인과 부르고뉴 와인 배럴 용량은 평균 60갤런이었지만, 크기와 이동의 용이성을 고려해 53갤런으로 줄였다.

추천 위스키

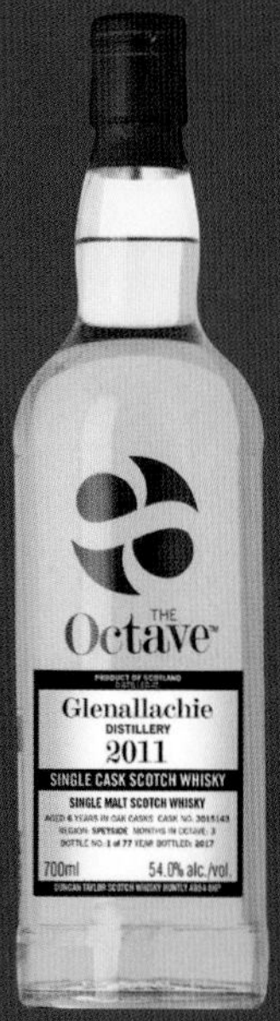

던컨 테일러 2011년 글렌알라키 옥타브 캐스크 싱글몰트 스카치
DUNCAN TAYLOR 2011
GLENALLACHIE OCTAVE CASK
SINGLE MALT SCOTCH

뛰어난 독립병입업체 던컨 테일러(Duncan Taylor)는 희귀한 스코틀랜드 싱글몰트 원액들을 13~16갤런 용량의 옥타브 캐스크에서 피니시 숙성해 옥타브 시리즈를 내놓았다. 이 제품은 버번 배럴에서 숙성한 2011년 글렌알라키를 옥타브 캐스크에 3개월간 보관해서 과일 향을 강화하고 크리미한 질감을 입혔다.

55.3% ABV

더 작거나 예외적인 용량의 배럴

이러한 배럴은 주로 특별판이나 한정판 제조에 사용하며, 다양한 영향을 통해 풍미를 강화한다. 일반적으로 다른 배럴에서 일정 시간을 보낸 증류주를 옮겨 담아 피니시 숙성(finishing)을 할 때 사용한다.

쿼터 캐스크(quarter cask, ¼ 버트) 34갤런(129리터) 정도로, 원래는 주류를 말에 실어 운송할 때, 또는 집 안에 저장용으로 둘 때 사용했다.

옥타브(octave, ⅛ 버트) 13~16갤런(49~60리터) 정도로, 쿼터 캐스크와 마찬가지로 주로 가정 보관용으로 사용했으나 현재는 피니시 숙성에 쓴다.

런델레트, 킬데린, 퍼킨(rundelet, kilderin, firkin) 런델레트보다 킬데린이, 킬데린보다 퍼킨이 작으며, 퍼킨의 용량은 약 10갤런

(38리터)이다.

배럴의 부분별 명칭

배럴의 각 부분을 간단히 살펴보자. 지역에 따라 용어에 약간 차이는 있을 수 있지만, 보편적으로 배럴은 다음의 세 가지 기본 구성요소로 만들어진다.

통널/통판(stave) 긴 직사각형의 나무 조각으로, 나란히 놓고 압력을 가해 붙인 후 곡선 형태로 구부려 통 모양을 만든다.

덮개/상판(head) 배럴의 위아래를 덮는 판으로 대개 통널과 같은 나무를 사용하며, 같은 방식으로 압력을 가해 만든다. 때로는 연결을 위해 나무 재질의 작은 못을 사용하기도 한다. 조립한 덮개판은 원형으로 재단하고 오크통의 몸체 양 끝에 홈을 내 끼워 넣는다.

테(hoop) 예전에는 철로 만들었지만 요즘에는 가능한 한 가벼운 강철을 사용한다. 테는 완성된 오크통을 둥글게 잡아준다.

○ 콜로라도주 레오폴드브러더스 증류소의 오크통 마개, 마개 뽑는 도구, 마개 천.

추천 위스키

웨스트랜드 가리야나 아메리칸 싱글몰트
WESTLAND GARRYANA AMERICAN SINGLE MALT

미국 크래프트 운동의 초기부터 두각을 보인 웨스트랜드 증류소의 맷 호프먼(Matt Hofmann)과 동료들은 다루기 쉽지 않은 지역 참나무를 활용해 아메리칸 싱글몰트라는 미지의 영역을 탐험하고 있다. 피트 향이 없고 과일 향이 풍부한 몰트위스키를 태평양 연안 북서부에서 자라는 가리야나 참나무로 숙성해서 독특한 향신료의 복합적인 풍미를 새롭게 입혀냈다.

56% ABV

딘스톤 버진 오크 싱글몰트 스카치
DEANSTON VIRGIN OAK SINGLE MALT SCOTCH

딘스톤은 소유주가 디스텔(Distell)로 바뀌며 인지도가 높아진 케이스로, 충분히 주목받을 만한 증류소다. 오래된 면직 공장 부지에 자리 잡은 딘스톤은 현재 전적으로 수력 발전으로만 가동되고 있으며, 아치형 천장의 보관창고에서는 100% 유기농 보리로 만든 과일 풍미의 아름다운 위스키가 숙성되고 있다. 켄터키의 신생 제조업체에서 만든 오크통으로 피니시한 이 제품은 (탄화 후 처음 사용하는) 버진 캐스크의 풍미가 위스키의 과일 향을 가리지 않고 밝은 느낌을 준다. 대조적인 풍미 사이에서 절묘한 균형을 찾은 블렌더 커스티 매컬럼(Kirstie McCallum)의 솜씨를 유감없이 느낄 수 있다.

46.3% ABV

왜 참나무(오크)인가?

참나무에는 600여 개의 종이 있지만 위스키나 와인을 담는 배럴 제작에 쓸 수 있는 종은 한정적이다. 참나무는 단단한 경목인 데다 수액이나 기타 오염물질이 없기 때문에 통 제작에 애용된다. 다공성이어서 호흡이 가능하지만 수밀성이 뛰어나 새지 않는 것도 장점이다. 중앙에서 바깥으로 뻗어나가는 조직이 다른 나무에 비해 발달해 액체에 대한 반투성을 지닌다. 마지막으로 가장 중요한 것은 참나무에 열을 가했을 때 기분 좋은 풍미가 나타난다는 점이다. 타닌이 풍부해 입에 닿는 질감과 풍미를 좋게 하고, 향긋한 바닐린의 원천이 되는 리그닌의 함량 또한 높다.

오크통 만들기

쿠퍼링(coopering)이라고도 하는 오크통 만들기는 위스키업계에서 가장 어려운 기술 중 하나로 꼽힌다. 통 제작에 사용하는 도구는 오랜 옛날 장인들이 썼던 도구에서 크게 달라지지 않았다. 원형 배치, 모으기와 성형, 대패질 등 많은 부분이 기계화되기는 했지만, 오크통을 만드는 쿠퍼(cooper)들은 여전히 고대 켈트족과 로마인이 수천 년 전 했던 것과 비슷한 방식으로 통을 제작한다.

대부분 쿠퍼들은 새 오크통 제작보다는 유지 보수나 재사용을 위한 작업에 더 집중한다. 스코틀랜드에 있는 스페이사이드 쿠퍼리지(Speyside Cooperage)가 좋은 예다. 이 업체는 지역 증류소들을 위해 연간 15만 개의 오크통을 수리하고 재조립한다. 위스키 생산의 양대 산맥이라 할 수 있는 스코틀랜드와 미국에는 지난 40~50년간 쿠퍼링 전문 업체가 다수 생겨났다.

○ 아일랜드 미들턴 증류소의 마스터 쿠퍼 제르 버클리(Ger Buckley).

두 쿠퍼리지 이야기

100여 년 전 오크통 작업장이 어땠는지 궁금하다면 켄터키주 루이빌에 위치한 켈빈 쿠퍼리지(Kelvin Cooperage)의 어두컴컴한 작업장을 한번 둘러보자. 가끔은 오크통 내부를 굽는 토스팅 불길이 작업장 안을 밝히는 유일한 불빛인 경우도 있다. 머리 위로 드리운 낮은 덮개에 불빛이 비쳐 그림자가 일렁이는 모습은 마치 단테의 신곡에 나올 것 같은 분위기다. 높은 층고의 긴 작업장에는 오직 작업자와 도구, 물과 기계만이 존재한다. 만들어진 통이 쓸 만한지는 오직 작업자의 눈과 코, 경험만으로 판단한다. 후프 드라이버를 두드리는 망치 소리, 연마기와 코어링 기계, 톱이 내는 굉음, 가스 송풍기와 불꽃이 타닥거리는 소리는 불협화음으로 느껴질 수도 있으나 어떤 이에게는 역사의 소리이자 산업의 소리다.

켈빈 쿠퍼리지는 1960년대 스코틀랜드에서 에드 맥러플린(Ed McLaughlin)이 설립했다. 다른 스코틀랜드 쿠퍼리지와 마찬가지로 켈빈도 중고 캐스크 수리와 복원을 주로 했다. 그러다 미국에서 건너오는 통이 점점 많아지면서 켈빈은 1991년에 사업장을 아예 미국 켄터키주로 옮겼다. 켄터키에 자리를 잡은 켈빈은 중고 버번 배럴을 복원해 해외로 수출하는 동시에 미국 내 와인업계를 위한 새 배럴도 생산하기 시작했다. 위스키의 경우 당시 미국에서는 몇몇 오래된 증류소만 가동 중이었기 때문에 위스키용 배럴 생산은 고려하지 않았다. "그러다 미국에 크래프트 증류소들이 생기면서 모든 게 바뀐 거죠." 에드 맥러플린의 아들이자 현재 소유주인 폴 맥러플린(Paul McLaughlin)의 말이다.

켈빈과 극명한 대조를 이루는 업체가 있다면 바로 세계 최대 규모의 쿠퍼리지, 인디펜던트 스테이브 컴퍼니(Independent Stave Company)다. 켈빈과 마찬가지로 가족 소유인 이 회사는 품질과 지속가능성의 추구라는 기치 아래 토지 소유주들에게 산림 관리 모범사례에 대한 지속적인 교육을 진행하고 있다. 인디펜던트 스테이브 컴퍼니는 미국 산림청, 유럽 정부 그리고 개인 소유주들과 협력을 통해 세계 곳곳의 증류소에 최고 수준의 배럴을 공급하고 있다. 이들에게 오크통은 100년 이상의 계획과 관리 끝에 탄생하는 결과물이자 숲에서 위스키 잔까지의 여정을 이해하는 방법이며, 단기적 요구와 장기적 사고의 균형이다. 데이터 기반의 효율성으로 최신 기술을 적용하고, 자연 보존과 에너지 재사용 또한 소홀히 하지 않는다. 루이빌에 위치한 연구 센터에서는 세계 최고의 증류소들과 함께 토스팅과 차링을 통한 풍미 실험을 진행하고 있다.

통나무가 배럴이 되는 여정을 시작하는 렉싱턴 인근의 가공 센터는 오직 목재 가공만을 목적으로 설계되었다. 바닥에 금속으로 된 플랫폼을 설치한 이 작업장에서는 떨어진 톱밥을 손쉽게 회수해 발전기를 돌리거나 가마를 가열하는 데 쓸 수 있다. 공정은 반자동화되었지만 곳곳에 담당 인력이 배치되어 있다. 인디펜던트 스테이브 컴퍼니에서는 모든 작업자에게 카이젠 기법(232쪽 참고) 활용을 적극 장려해서 공정상의 문제점을 조금씩 제거해 나가고 있다.

○ 옛 방식 그대로 오크통을 굽고 있는 모습. 켄터키주 켈빈 쿠퍼리지.

○ 가스버너로 배럴을 재탄화하는 모습. 스코틀랜드 로크로몬드 증류소.

굽기와 태우기

배럴 제작에 쓸 목재의 종류를 정한 후에는 목재의 가공 방식을 선택한다. 나무 자체는 물론이고, 나무를 가공하는 방법 또한 배럴이 위스키에 주게 될 풍미를 결정한다. 버번 숙성에는 반드시 내부를 태운 새 오크통을 사용해야 한다. 버번 배럴은 언제나 굽기와 태우기를 모두 거친다. 두 과정 모두 배럴 내부에 열을 가해 나무의 섬유질을 분해하고 당이 나오게 한다. 목재의 당에 함유된 수많은 풍미 요소는 위스키의 향미 분자 및 에탄올과 결합해 더 풍부하고 복합적인 풍미를 형성한다.

굽기/토스팅(toasting) 토스팅 시에는 배럴을 구성하는 통널을 따로 구울 때도 있고, 통 전체를 구울 때도 있다. 은은한 굽기는 섬유질을 가볍게 분해해 목재를 부드럽게 만든다. 또한 굽기는 바닐린을 품은 리그닌을 분해하며, 추가적인 당분 변환을 막는 타닌을 배출한다. 배럴을 구울 때는 그냥 불을 쓰기도 하고 강한 빛을 쪼여 복사열을 사용하기도 한다. 굽기 작업은 나뭇결 깊은 곳까지 풍미 성분을 스며들게 한다.

태우기/탄화/차링(charring) 태우기는 위스키와 상호작용할 나무 당분을 더 많이 활성화하기 위해 배럴 내부를 강하게 태우는 것을 말한다. 옥수수를 주원료로 하는 버번의 경우 거친 맛을 길들이는 데 도움이 되므로 탄화 과정이 필수다. 차링으로 태운 목재 표면에는 두터운 탄화층이 형성되는데 이는 1~4단계로 구분되며, 가장 강하게 태운 4단계는 악어가죽을 닮았다 해서 '앨리게이터(alligator)'라 부른다.

버번 배럴과 셰리 버트

미국은 버번 숙성에 '내부를 태운 새 오크 용기'를 사용해야 한다고 법으로 정하고 있다. '배럴'이라고 명시하지는 않았지만, 전통적으로 그 외에 다른 용기는 선택지에 없었다. 한번 숙성에 쓰인 버번 배럴은 다른 생산자가 버번 숙성에 사용할 수 없다. 그러나 배럴의 수명이 거기서 끝나는 것은 아니다. 오히려 그 반대다. 전 세계적으로 형성된 버번 배럴의 2차 시장은 현재의 위스키 붐을 가능케 한 핵심 요소 중 하나다.

19세기 유럽대륙에서 셰리가 인기를 끈 여파로 영국과 유럽에서는 셰리 오크통이 위스키에 줄 수 있는 변화를 서서히 깨달았다. 셰리를 담는 오크통인 셰리 버트는 그 용량이 185갤런(700리터)에 달하는 거대한 용기다. 당시 셰리가 인기를 끌며 이 용기는 항구도시에 으레 보이는 어딘가 수상한 인물들처럼 구석구석에서 목격되었고, 다른 물건이나 액체, 음식을 운송하고 저장하는 데 다양하게 쓰였다. 막 번성 중이던 19세기와 20세기 초 아일랜드와 스코틀랜드 위스키업계 입장에서 셰리 버트는 위스키를 담아 판매하기에 완벽한 저장 용기였다.

귀한 몸이 된 셰리 캐스크

조니워커로 유명한 알렉산더 워커(Alexander Walker)는 배의 바닥짐으로 바위나 무쇠가 아닌 자신의 블렌디드위스키 배럴을 싣는 계약을 선장들과 맺었다. 선장들은 워커의 위스키를 바다 건너 중개상들에게 배달했다. 선박에 실려 항구에 도착한 워커의 위스키는 바다의 여정이 선사한 풍미로 큰 인기를 끌었다. 열기와 배의 움직임, 바다 공기의 도움으로 셰리 버트의 작용이 증폭하며 안에 담긴 위스키의 풍미가 향상되었고, 곧 주문이 밀려들었다.

경쟁자들이 워커의 방식을 따라하며, 이는 업계 표준이 되었다. 얼마 지나지 않아 모든 위스키 제조업체가 위스키 숙성에 셰리 캐스크를 사용하기 시작했다. 셰리 캐스크가 주는 풍미(대추야자, 무화과, 검붉은 과일 향이 느껴지는 진하고 스파이시한 풍미)는 19세기 말과 20세기 초 스코틀랜드와 아일랜드 고급 위스키의 표준적인 맛으로 자리 잡았다.

그러다 갑자기 예상치 못한 변수가 나타났다. 1차 세계대전과 2차 세계대전, 미국 금주법 시대를 거치며 대중이 낮은 도수의 셰리보다는 더 센 술을 선호하게 된 것이다. 이에 더해 과거에는 셰리를 오크통째 운송해 도착지에서 병입하던 스페인의 셰리 제조업체들이 위생성과 경제성을 고려해서 아예 처음부터 병입을 마친 셰리 제품을 수출하기 시작했다. 수요 감소는 생산 감소를 불러왔고, 이는 생산 비용을 높였다. 셰리 캐스크가 귀해지며 가격은 점점 더 상승했고, 위스키 생산업체들은 황급히 대안을 찾아 나서야 했다.

풍미의 또 다른 진화

금주법 시대 이후 미국의 위스키 회사들은 버번의 정의를 더욱 세부적으로 명문화했다. 그렇게 버번 숙성에 한 번 사용한 배럴을 다른 버번에 사용하는 것이 금지되었다. 이로 인해 거대한 2차 시장이 형성되었고 버번 배럴이 셰리 캐스크를 대체하면서 아일랜드와 스코틀랜드 위스키의 풍미 프로필도 차츰 달라졌다. 직화 가열에서 증기 가열로의 전환 등 생산방식의 변화와 더불어 셰리 캐스크 구하기가 점점 어려워지며 스코틀랜드, 아일랜드, 일본 할 것 없이 위스키의 풍미는 '버번화'되었다. 캐나다에서는 시그램(Seagram)의 영향으로 훨씬 더 앞서 미국 위스키 배럴이 널리 사용되었다. 현재 스코틀랜드에서 숙성 중인 위스키 중 93~95%가 버번 배럴에 담겨 있을 것으로 추정되며, 아일랜드와 일본에서는 그 비율이 더 높을 것으로 보인다.

배럴 채우기

(미국, 캐나다, 스코틀랜드, 아일랜드, 일본 등) 2차 시장에서 배럴을 구매한 증류업체들은 배럴이 일차적으로 버번이나 셰리, 포트와인, 마데이라 등을 숙성하며 시즈닝(seasoning)된 상태로 도착한다는 가정하에 작업을 시작한다.

▷ 숙성 전의 뉴메이크 스피릿을 배럴에 채우고 있는 모습. 스코틀랜드 스프링뱅크 디스틸러스.

중고 배럴에 처음 채우는 뉴메이크 스피릿을 '퍼스트필(first fill)'이라고 한다. 퍼스트필은 두 가지 측면에서 배럴의 풍미를 가장 강하게 입는다. 첫째로 굽기와 태우기를 통해 활성화된 배럴 내부 화합물의 영향을 강하게 받고, 둘째로 이전 숙성 시 배럴에 스며든 버번이나 셰리, 와인 등의 풍미에도 영향을 받는다. 퍼스트필은 처음 들어간 오크통에서 아무리 오래 있어도 비워내고 재사용하지 않는 한 퍼스트필이라고 부른다.

병입이나 블렌딩을 위해 퍼스트필을 비워내고 그다음에 들어가는 위스키는 '세컨드필(second fill)'이다. 세컨드필을 채우

는 시점에는 오크가 지닌 유제놀(스파이시한 정향 풍미)이나 바닐린 같은 강렬한 향미 분자 중 상당수가 약화되거나 부드러워진 상태가 된다. 리그닌, 락톤, 타닌 등 나무의 화합물 또한 세월과 알코올의 힘으로 분해되거나 변형된다. 증류업자 대부분은 나무 풍미가 적당히 약화된 이 배럴을 선호한다. 세컨드필과 서드필(third fill)의 부드러운 숙성이 위스키의 가벼운 에스테르와 더 잘 어우러지기 때문이다. 이렇게 숙성한 원액은 나무 향이 지나치게 강한 원액에 비해 블렌더의 자유도를 높여준다. 아주 미묘하지만 결정적인 차이가 탄생하는 부분이다.

이렇게 채움과 비움을 거듭하면 위스키의 에탄올이 나무의 화합물을 분해한다. 서드필 이후 오크통은 얇아지고 향도 잃으며 중성화로 향하지만, 또 다른 마법을 발휘하기도 한다. 헤미셀룰로스(다른 화합물의 접착제 역할을 하는 나무 섬유질 내의 탄수화물)가 거의 사라지고 리그닌과 락톤이 에탄올의 영향으로 변화하면서 서드필 이후의 오크통에 뉴메이크 스피릿을 숙성하면, 모난 데 없이 무난한 풍미를 얻을 수 있다. 이렇게 숙성하면 위스키에서 발생한 꽃 향의 에스테르에 락톤의 단맛이 자리를 내주며 더 가벼운 느낌으로 변한다. 일본이나 캐나다의 위스키 블렌더들은 이러한 통을 활용해 더 부드럽고 가벼운 스타일의 위스키를 만들곤 한다.

▷ 한번 채워진 배럴은 긴 잠에 빠진다. 켄터키주 버펄로트레이스 증류소.

앞서 담긴 술이 위스키에 미치는 영향

위스키업계에서는 나무통 제작에 두 가지 참나무를 표준으로 사용하고 있다. 하나는 버번 배럴을 만드는 미국 참나무이며, 다른 하나는 한때 셰리에서 코냑, 와인까지 모든 배럴을 만들었던 유럽 참나무다. 미즈나라(Mizunara)라 부르는 일본 참나무와 기타 종도 드물게 사용한다.

과정	앞서 숙성한 술	위스키에 부여하는 특성
숙성 또는 피니싱	버번	바닐라, 캐러멜, 토피, 코코넛, 신선한 과일
숙성 또는 피니싱	올로로소 셰리	잘 익은 과일, 말린 과일, 와인 느낌, 나무 느낌, 견과류, 스파이시, 단맛
숙성 또는 피니싱	페드로히메네스 셰리	검붉은 과일(무화과, 블랙베리), 대추야자, 시럽, 강한 단맛, 견과류
피니싱	만사니야 셰리	드라이함, 해안/짠맛, 말린 과일, 시트러스류 껍질
피니싱	피노 셰리	매우 드라이함, 꽃 향, 강한 과일 향(복숭아)
피니싱	마데이라(주정강화 와인)	단맛, 열대 과일, 체리, 꽃 향, 스파이시
피니싱	마르살라(주정강화 와인)	단맛, 견과류, 스파이시, 황설탕, 살구
피니싱	샤르도네(화이트 와인)	버터 느낌, 열대 과일, 꿀, 풋사과, 신선한 배
피니싱	보르도(레드 와인)	검붉은 과일, 붉은 베리류, 후추 느낌, 육두구, 꿀
피니싱	소테른(스위트 와인)	단맛, 살구, 복숭아, 상큼하게 톡 쏘는, 꿀, 견과류
숙성 또는 피니싱	코냑	진하고 검붉은 과일, 스파이시, 견과류, 캐러멜, 바닐라
피니싱	라이트 럼	단맛, 바닐라, 스파이시, 후추, 시트러스, 꿀
피니싱	다크 럼	당밀, 스파이시, 캐러멜, 말린 과일, 바닐라, 오크

○ 워싱턴주 웨스트랜드 증류소의 선반형 창고. 마개를 위로 해서 4단 높이로 쌓았다.

숙성 vs. 피니싱

위스키 숙성 과정에서 배럴은 두 작업 중 하나에 사용된다. 바로 숙성(maturation)과 피니싱(finishing)이다. 숙성 중에는 배럴에 담긴 원액이 일정 기간 특정한 조건에서 나무의 세 가지 영향(더하기, 빼기, 상호작용)을 모두 받는다. 기간은 짧게는 몇 주나 몇 달에서 길게는 몇 년 또는 수십 년까지 될 수 있다. 숙성을 이야기할 때 시간적 요소만을 의미하는 '에이징(aging)'이라는 단어는 완전히 정확하지는 않다. 숙성에는 시간뿐 아니라 장소, 선별, 관리, 그에 더해 기후 같은 무형적인 요소도 관여하기 때문이다. 이 모든 것의 상호작용이 배럴 속 위스키에 풍미를 부여한다.

위스키 제조업체는 배럴의 배치와 창고의 형태 등 외부적인 환경은 일부 통제할 수 있지만, 숙성이 시작된 후 배럴 내부에서 일어나는 일은 통제할 수 없다. 이들이 할 수 있는 것은 배럴에서 일차적인 숙성을 마친 후 피니싱 캐스크를 활용해 원하는 풍미를 한 겹 더 입히는 것이다. 추가 숙성 또는 이중 숙성이라고도 하는 피니싱은 1차 숙성으로 결정된 풍미 프로필에 또 다른 나무통으로 약간의 수정을 가하는 작업이다.

피니싱은 보리로 만든 싱글그레인위스키에 미묘한 차이를 주는 방법이기도 하다. 스카치위스키 제조에서는 표준 공정에 속하며, 추후 아일랜드와 일본에도 도입되었다. 그러던 2012년 지금은 고인이 된 우드포드 리저브(Woodford Reserve)의 마스터 디스틸러(증류 장인) 링컨 헨더슨(Lincoln Henderson)이 최초로 상업성 있는 캐스크 피니싱 버번을 내놓으며 위스키업계를 놀라게 했다. 포트와인 배럴로 피니싱한 이 버번의 이름은 엔젤스 엔비(Angel's Envy)로, 배럴이 창고에서 시간을 보내는 동안 증발해 사라지는 위스키의 양을 뜻하는 '천사의 몫(angel's share)'이라는 표현을 응용한 것이다.

천사의 몫, 엔젤스 셰어

위스키를 배럴에 담아 숙성하는 과정에서 시간이 지남에 따라 증발을 통해 사라지는 양을 '천사의 몫(Angel's Share)'이라 부른다. 옛날 증류업자들은 배럴이 창고에서 몇 년씩 동면을 취하는 동안 천사들이 몰래 들어가 한 모금씩 마셔서 그렇다고

○ 프랑스 와렝햄 증류소에 높게 쌓아올린 배럴들. 상단에 위치한 위스키와 하단에 위치한 위스키는 서로 다르게 숙성된다.

우스갯소리를 하곤 했다. 그런데 알고 보니 천사들은 위스키 창고가 어디에 있는지, 어떤 기후와 온도, 습도에 놓여 있는지에 따라 갈증을 느끼는 대상이 다른 것으로 드러났다. 이러한 현상이 나타나는 이유는 아주 간단하다. 배럴은 마치 생명체와도 같아서 숨을 들이마시고 내쉬며 호흡을 하기 때문이다.

숙성을 위해 배럴에 주입되는 시점에서 위스키의 도수는 조정된다. 증류기에서 나올 때 알코올 도수가 평균 70~75% ABV인 증류액은 대개 62~63% ABV로 도수를 낮춘 후 배럴에 주입한다. 도수를 낮출 때는 물을 섞어서 희석한다. 배럴을 채운 액체 중 40% 조금 못 되는 비율이 물이라는 의미다. 스코틀랜드, 캐나다, 아일랜드처럼 습도가 높고 서늘한 기후에서는 천사들이 물보다는 알코올을 탐내서 숙성 후 도수가 낮아진다. 사실 이는 시간이 흐르며 습한 공기 중에 떠다니는 작은 물 분자가 배럴 속으로 흡수되어 나타나는 현상이다. 그 결과 세 지역 모두 도수가 낮아지는 현상을 경험한다. 일반적으로 배럴에서 보내는 시간이 가장 긴 스카치위스키가 가장 큰 저하를 경험한다.

켄터키나 테네시, 대만이나 벵갈루루 등 덥고 습한 지역에서 천사들은 알코올보다는 물을 원한다. 이 경우 배럴 주입 시 62.5% ABV였던 도수가 천사들이 갈증을 해소한 후에는 66% ABV까지 올라간다(높은 온도로 배럴이 빠르게 팽창·수축하는 과정에서 작은 물 분자가 밖으로 밀려나서 나타나는 현상이다). 천사가 가장 많은 몫을 떼어가는 시기는 첫 1년이다. 거의 10%까지 사라지기도 하는데, 대부분은 나무에 흡수되는 양이다. 기후와 창고의 유형에 따라 사라지는 원액의 양은 연평균 6%(켄터키)에서 2%(스코틀랜드)까지 차이를 보인다. 인도나 대만의 경우 12%까지 사라지기도 한다.

기후 외에 창고 내 배럴의 위치 또한 원액의 변화에 영향을 준다. 상대적으로 덥고 건조한 위쪽에 저장된 배럴은 습하고 서늘한 아래쪽에 저장된 배럴에 비해 알코올보다는 수분을 더 증발시켜 알코올 도수가 높아진다. 한 층에 배럴을 세 개씩 놓은 전형적인 9층짜리 창고에서 가장 일관성 있게 숙성이 진행되는 최적 지점은 5층과 6층이다. 그 외 배럴의 크기가 작으면 나무에 닿는 액체의 표면 비율이 높아지므로 증발이 더 빠르게 이루어진다.

누군가 오래된 위스키가 더 비싼 이유를 묻는다면 천사의 몫 때문이라고 답해주자.

추천 위스키

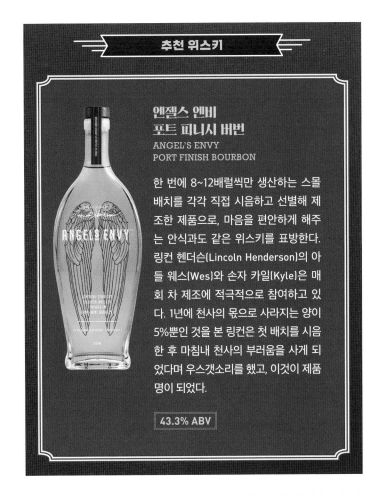

엔젤스 엔비
포트 피니시 버번
ANGEL'S ENVY
PORT FINISH BOURBON

한 번에 8~12배럴씩만 생산하는 스몰 배치를 각각 직접 시음하고 선별해 제조한 제품으로, 마음을 편안하게 해주는 안식과도 같은 위스키를 표방한다. 링컨 헨더슨(Lincoln Henderson)의 아들 웨스(Wes)와 손자 카일(Kyle)은 매회 차 제조에 적극적으로 참여하고 있다. 1년에 천사의 몫으로 사라지는 양이 5%뿐인 것을 본 링컨은 첫 배치를 시음한 후 마침내 천사의 부러움을 사게 되었다며 우스갯소리를 했고, 이것이 제품명이 되었다.

43.3% ABV

○ 숙성 중인 위스키를 샘플링하는 모습.

PART 2

취향을 알아가는 위스키 시음

맥주나 와인, 위스키를 마시고 맛과 향을 분석해보려고 할 때마다 우리 마음속에서는 작은 목소리가 들린다. 이 목소리는 우리의 미각과 후각을 가리고, 자꾸만 우리가 아무것도 모른다고 말한다. 맛과 향을 제대로 인식하기 위해서는 어떤 조건을 충족해야 한다고 생각하는 사람이 많다. 전문적인 '감식가(connoisseur)'만이 할 수 있는 일이라고 생각하는 것이다. 코미디 프로그램에서 종종 보이는 거만한 전문가에 대한 패러디 때문일 수도 있고, 위스키업계가 끝없이 쏟아내는 마케팅 때문일 수도 있다. 우리는 오직 전문가만이, 어떤 특정한 단체에서 비밀스러운 훈련을 받은 엘리트만이 우리가 먹고 마시는 음식과 음료의 미묘한 뉘앙스를 제대로 잡아낼 수 있다고 믿는다. 위스키를 시음할 때 수많은 사람이 민망해하며 "제가 전문가는 아니라서요"라고 말하는 것도 이 때문이다. 그러나 잘못된 생각이다. 전문가와 일반인의 유일한 차이는

○ 좋은 노징 글라스(nosing glass)는 위스키와 공기의 상호작용을 돕는다.

어휘력이다. 전문가는 위스키에서 느껴지는 맛과 냄새를 설명할 어휘를 장착했지만, 일반인은 아직 그러지 못했을 뿐이다. 많은 브랜드 담당자도 상황에 도움이 되지 않는다. 이들은 시음하는 사람들을 앞에 두고 건포도니 캐스크 마개 직물이니 마지팬이니 크리스마스 케이크니 오르자(orgeat) 시럽이니 하는, 홍보 담당자가 알려준 화려하고 모호한 표현으로 우리를 더 큰 혼란에 빠뜨린다.

아로마 분석

진짜 중요한 일은 입이 아닌 코에서 일어난다. 비강 위쪽 후각구는 뇌에 직접 연결되어 있다. 이 후각구에서 뻗어나온 수만 개의 수상돌기 섬모에는 감각세포가 자리하고 있다. 수상돌기 섬모는 콧속 점막 조직에 위치하는데, 점막은 수상돌기를 보호하고 향을 전달하는 매개체 역할을 한다. 섬모는 공기 중의 향미 분자, 즉 콘지너와 결합해 신호를 후각구로 보내고, 후각구는 이 정보를 측두엽으로 전달한다. 이곳에서 후각 정보가 혀의 감각 정보와 결합해 풍미에 대해 인지한다.

혀 표면에는 '미뢰'라는 화학수용체가 장착된 유두돌기가 있다. 수상돌기보다 민감도가 떨어지는 유두돌기는 음식과 음료에 담긴 콘지너에 직접 접촉해야만 활성화한다. 혀는 단맛, 신맛, 짠맛, 쓴맛, 감칠맛 등 다섯 가지 맛을 감지한다.

입에는 미끈거림, 거침, 건조함, 가벼움, 무거움, 크리미함, 보송함, 날카로움 등 질감과 무게감을 감지하는 능력이 있다. 풍미 수용은 수상돌기와 미뢰 양쪽 모두에서 이뤄진다. 그러므로 최적의 수용 장소는 구강과 비강의 연결점이다. 풍미를 인식한 후에는 단어와 색깔, 선, 형태 등 감정적 연결이 가능한 모든 것을 동원해 이를 식별하고 표현한다.

냄새는 과거와 현재를 잇는 연결고리이며, 후각은 시각이나 청각만큼 정확하게 주변환경을 인지하게 만드는 감각이다.

○ 조니워커 라인의 마스터 블렌더 짐 베버리지(Jim Beveridge).

그러나 시각적 · 청각적 자극이 끊임없이 이어지는 현대사회에서는 후각에 대한 의존도가 낮아지는 경향이 있다.
연구실과 블렌딩 작업실, 증류소 등에서 마주치는 전문가들은 모두 문화와 경험의 유산이 풍미 인식과 표현 능력에 큰 영향을 준다고 입을 모은다. 마스터 블렌더인 레이철 배리(Rachel Barrie)는 이렇게 말한다. “풍미를 이끄는 단 하나의 요소는 없습니다. 모든 것이 함께 어우러져서 동시에 나타나죠.” 자라면서 고수나 카다멈을 접한 적이 없다면 위스키에서 이와 관련된 향을 느낀다고 해도 뚜렷하게 인지하지는 못할 것이다.

아로마의 시각화

그렉 글래스(Gregg Glass)는 글래스고에 위치한 화이트앤맥케이(Whyte & Mackay)의 어시스턴트 블렌더로 업계의 전설인 리처드 패터슨(Richard Paterson)과 함께 일하고 있다. 패터슨은 매일 시향하는 위스키 샘플의 아로마를 색깔과 형태로 인식한

시음 노트는 개인의 취향대로

나는 영화 출시 전부터 판타지 소설 《반지의 제왕》 시리즈의 열렬한 팬이었다. 다음은 라가불린(Lagavulin)을 처음 맛보고 내가 남긴 시음 노트다.

헬름협곡의 전투를 마치고 치료소 뒤쪽 대형 쓰레기통 안에 앉아 있는 것 같은 느낌이다.

이 시음 노트를 해석하자면 다음과 같다.

두려운 느낌이 들었다. 마치 입안에서 전쟁이 벌어진 것 같았다. 숲속의 오래된 이끼와 썩어가는 낙엽, 강렬한 약품 향과 더불어 뭔가 생소한 냄새가 났다. 마법과도 같은 느낌이 들기도 했다. 마치 내가 사는 세상에는 존재하지 않는 맛과 향을 느낀 것 같았다. 아주 오래된, 원시적인 느낌이 났다. 나를 한 단계 성장하게 한 경험이었다.

취향대로 쓴 시음 노트로, 몇 년이 지난 지금 읽어봐도 나에게는 무척 의미 있게 다가오는 내용이다. 나는 라가불린을 무척 좋아한다. 당신에게도 이런 방식을 권하고 싶다. 시음 노트는 자신에게 의미 있는 내용으로 써보자.

다. 패터슨에게 이것은 무수한 퍼즐 조각을 정리하는 것과 같다. 이는 아주 미묘하게 다른 다양한 냄새를 하나의 균형 잡힌 전체로 묶어내는 데 도움을 준다.

"저는 종종 어떤 특성이나 개별 캐스크를 색깔이나 형태, 이미지로 인식하고 해석합니다. 위스키의 스타일, 질감, 잠재력을 어떤 대표적인 이미지로 시각화하는 거죠. 이렇게 하면 각각의 캐스크를 나름의 방식으로 분류해 원액들의 특성을 서로 어우러지게 할 방법을 미리 상상해볼 수 있습니다. 어떤 형태와 색깔, 분위기, 또는 특성이 서로를 보완하고 풍미 경험을 향상하게 할지 생각해보는 겁니다. 가끔은 단순한 이미지가 아니라 어떤 기억이나 소리로 인식하기도 합니다."

시음 분석

위스키를 시음할 때 우리는 기본적으로 세 가지 행동을 한다. 이러한 행동은 거의 무의식적으로 나타나기 때문에 우리는 이를 쉽게 알아채지 못한다.

인식 코와 입이 정상적으로 작동 중이며 풍미를 감지할 수 있다는 사실을 인식한다.

판단 '마음에 든다/들지 않는다'를 순간적으로 판단한다. 이 원초적이고도 무의식적인 반사행동은 아마 우리 선조들의 목숨을 무수히 구했을 것이다.

표현 언어를 사용해 경험을 묘사한다. 이는 교육이나 지능이 아닌 문화와 개인적 경험을 바탕으로 이루어진다.

아로마 휠 활용법

다음에 소개된 아로마 휠은 시음자가 경험하는 향과 맛을 설명할 '적절한 표현'을 찾는 데 도움을 준다. 가장 바깥쪽 원의 지나치게 세세한 묘사가 혼란을 줄 수도 있지만 이는 순전히 주관적인 것이니 똑같이 느끼려 하지 말고 참고로만 활용하자. 우리가 집중할 영역은 안쪽 원이다.

가장 안쪽에 있는 원을 시계라고 가정할 때 주요 아로마는 시계방향으로 12시부터 10시까지 위치한다. 주요 아로마는 모두 서로 뚜렷이 구분된다. '시큼한' 아로마는 '과일' 아로마와 다르고, '고소한' 아로마와도 다르다. 시향 경험을 쌓는 단계에서는 이러한 주요 아로마에 집중한다. '후류 향(feinty)'이 뭔지 잘 모르겠다면 그 바로 바깥쪽 원에 있는 '가죽', '담배', '땀 냄새'라는 설명을 참고하면 도움이 된다.

주요 아로마를 구분할 수 있게 되었다면, 그 바깥쪽 원으로 이동한다. 여기부터는 코가 느끼는 아로마와의 개인적인 관계에 대한 영역이다. 어떤 위스키에서 꽃향기를 느꼈다면 그것은 어떤 꽃향기인가? 할머니 댁 라일락 나무에서 나던 향기인가? 향신료 향을 느꼈다면 동네 인도 식당의 커리 향과 비슷했다는 의미인가? 정향의 냄새가 겨울 휴가의 추억을 떠올리게 했는가? 위스키에서 느끼는 아로마는 이런 방식으로 우리가 경험하는 실제 세상과 연결된다.

시계방향으로 10시부터 12시까지는 맛과 느낌에 초점을 맞춘다. 첫 번째는 짠맛, 쓴맛, 신맛, 단맛의 네 가지 기본 맛과 그 맛들의 실제 경험이다. 다음은 떫은 느낌, 입이 뭔가로 덮이는 느낌, 화끈거리는 느낌 등 입에서 느껴지는 물리적 감각이다. 마지막은 (위스키의 '화함' 같은) 톡 쏘는 느낌, 간질거리거나 따끔거리는 느낌처럼 코가 느끼는 물리적 감각이다.

가장 중요한 것은 '옳고', '그름'이 정해져 있지 않다는 사실이다. 내 코의 주인은 바로 나라는 것을 늘 명심하자.

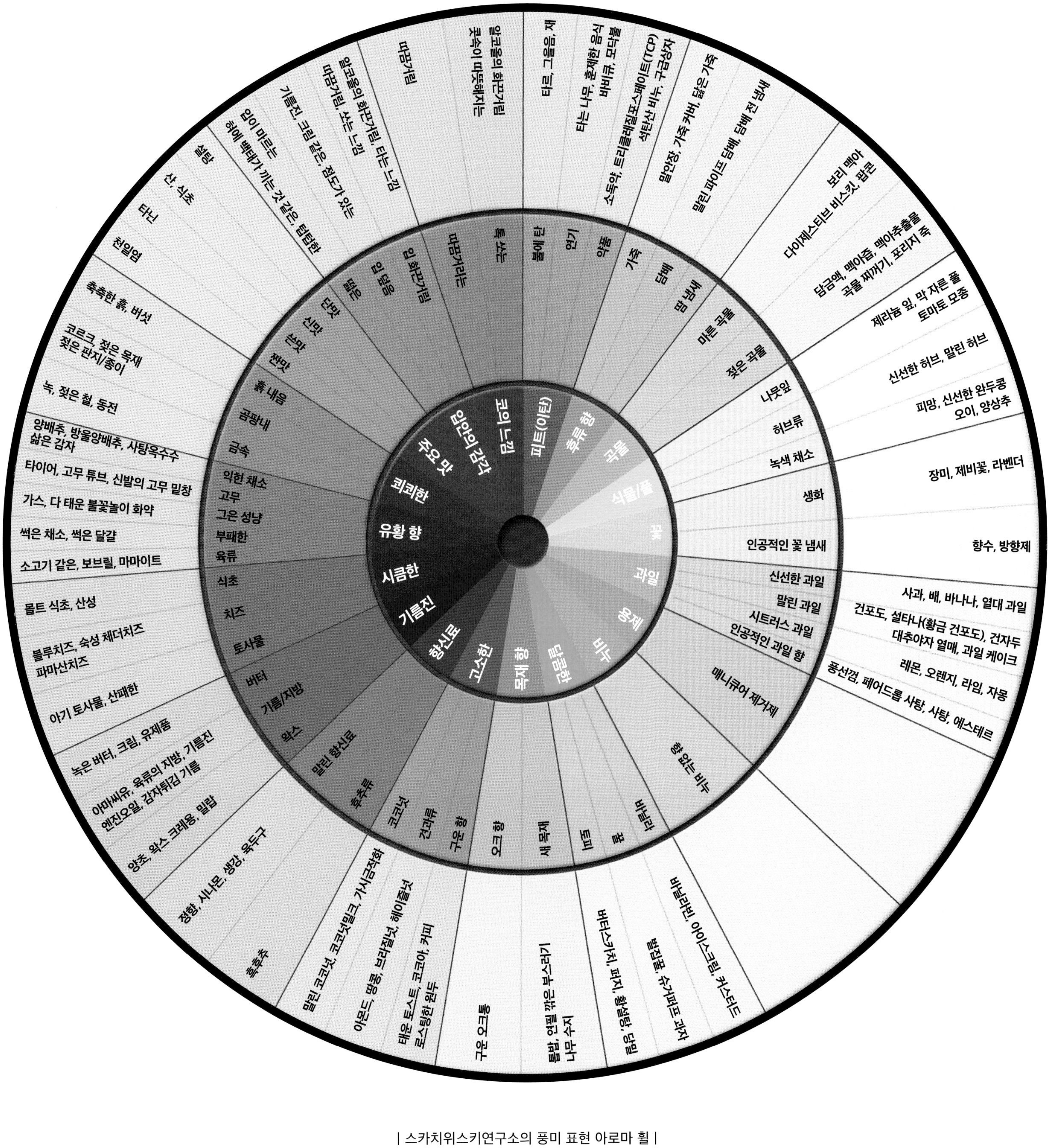

| 스카치위스키연구소의 풍미 표현 아로마 휠 |

생각이 향을 지배한다?

향기를 감지하는 핵심적인 기술 중 하나는 지각 전환 능력이다. 지보단(Givaudan)을 비롯한 유수의 향료 기업과 연구소에서 47년간 조향사로 일한 톰 디지아코모(Tom DiGiacomo)는 생각이 냄새에 대한 지각을 바꿀 수 있다고 이야기한다. 예를 들어, 스컹크 냄새의 배후에는 푸르푸릴메르캅탄(furfuryl mercaptan)이라는 화학물질이 있다. 숲속을 걷다가 이 냄새를 맡는다면 아주 멀리서 희미하게만 풍긴다고 해도 아마 대개의 사람이 불쾌감을 느낄 것이다. 그런데 사실 푸르푸릴메르캅탄은 커피 원두의 활성 화학물질이기도 하다. 디지아코모는 스컹크를 연상케 하는 불쾌한 냄새가 날 때 막 분쇄한 신선한 커피 원두를 담은 봉투에 코를 파묻고 있는 상상을 해보고 어떤 변화가 나타나는지 살펴보라고 제안한다.

○ 듀어스 블렌드의 핵심 몰트인 애버펠디의 다양한 시음 샘플이 담긴 모습.

시음, 취향을 찾아가는 여정

시음의 규칙

앞서 소개한 아로마 휠을 활용해 위스키를 시음하기 전에 알아둬야 할 몇 가지 기본적인 규칙이 있다.

1. 코를 보호한다

법적으로 위스키의 알코올, 정확히 말하자면 에탄올 함유율은 40% 이상이다. 시음을 할 때는 위스키의 높은 알코올 도수를 염두에 두고 주의한다. 위스키는 알코올 도수가 14%인 와인과도, 7%인 맥주와도 다르다. 병이나 잔에서 뿜어져 나오는 에탄올 기운만으로도 섬세한 수상돌기는 순간적으로 마비될 수 있다. 절차를 잘 지켜서 코를 보호하며 시음을 진행하더라도 후각은 금세 피로를 느껴 마비되어버린다. 물론 이러한 후각 상실은 금방 회복되기는 한다.

업계 전문가들은 위스키를 시음할 때 하루 최대 50~60개까지 진행한다. 전문가들에게는 코의 마비를 막기 위한 그들만의 비법이 있다. 바로 팔꿈치 안쪽이나 손등을 이용해 코의 상태를 다시 원점으로 되돌리는 것이다. 향이 진한 세제나 섬유유연제, 향수 등을 사용하지 않았다는 가정하에 이 두 부위는 특별한 향이 나지 않아서 여기에 코를 몇 초간 묻고 있으면 다시 다음 잔을 시음할 준비가 된다.

어느 블렌더는 시음 시 손바닥에 위스키를 적셔 가볍게 문지르는 방법을 쓰기도 한다. 비빈 손을 열어 알코올을 날려 보낸 후 양손을 모아 코를 묻고 냄새를 맡으면 위스키의 정수를 느낄 수 있다. 손을 더 세게 문지르고 다시 양손에 코를 묻으면 아래에 깔려 있던 곡물의 풍미가 드러난다.

심리 상태나 정신 상태 또한 지각에 영향을 준다. 기분은 환경이나 사회적 상황만큼 큰 영향을 미친다. 요컨대 같은 맛이어도 기분이 좋지 않은 상태에서 느낀 것과 좋은 친구들과 즐거운 자리에서 느낀 것은 매우 다를 수 있다.

2. 서서히 적응한다

위스키에는 천천히 다가가는 게 좋다. 우선 잔을 코 아래 입 높이에 두고 잔에서 발산되는 에탄올에 코가 적응하기를 기다리자.

몇 초 후에는 입을 살짝 벌리고 코를 잔 방향으로 살짝 낮춘다. 입을 벌려 공기를 비강으로 계속 흘려보내면 두 가지 효과를 누릴 수 있다. 첫째, 에탄올의 기운이 누그러져 지나친 화끈거림을 방지할 수 있다. 둘째, 위스키 향으로 입안을 자극함으로써 침샘의 반응을 유도하고 실제 음용을 준비할 수 있다. 이렇게 하면 사람들이 좋은 증류주를 외면하게 만드는 주된 요인인, 알코올의 타는 느낌을 어느 정도 막을 수 있다.

공기가 잘 흐르고 온도가 적당한 실내라면 굳이 잔에 코를 더 깊숙이 파묻을 필요는 없다. 잔을 자연스럽게 든 상태로도 위스키가 지닌 모든 것을 충분히 느낄 수 있기 때문이다. 위스키의 풍미는 잔의 종류에 따라 더 발산되거나 농축되고 희석되기도 하므로 가능하다면 다양한 잔으로 시음해보자(276쪽 참고).

3. 음미한다

좋은 위스키는 입안에 오래 머금을수록 더 많은 것을 내준다. 단숨에 입에 털어넣고 삼켜야 하는 위스키는 아마도 좋은 위스키가 아닐 것이다. 입안의 수용체는 코의 수용체보다 반응이 느리며, 강한 알코올은 입안을 살짝 얼얼하게 만들기도 한다. 그러므로 입에는 시간을 조금 더 줘야 한다. 위스키를 입에 머금고 굴리면 침이 알코올을 조금 희석해주기도 한다. 무엇보다 위스키를 입안에 오래 머금었다 마시라고 하는 가장 큰 이유는 우리 몸이 알코올 섭취에 대비하고 그 충격을 완화하기 위해서다.

추천 위스키

글렌리벳 싱글몰트스카치

GLENLIVET SINGLE MALT SCOTCH

싱글몰트 중 전 세계 판매량 1위에 빛나는 글렌리벳의 진짜 매력은 증류소가 자랑하는 부드러운 연수가 아닌, 우리 삶 속 어디에서나 만날 수 있다는 익숙함에 있다. 글렌리벳은 즐겨 입는 스웨터처럼, 자주 덮는 이불처럼 편안하다. 동생의 결혼식 피로연에서, 조카의 성인식 파티에서, 절친한 친구네 집 냉장고 위에서 언제든 찾아볼 수 있다. 잔에 얼음을 한 조각 넣고 글렌리벳을 따르는 행동은 강아지의 배를 문질러주는 것만큼이나 자연스럽고 편안하게 느껴진다. 두 행동 모두 우리를 웃게 함은 물론이고 말이다.

40% ABV

로크로몬드 싱글그레인 스카치위스키

LOCH LOMOND SINGLE GRAIN SCOTCH WHISKY

위스키 생산에 여전히 사용하고 있는 코피 증류기는 전 세계에서 단 세 대뿐이다. 그중 하나로 증류한 이 제품은 다른 곡물은 전혀 첨가하지 않고 보리 몰트로만 제조한 보기 드문 싱글그레인위스키다. 일반적으로 싱글그레인 스카치위스키는 듀어스와 시바스를 비롯한 블렌디드위스키의 베이스로 사용한다. 로크로몬드 싱글그레인은 가볍고 상쾌한 견과류 풍미를 지녔으며, 한 모금 마셨을 때 예상치 못한 커스터드 향이 느껴지기도 한다. 맨해튼 칵테일을 만들 때 버번이나 라이위스키 대신 사용해보자.

46% ABV

시음에 대한 그 밖의 조언

천천히 즐길 것

인류는 오랜 세월 도수가 낮은 발효주를 마시며 알코올에 적응해왔다. 그러나 우리의 몸은 생리학적으로 다량의 알코올을 위협으로 간주한다. 위스키를 마셨을 때 느끼는 충격은 이 음료가 위험을 초래할 수 있다고 몸이 보내는 경고다. 알코올의존증에 고통받아본 사람이라면 누구나 다량의 알코올 섭취가 여러 면에서 비정상적인 일이라는 것을 잘 알 것이다. 물론 우리는 적응과 조절을 통해 어느 정도 알코올 내성을 기를 수 있다. 그러나 이는 양날의 검과도 같다. 알코올 내성이 높아진다는 것은 우리 몸에 내재된 경고 시스템을 무시하도록 훈련하는 것이기 때문이다. 그러니 위스키를 마실 때는 천천히 즐기자. 위스키는 늘 그 자리에 있을 테니 말이다.

규칙에 얽매이지 말 것

위스키에 물 외에 다른 음료를 섞어 마셔도 되는지 궁금하다면 데이브 브룸(Dave Broom)이 쓴 《위스키 매뉴얼(Whiskey: The Manual)》을 읽어보자. 브룸은 최고급 위스키에 탄산수는 물론이고 진저에일, 콜라 등을 대담하게 섞어 마신 후 신중하게 점수를 매긴다. 그는 시음회에서 라가불린에 콜라를 섞어보자고 제안해서 현장에 있던 수많은 전문 '감식가'를 충격에 빠뜨리기도 했다.

풍미라는 미지의 영역

포로지스(Four Roses)의 마스터 디스틸러 브렌트 엘리엇(Brent Elliott)은 풍미라는 미지의 영역에 대해 다음과 같이 표현했다. 발효는 여전히 상당 부분을 추측에 의존해야 하는 '제어된 혼돈'이다. 게다가 인간의 뇌에서는 여러 감각이 부딪치며 '감각적 현기증'이 일어나기 일쑤다. 이를 감안할 때 위스키의 전체 풍미 중 우리가 제어할 수 있는 부분은 5%가 채 되지 않는 경우도 많다. "그러나 바로 그 지점에서 예술이 시작된다."

최고 전문가들의 조언

레이철 배리(Rachel Barrie), 벤리악(BenRiach): "모든 냄새를 맡으세요. 냄새를 맡을 기회를 놓치지 마세요."

빌 럼스덴(Bill Lumsden), 글렌모렌지(Glenmorangie): "저는 여러 곳을 돌아다니는 편입니다. 그런데 다니다 보니 호텔마다 고유한 냄새가 있더군요. 한 번 가본 곳이라면 다음번에 눈을 가리고 가도 냄새로 어딘지 알 수 있을 것 같아요."

알렉스 차스코(Alex Chasko), 틸링 증류소(Teeling Distillery): "미각과 후각은 실제적이고도 감정적인 신체 반응입니다. 측정할 수 없다는 점에서 마치 사랑과도 같죠."

샌디 히슬롭(Sandy Hyslop), 시바스브러더스(Chivas Brothers): "냄새는 때로 우리를 과거의 장소로, 사진 속의 어딘가로 데려가기도 하고 머릿속에 색채를 그려내기도 합니다. 제 경우 풀 느낌의 위스키 향을 맡으면 바로 아버지의 정원을 떠올리죠. 거의 무의식적으로 일어나는 일입니다."

커스티 매컬럼(Kirstie McCallum), 딘스톤(Deanston): "이 세상에 틀린 시음 노트는 없습니다."

물 활용하기

그렇다. 누가 뭐라고 하든 위스키를 마실 때는 언제든 원하는 만큼 물을 타서 마셔도 괜찮다. 바 한구석에서 못마땅한 눈빛을 보내는 멍청이는 말 그대로 참견하기 좋아하는 멍청이일 뿐이니 신경 쓰지 말자. 물은 어떤 풍미는 가리고 어떤 풍미는 부각한다. 그러나 위스키를 마실 때 중요한 것은 목적지가 아닌 여정이다. 자유롭게 실험 정신을 발휘하자.

물에 대한 몇 가지 조언은 다음과 같다.

- 염소가 함유되지 않은 깨끗한 생수를 사용한다. 생수의 브랜드는 전혀 상관없다(정말 상관이 없다). 그저 아무 향이 없는 평범한 물이면 된다.
- 위스키를 마실 때 우선은 아무것도 섞지 않고 니트(neat)로 마셔본다. 앞서 소개한 순서를 따르면 된다. 단 캐스크스트렝스(cask strength)인 경우에는 우선 희석하는 것이 좋다. 니트로 먼저 맛보라고 권하는 것은 이것이 기준점이 되기 때문이다. 이는 또한 병입자, 위스키 혼합 전문가, 증류 전문가가 소비자에게 보여주고자 의도한 맛이기도 하다. 그러므로 위스키를 니트로 마신다는 것은 그에 대한 존중을 표하는 일이다.
- 위스키를 희석하면 알코올 도수가 떨어지며 콘지너가 더 잘 발산된다. 콘지너는 에탄올과 묶여 있는데, 물이 그 결합을 끊어 발산을 돕는다.
- 물의 온도는 실온이나 조금 차가운 정도가 좋다. 갑자기 찬바람이 훅 몰아치면 몸이 얼어붙는 것처럼 너무 차가운 물은 위스키의 풍미를 닫아버릴 수도 있다.
- 물은 소량으로 시작해 취향에 맞는 농도가 나올 때까지 조금씩 더한다. 훈연 향과 피트 향이 강한 위스키를 싫어하는 사람들도 물을 충분히 타서 희석해 마시면, 훈연 향이 사라지고 아래에 깔려 있던 과일 향이 올라오는 것을 느낄 수 있다.

가성비를 높이는 선택

브랜드 소유자들은 경험과 시장 지식, 전통, 다양한 판매 요인을 종합적으로 고려해 제품의 알코올 도수를 결정한다. 세계 각국은 위스키 병입 시 최저 알코올 도수를 40% ABV로 정하고 있으며, 제조업체 대다수가 이 도수로 제품을 출시한다. 이는 상업적으로도 더 유리하다. 도수가 낮으면 더 많은 사람에게 다가갈 수 있기 때문이다(적어도 이론상으로는 그렇다). 물론 높은 도수를 선호하는 이들도 있다. 팁을 하나 주자면 캐스크스트렝스 제품은 가성비를 높여주는 선택이 될 수 있다. 희석해서 마시는 경우가 많으므로 실제 즐길 수 있는 양은 병에 든 750밀리리터보다 분명 늘어날 것이다.

추천 위스키

시아 블렌디드 스카치위스키
SIA BLENDED SCOTCH WHISKY

시아를 만든 카린 루나-오스타세스키(Carin Luna-Ostaseski)는 위스키에 빠져든 지 얼마 되지 않은 신규 개종자였다. 그녀는 위스키를 직접 제조해보겠다는 쉽지 않은 결정을 내렸다. 문제는 그녀가 반한 대상이 스카치위스키였다는 점이다. 샌프란시스코에 살고 있던 그녀는 아무래도 스페이사이드로 이사를 가는 것보다는 블렌딩에 도전하는 편이 더 합리적이라는 결론을 내렸다. 루나-오스타세스키는 스코틀랜드 최고의 블렌딩업체들과 협력해 '할아버지 위스키'와는 전혀 다른 풍미를 만들어냈고, 이 제품은 몇몇 권위 있는 품평회에서 입상했다. 그 후 킥스타터(Kickstarter)에서 크라우드펀딩으로 자금을 모은 그녀는 시아를 탄생시켰다. 몰트 대 그레인 비율이 다른 제품에 비해 높은 시아 블렌디드는 부드러운 과일 향으로 시작해서 미세한 훈연 향으로 마무리된다.

43% ABV

○ 가지런히 정리된 시아 스카치위스키의 시음 샘플들. 스페이사이드, 하일랜드, 아일라 위스키를 블렌딩한 제품이다.

시음의 3단계

살면서 가장 행복했던 경험을 떠올려보자. 이러한 경험들은 선명한 몇몇 구성요소로 나뉘며, 기억을 통해 하나의 긴 사건으로 다시 합쳐지기도 한다. 행복한 경험은 대개 그 일을 앞두고 가졌던 기대감, 그 일을 하고 있을 때 느낀 즐거움, 그렇게 즐거운 일을 했었다는 기억으로 요약된다.

위스키 시음도 이와 다르지 않다. 새롭고 낯선 것을 접할 때 으레 그러하듯, 위스키 시음도 처음에는 어색하고 복잡하게 느껴질 수 있다. 그러나 즐거운 마음으로 충분히 연습하다 보면 시음의 과정이 물 흐르듯 자연스럽게 느껴질 것이다.

1단계: 향은 기대감이다

위스키 잔에서 피어오르는 향과 기운은 후각신경을 자극한다. 눈을 감고 향을 맡았을 때 떠오르는 가장 단순하고 기본적인 것들을 머릿속에 기록해보자.

◆ 마음에 든다./마음에 들지 않는다.

○ 듀어스 위스키 아카데미에서 시음 중인 사람들.

◆ 단순한 표현으로 묘사해본다. "달콤한/톡 쏘는/식물 같은 냄새가 난다."
  - ◇ 달콤한/톡 쏘는/식물 같은 향이 무엇을 연상시키는가? 과일이 연상되는 달콤함인가? 연기를 맡았을 때처럼 톡 쏘는가? 식물이라면 먹을 수 있는 채소의 느낌인가?
  - ◇ 과일이라면 구체적으로 어떤 과일인가? 사과, 바나나, 배 같은 신선한 과일인가? 또는 말린 살구나 무화과, 대추야자 열매 같은 건과일의 느낌인가?
  - ◇ 한 걸음 더 들어가 보자. 연기라면 어떤 연기인가? 나무가 타는 연기인가? 플라스틱이나 타르 느낌인가?
  - ◇ 식물 느낌이라면 어떤 식물인가? 양배추나 피망인가? 젖은 나뭇잎 같은 느낌인가?

2단계: 맛은 현재성이다

입안에 머금은 위스키가 어떤 느낌을 주는지 잘 살펴보자. 1단계에서 느낀, 또는 느끼지 못한 냄새들과 현재 입안에서 느껴지는 맛과 질감을 연결한다. 서두르지 말고 위스키를 천천히 입안에서 굴리며 느긋하게 음미한다.

◆ 1단계에서 느낀 달콤함이나 톡 쏘는 느낌, 식물 느낌이 여전히 남아 있는가? 아직 남아 있다면 혹시 달라진 부분이 있는가?
  - ◇ 무엇으로 바뀌었는가?
  - ◇ 새롭게 발현한 뭔가가 있는가?

◆ 질감은 어떤가? 크리미한가? 가벼운가? 묵직하거나 점성이 있거나 기름지게 느껴지는가? 타닌이나 떫은 질감인가?
  - ◇ 만약 그렇다면 무엇을 연상시키는가? 아이스크림 같은 부드러움인가? 시럽 같은 점성인가? 케이크 반죽 같은 묵직함인가?

3단계: 여운은 기억이다

머금고 있던 위스키를 삼킨 후 무엇이 남았는가?

- ◆ 풍미가 변했는가? 그대로인가?
  - ◇ 만약 변했다면 어떻게 변했는가?
  - ◇ 좋은 변화인가 그렇지 않은 변화인가?
- ◆ 풍미가 오래 지속되었는가? 바로 사라졌는가?
- ◆ 여운이 지속된 시간은 짧았는가? 중간이었는가? 길었는가?
- ◆ 예상치 못한 요소가 있었는가?

시음에 어느 정도 익숙해지고 나면 다음과 같은 분석도 가능하다.

전향/후향 전향과 후향 또한 미각과 후각을 통한 주관적인 판단이다. 시음 초기에 느껴지는 어떤 향은 우리의 감각을 활성화해 나중에는 같은 향을 다르게 인지하게 만들기도 한다.
혀의 앞쪽/중간/뒤쪽 위스키를 입에 머금자마자 혀 앞쪽에서 공격적으로 뚜렷이 나타나는 풍미도 있지만, 삼키기 직전에서야 혀의 뒤쪽에서 모습을 드러내는 풍미도 있다.

연습을 반복하다 보면 차차 풍미 경험을 세분화하는 데 익숙해질 것이다. 물론 그 과정에서 풍미에 대한 인식과 그로 인해 느끼는 즐거움도 커질 것이다.
다만 한 가지 주의할 것이 있다. 마음이 앞서 시음도 하기 전에 정보부터 찾아보려 하면 곤란하다. 인터넷 검색을 통한 정보 습득은 위스키를 입으로 직접 마셔본 후 해도 늦지 않다. 시음할 때 우리를 이끄는 것은 제품에 대한 사전 정보나 다른 사람의 시음 노트가 아닌 자신의 감각이어야 한다. 직접 시음을 한 후 자료를 찾아보며 시음 경험을 더욱 풍부하게 만드는 것은 좋다. 그러나 시음은 감각을 통한 경험이라는 사실을 명심하자. 감각 경험은 단순한 자료조사보다 오랜 시간 지속되며 우리에게 풍부한 의미를 준다.

추천 위스키

E. H. 테일러 스몰배치 보틀드인본드 켄터키 스트레이트 버번위스키
E. H. TAYLOR SMALL BATCH BOTTLED IN BOND KENTUCKY STRAIGHT BOURBON WHISKEY

E. H. 테일러(E. H. taylor)는 버번을 옥수수와 호밀을 섞어 대충 농장에서 만들던 술에서 어엿한 상품으로 재탄생시킨 두 명의 위스키 황태자 중 한 명이다(다른 한 명은 조지 가빈 브라운George Garvin Brown이다). 버펄로트레이스 증류소에서 내놓은 이 제품은 1897년 보틀드인본드법(Bottled in Bond Act) 통과에 힘쓴 테일러를 기리는 위스키다. 보틀드인본드법은 서부 개척지에서 등유, 뱀즙, 담배 침 등 온갖 불량 재료를 배럴에 섞어 넣고는 '위스키'라며 팔아대던 업자들을 막기 위해 도입된 법이었다. 테일러가 지은 바로 그 창고에서 숙성한 이 위스키는 약간의 후추 향과 담배 향의 여운을 지니고 있다. 부드럽고 유연한 위스키의 표본이기도 하다.

50% ABV

힐록에스테이트 싱글몰트위스키
HILLROCK ESTATE SINGLE MALT WHISKEY

지금은 세상을 떠난 데이브 피커렐(Dave Pickerell)이 참여한 신생 크래프트 증류소의 작품 중 하나다. 18세기 미국 독립전쟁의 지휘관이자 곡물 거래상이었던 인물의 토지에 자리 잡은 이 가족 소유 증류소는 자체적으로 플로어몰팅을 진행하며 곡물 또한 직접 재배한다. 뉴욕 허드슨밸리에 위치한 우아하고 부유한 힐록 증류소의 제품들은 가격은 꽤 나가지만 그 풍부하고 역동적인 풍미가 인상적이다.

48.2% ABV

○ 켄터키주의 버펄로트레이스 증류소.

PART 3

아메리칸 위스키

아메리칸 위스키의 역사는 미국의 역사와 많은 점에서 닮아 있다. 미국의 위스키는 긴 궤적을 그리며 발전해 왔고, 그 안에 수많은 부침이 있었으며, 만만치 않은 인물들이 등장했다. 사실을 둘러싼 수많은 신화가 존재하며, 모든 것은 이민자로부터 시작되었다. 새로운 세대는 늘 앞선 세대의 발전이나 어리석음에 자신들의 노력을 더하며 앞으로 나아갔다. 언제나 그렇듯 이 이야기에도 반전은 존재한다. 바로 아메리칸 위스키가 럼과 반란을 바탕으로 태어났다는 점이다.

간략하게 살펴보는 미국 위스키의 역사

미국에 곡물 증류주의 전통을 들여온 이들은 16~17세기 미국에 정착한 영국 신사 계급이 아니다. 당시 스코틀랜드와 아일랜드의 위스키는 농장에서 만들어 마시는 술에 불과했고, 시골의 협곡과 계곡을 지나 런던에 도달하지 못했다. 위스키는 영국 귀족들의 미각을 망치는 거칠고 교양 없는 술로 여겨졌다. 당시 귀족들은 네덜란드에서 건너온 브란데빈(bruntvyne), 즉 '불에 태운 와인(burnt wine)'을 즐겼다. 여기서 '브랜디'라는 이름이 유래했다. 브랜디는 코냑 지방에서 포도를 증류해 만든 술이었다. 사실 미국 식민지 초기에 최초로 현지에서 대량생산된 증류주는 럼이었다. 영국이 네덜란드로부터 뉴암스테르담을 빼앗아 뉴욕이라는 이름을 붙인 1664년, 스태튼아일랜드에 북미 최초의 럼 증류소가 운영에 들어갔다. 버지니아 지역에서는 가끔 토종 옥수수를 활용한 증류주를 만들기도 했지만, 옥수수는 여전히 낯선 작물이었고 맛 또한 너무 강했다.

1655년 영국은 스페인의 식민지였던 자메이카를 점령하며 서인도제도의 설탕 무역을 장악했다. 영국은 자국 귀족들에게 럼이라는 술을 선보이는 한편, 해군 항해 시 매일 럼 배급을 의무화하면서 프랑스산 브랜디를 영국산 럼으로 대체해

○ 19세기 말 켄터키주
올드 테일러 증류소의 일꾼들.

○ 뉴암스테르담의 신년 축하 건배, 1640년.

나갔다. 그러나 맥주 양조에 비해 증류는 복잡하고 비용이 많이 드는 작업이었고, 결과적으로 럼은 서민들이 마시기에는 비싼 술이 되었다. 럼이 당시 미국의 음주 문화에 어느 정도 영향을 주기는 했지만, 그 영향은 대부분 볼티모어나 뉴욕, 보스턴 같은 항구도시에 국한되었다.

그렇다면 미국에 위스키를 들여온 이들은 누구일까? 19세기에 대량으로 미국에 건너온 아일랜드인이 위스키 문화를 들여왔다는 이야기가 거의 기정사실로 받아들여지고 있지만, 사실 그 주인공은 이들과 별개의 문화권에 속한 스코틀랜드와 아일랜드계 이주민이었다. 이들은 주로 로우랜드 스코틀랜드인과 북부 아일랜드인으로 구성되었으며, 대부분 1700년대 초 얼스터 농장(Ulster Plantation)이라 불린 북아일랜드의 식민 지역에서 이주했다. 이는 당시 신대륙이 경험한 최대 규모의 민족 이주였다. 미국에 도착한 이들은 사회적 압력으로 동부 해안 도시와 델라웨어강 서쪽에서 밀려나면서 스웨덴인과 네덜란드계 독일인 이민자들과 만났다. 두 민족 모두 증류주를 이용해 식품을 보존하고 발효액으로 에일을 제조하는 농장 문화에 익숙한 민족이었다. 그렇게 이들이 만난 델라웨어 리버밸리의 펜스우즈 황무지에서 미국 위스키가 탄생했다.

당시 위스키는 여러 상황의 영향으로 탄생했지만, 가장 큰 역

추천 위스키

우드포드 리저브 배치 프루프 버번

WOODFORD RESERVE
BATCH PROOF BOURBON

우드포드 리저브 위스키는 독특하게도 연속식 증류기와 단식 증류기의 결과물을 혼합한다. 매년 배치별로 출시하는 125.8프루프의 이 제품은 기존 제품과 같은 매시빌을 사용하지만 도수는 더 높다. 100달러가 넘어가는 다소 높은 가격이지만, 평소 우드포드 제품들의 풍미 프로필을 조금 더 높은 도수로 경험해보고 싶다면 한번 시도해보자.

62.9% ABV

발코네스 텍사스 라이

BALCONES
TEXAS RYE

발코네스는 소규모 증류소로서 외부 투자로 큰 성공을 거뒀지만 텍사스주 웨이코 출신이라는 뿌리에 충실하며 지역에 집중하는 모습을 보이고 있다. 발코네스의 디스틸러 재러드 힘스테드는 텍사스 북서부의 엘본 호밀에서 영감을 받아 100% 호밀만 사용한 라이위스키로 영역을 확장했다. 크리스털 몰트와 초콜릿 몰트에 로스팅한 호밀을 더해 복합성을 구현하고 초콜릿과 가죽 풍미를 입혔다. 단식 증류기에서 증류 후 새 오크통에서 15개월 이상 숙성했다.

50% ABV

위스키 라벨 읽기

크래프티드Crafted
단어의 의미를
넓게 해석해 넣었다.

베리올드바튼
Very Old Barton
등록된 브랜드명.

80프루프/40% ABV
알코올 도수
(프루프는 ABV의 두 배다).

켄터키 스트레이트 버번위스키
Kentucky Straight Bourbon Whiskey
옥수수를 주요 원료로 하며, 버번 관련 규정을 준수해 제조한 위스키. 물 이외의 첨가물을 넣지 않고 내부를 태운 새 오크통에 담아 최소 2년 이상 숙성해야 하며, 켄터키에서 최소 1년을 보내야 한다.

바튼 증류소 병입
Bottled by Barton Distilling
증류 장소는 명시되어 있지 않지만 바튼 증류소는 바즈타운에, 병입 시설은 오언즈버러에 위치해 있다. 두 곳 모두 사제락(Sazerac)이 소유하고 있다.

36개월 이상 숙성 Aged at least 36 months **(뒷면 라벨)**
2년 이상 4년 미만 숙성한 위스키에 '스트레이트' 명칭을 붙이기 위해서는 가장 어린 위스키의 숙성 햇수를 라벨에 표기해야 한다.

위스키 상식

켄터키주의 인구는 450만 명이며, 켄터키주에 있는 버번 배럴의 숫자는 500만 개다.

할을 한 것은 역시 비용과 접근성이었다. 영국이 카리브해 설탕 무역에서 프랑스를 몰아내고 독점하자 설탕 가격이 오르기 시작했다. 당밀은 동부에서 멀어질수록 비싸졌다. 위스키의 시작점에는 스코틀랜드계 아일랜드인 이민자와 네덜란드계 독일인 이민자가 지니고 있던 영국에 대한 역사적인 반감과 델라웨어강 서쪽에서 종교적 자유를 보장한 윌리엄 펜(William Penn)의 약속이 있었다. 영국이 1733년 당밀법을 통과시키자 당밀 가격은 또 상승했다. 이에 지역민들은 당밀법을 지지한 해안 지역의 왕당파들에 대한 노골적인 반항의 표시로 당밀이 아닌 곡물을 증류하기 시작했다. 물론 여기에는 경제적인 이유도 있었지만, 선조들이 그랬듯 이 새로운 정착민들에게도 위스키 제조는 일종의 반란이었다.

위스키와 개척지

스코틀랜드계 아일랜드인 정착민들은 위스키의 경제성을 잘 알고 있었다. 스코틀랜드와 아일랜드의 조상들에게 이미 오랜 역사가 있었기 때문이다. 소작농들은 자신이 재배하거나 판매한 농작물 중 일부를 지주에게 상납해야 했다. 그런데 곡물이나 작물을 재배한다고 늘 다 팔 수 있는 것은 아니었고, 일부는 거의 밭에 남아 썩어갔다. 땅을 소유하지 못하는 농부들은 그렇게 썩어갈 곡물을 증류함으로써 잃을 뻔한 수익을 확보했다. 게다가 증류주는 휴대가 간편하고 수요도 많아서 안정적인 통화 시스템이 없는 지역에서 이상적인 화폐가 되어주었다. 마지막으로 농작물의 경우 발견과 측정이 쉽기 때문에 정부가 쉽게 과세할 수 있었지만, 몰래 증류한 밀주는 발견도 측정도 쉽지 않았다.

한편 위스키를 증류하는 미국의 정착민들은 과세의 기운이 다가오고 있음을 눈치챘다. 1794년 위스키 반란(Whiskey Rebellion)은 영국에 대한 미국의 식민지 반란 직후에 일어났다. 펜실베이니아 서부의 농부들은 전쟁 비용을 충당하기 위해 위스키에 소비세를 부과하려는 알렉산더 해밀턴(Alexander Hamilton)과 조지 워싱턴(George Washington)에 반항해 워싱턴의 군대에 맞섰다. 앨러게니산맥에서 버지니아주 서부의 계곡, 새로 생긴 켄터키주에 이르기까지 지역 농부들은 농장에서 추가적으로 재배한 곡물로 '산이슬(mountain dew)'을 증류하고 있었다. 산이슬은 미국으로 건너오기 전의 선조들이 위스키를 부르던 명칭이었다. 한편 북부 지역에서 가장 흔하게 재배하는 곡물은 호밀이었다. 서늘한 기후에서 잘 자라는 데다 독

FAMOUS WHISKEY INSURRECTION IN PENNSYLVANIA.

○ 1794년 펜실베이니아 서부의 위스키 반란. 타르칠을 하고 깃털을 뒤집어쓴 채 구경거리가 되는 형벌을 받고 있는 사람이 보인다.

일인들이 고향에서부터 익숙하게 접해온 곡물이었기 때문이다. 이렇게 새로운 공화국에서는 호밀이 위스키를 정의하게 되었다.

위스키 반란 이후 증류업자들은 세금징수원을 피해 더 남쪽으로 이동했다. 위스키 증류는 깊은 밤 외딴 계곡에서 하는 일이 되었다. 밀주는 밤에 만들어져 '문샤인(moonshine, 달빛)'이라 불렸지만, 사실 세금징수원에게 위치를 들키지 않으려면 어둠에 몸을 숨길 수 있는 달 없는 밤이 더 좋았다.

이민자 이야기

웨일스 사람 에번 윌리엄스(Evan Williams)는 1700년대 중반 웨일스에서 운영하던 증류소를 접고 볼티모어 항구를 통해 미국으로 건너와 버지니아 농장 서부로 이주했다. 일라이저 크레이그(Elijah Craig)는 종교의 자유를 찾아 버지니아 동부를 떠나 황무지에 증류소를 열었다. 윌리엄스와 크레이그가 버번 위스키를 발명한 것은 아니지만, 두 사람 모두 그 지역의 많은 이와 같이 거친 옥수수 위스키를 만들었다.

지금은 이들의 이름만 남아 있다. 사실 200년이 지난 지금까지 당시의 제조법이 남아 있으리라 기대하는 것은 어리석은 일일지 모른다. 남북전쟁 이후 재건 시대가 시작되었고 위스키 제조업은 남부의 모든 산업과 마찬가지로 어려움을 겪었다. 전쟁은 도로와 철도, 공급망을 끊어놓았다. 식량을 구하기 힘들었고, 구세계의 질서는 흔들리고 있었다.

미국의 위스키는 여전히 북부 호밀을 중심으로 제조되었다. 가장 유명한 것은 초기 이민자였던 에이브러햄 오버홀트(Abraham Overholt)가 제조한 머농거힐라(Monongahela) 라이위스키였다. 그러나 캐나다, 아일랜드 그리고 스코틀랜드에서 경쟁자들이 속속 도착하고 있었다. 19세기 후반 코피가 발명한 증류기가 미국에 들어오고 오래된 직화식 구리 증류기가 교체되며 완전히 새로운 풍미의 위스키가 등장했다. 바로 버번이었다.

RAIDED BY REVENUE OFFICERS.
WOMEN MOONSHINERS WHO RAN A STILL IN THE GEORGIA MOUNTAINS SEVERAL MILES WEST OF WASHINGTON GA., DISCOVERED BY A POSSE OF UNCLE SAM'S MEN

○ 세금징수원에 대항해 가정용 증류기를 지키는 사람들.

버번의 유산

버번을 하나의 독립된 카테고리로 분류한 것은 순전히 미국의 발명이다. 아쉽게도 버번의 기원에 대해서는 몇 가지 단편적인 사실만 알려져 있을 뿐 나머지는 거의 전설과 신화다. 켄터키주 렉싱턴 외곽에는 버번카운티(Bourbon County)라는 지역이 있다. 이 지명은 추후 루이지애나 매각 때 미국에 넘어간 지역 대부분을 소유했던 프랑스 부르봉(Bourbon) 왕가의 이름에서 따온 것이다. 버번카운티의 경계는 19세기경 정치적 문제로 인해 재구획되었는데, 그곳의 정착민들이 일종의 옥수수 위스키를 만들었다는 증거가 남아 있다.

미국 전역으로 통하는 관문 역할을 한 오하이오강은 버번카운티의 발전에서 중요한 역할을 했다. 이 지역까지 도로와 철도가 거의 설치되지 않은 상황에서 강은 오지를 관통하며 흐르는 유일한 길이었다. 강을 타고 조금 더 올라가서 앨러게니강과 머농거힐라강이 만나 오하이오강을 이루는 곳에 위치한 피츠버그는 당시 미국 위스키 생산의 중심지였다. 라이위스키 증류업자들은 오하이오강을 따라 내려가는 바지선에 위스키 배럴을 실어 가족과 친구들에게 보내기도 하고 신시내티나 루이빌 같은 새로운 도시의 시장에 보내기도 했다. 그러고 자신들은 미시시피강으로 가서 뉴올리언스 항구로 향했다.

오하이오강은 버지니아 연방에서 분리되어 나온 켄터키주의 경계를 이뤘다. 버번카운티의 원래 경계 안에는 라임스톤이라는 이름의 작은 강변 항구 마을이 있었다. 켄터키 지역의 위스키 제조업자들은 라임스톤에서 오하이오강을 따라 위스키를 실어 보냈다. 사업 수완이 있는 일부 업자들은 강 상류 지역의 상품과 차별화하기 위해 위스키 배럴과 상자에 '올드 버번(Old Bourbon)'이라는 문구를 찍어넣었다. '올드'라는 단어는 위스키의 숙성을 의미한 것이 아니라 지역의 유산을 강조하기 위한 것이었다. 이렇게 통에 담긴 위스키는 뜨거운 태양 물결에 흔들리며 미시시피와 멕시코만으로 운송되었다.

그렇게 운송되는 과정에서 옥수수를 원료로 한 위스키의 거친 풍미가 한결 부드러워졌다. 이 술에 새롭게 매료된 사람들은 이것을 그냥 위스키나 옥수수 위스키가 아닌 버번이라는 이름으로 불렀다. 서부 지역이 개척되고 미시시피강을 따라 풀턴의 증기선이 운항을 시작하면서 버번과 라이위스키는 미국 증류주의 핵심으로 자리 잡았다.

○ 최초의 위스키 고속도로였던 머농거힐라강.

추천 위스키

블랜턴스 버번
BLANTON'S BOURBON

이른바 싱글배럴 켄터키 위스키라 불리는 제품군 중 가장 먼저 나온 위스키로, 당시 마스터 디스틸러였던 엘머 T. 리(Elmer T. Lee)가 자신의 스승이자 이전 마스터 디스틸러였던 앨버트 블랜턴(Albert Blanton)을 기리며 만들었다. 병의 독특한 면 처리가 인상적이며 마개에는 경주마 모양의 백랍 조각이 달려 있는데, 미국 최대 경마대회 중 하나인 켄터키 더비의 역대 우승마들이 각기 다른 모습으로 결승선을 향해 질주하는 모습을 담았다. 병마개를 수집해 친구들과 작은 경주를 벌여보는 건 어떨까? 알코올 도수는 제품별로 상이하다.

헨리 맥켄나 싱글배럴 10년 보틀드인본드 켄터키 스트레이트 버번
HENRY MCKENNA SINGLE BARREL
10-YEAR BOTTLED IN BOND
KENTUCKY STRAIGHT BOURBON

헤븐힐 증류소(Heaven Hill Distillery)의 샤피라(Shapira) 가문은 세계에서 두 번째로 많은 버번 재고를 보유하고 있다. 아일랜드에서 건너온 초기 이민자이자 증류업자였던 헨리 맥켄나의 이름을 딴 이 위스키는 품질의 정석이다. 10년 숙성에 보틀드인본드의 모든 규정을 준수했으며, 단일 배럴에서 병입했다. 뛰어난 풍미와 깊이로 가격 대비 가치가 훌륭하다.

50% ABV

패피 반 윙클 12년 스페셜 리저브 버번
PAPPY VAN WINKLE
12-YEAR SPECIAL RESERVE BOURBON

'패피'는 20세기를 풍미한 뛰어난 위스키 세일즈맨이었다. 이제 4대 반 윙클의 손에 넘어간 이 전설의 버번은 2002년부터는 버펄로트레이스 증류소에서 생산되고 있다. 수집가들이 탐내는 것은 줄리언 반 윙클 2세가 1970년대에 문을 닫은 스티첼-웰러 증류소에서 구해낸 23년과 20년 숙성 제품들이다. 줄리언 2세의 아들인 줄리언 3세가 이 원액을 조금씩 사용해 아메리칸 위스키 역사상 가장 귀한 대접을 받는 제품들을 생산하고 있다. 알코올 도수는 제품별로 상이하다.

믹터스 US 1 언블렌디드 아메리칸 위스키
MICHTER'S US 1
UNBLENDED AMERICAN WHISKEY

곡물 비율을 밝히지 않은 매시로 증류해 '중성 증류주를 넣지 않고 위스키에 담근 화이트오크 배럴에' 숙성한 제품이다. 현재의 증류소를 건립하기 전 믹터스는 출처를 밝히지 않은 모처에서 모든 위스키 원액을 조달했다. 접근성이 좋은 부담 없는 위스키로, 버번 초심자를 위한 어린이용 풀장 같은 제품이다.

41.7% ABV

아메리칸 위스키의 왕가를 이어온 인물들

○ 줄리언 '패피' 반 윙클.

일부 '위스키맨'은 1960년대에 시작해 20세기 말까지 이어진 위스키 침체기를 견뎌냈다. 이들은 제분실과 증류실, 숙성고에서 어려운 시기를 묵묵히 견뎠고, 그 결과 지금은 새로운 세대의 위스키 애호가들 사이에서 슈퍼스타의 지위를 누리고 있다.

와일드터키(Wild Turkey)의 마스터 디스틸러였던 지미 러셀(Jimmy Russell)과 그 아들인 에디 러셀(Eddie Russell), 포로지스의 브렌트 엘리엇과 짐 러틀리지(Jim Rutledge, 현재는 은퇴), 포로지스의 글로벌 앰버서더 앨 영(Al Young), 짐빔의 프레드 노(Fred Noe), 우드포드 리저브(Woodford Reserve)의 크리스 모리스(Chris Morris), 버펄로트레이스의 할란 휘틀리(Harlan Wheatley), 잭대니얼스의 제프 아네트(Jeff Arnett) 등이 그러한 인물이다. 이들은 위스키 제조 장인으로서 각종 강연회와 위스키 박람회에서 서로 모셔가려고 줄을 서는 인기인이 되었다. 새로운 세대에는 상당수의 여성도 나타났다. 믹터스의 안드레아 윌슨(Andrea Wilson), 우드포드의 엘리자베스 매컬(Elizabeth McCall), 캐스케이드할로우(Cascade Hollow)의 니콜 오스틴(Nicole Austin) 등 많은 여성이 과거 남성 일색이었던 위스키업계에 균형 잡힌 관점을 불어넣고 있다. 물론, 모두가 한 모금만 마셔보자고 애원하는 귀중한 위스키 원액을 보유하고 있는 아메리칸 위스키의 왕가 반 윙클도 빼놓을 수 없는 이름이다.

이런 이들에 앞서서는 금주법 폐지 이후 전후 호황기를 거치며 옥수수와 밀, 호밀을 증류해 탁월한 위스키를 탄생시킨 부커 노(Booker Noe), 파커 빔(Parker Beam), 엘머 T. 리, 줄리언 '패피' 반 윙클 같은 위스키 장인이 존재한다. 이들은 자신들보다 앞서 훌륭한 위스키를 생산한 E. H. 테일러, W. L. 웰러(W. L. Weller), 앨버트 블랜턴, 조지 가빈 브라운 등의 역사적인 장인을 기리는 작품을 만들기도 했다. 이처럼 19세기 중반부터 현대까지 이어진 버번의 역사를 따라가는 것은 마치 구약성서의 가계도를 읽는 것 같은 느낌을 준다.

○ 짐빔의 부커 노.

업계를 강타한 금주령

금주령이 위스키 생산에 준 영향은 그저 '충격'이라는 말로는 한참 부족하다. 금주령은 1920년 수정헌법 18조에서 비롯된 볼스테드법(Volstead Act) 통과로 시행되었다. 캔자스주, 미주리주 등 중부에서 시작된 후 약 80년에 걸쳐 성장해온 절주 운동의 결과물이었다. 이 운동의 정신적 뿌리는 잉글랜드와 아일랜드, 스코틀랜드의 산업혁명기로 거슬러 올라간다. 당시 영국에서는 절주운동 바람이 불며 음주를 줄이기 위한 다양한 규제가 도입되었고, 특히 생산수단에 대한 규제가 심해졌다. 그 결과 1830년대 중반에는 더블린에서 수십 개의 증류소가 문을 닫았다.

그러나 1차 세계대전 이후 시행된 미국의 금주령은 유럽과는 비교할 수 없이 큰 파장을 낳았다. 금주령이 절정이었던 시기에는 50개 이상의 증류소가 문을 닫았다. 금주령이 해제되고 2차 세계대전 이전에 생산이 다시 살아났지만 버번을 비롯한 모든 위스키업계는 이미 완전히 바뀌어 있었다.

○ 단속 요원이 지켜보는 가운데 배럴의 술을 버리고 있는 사람들.

추천 위스키

데드우드 아메리칸 버번
DEADWOOD
AMERICAN BOURBON

위스키 사업가 데이브 슈미어(Dave Schmier)는 큰 성공을 거둔 라이위스키 리뎀션 라이(Redemption Rye, 추후 도이치 패밀리 빈야드에 매각)를 시작으로 MGP에서 소싱한 원액들을 활용해 버번으로도 영역을 확장하고 있다. 데드우드는 가성비가 뛰어나다. (3년 정도 숙성한) 어린 위스키지만 성숙한 풍미를 내며, 일상적으로 온더록스나 샷으로 마시기에도, 수영장에서 진저에일과 섞어 마시기에도 좋은 부담 없는 가격대를 형성하고 있다. 과일과 꽃 풍미가 좋으며, 충분한 나무 향이 깊이를 더한다.

40.5% ABV

포로지스 싱글배럴 버번
FOUR ROSES
SINGLE BARREL BOURBON

이 싱글배럴 버번은 OBSV 레시피로 만들었다. 'O'는 켄터키주 로렌스버그의 포로지스 증류소를, 'B'는 호밀 비율이 높은 매시빌을, 'S'는 스트레이트위스키를, 'V'는 섬세한 과일 향을 내는 V효모를 나타낸다. 포로지스의 모든 위스키는 스코틀랜드의 더니지(dunnage, 흙과 벽돌 등으로 만든 전통 방식의 숙성고—옮긴이)를 연상케 하는 단층 창고에서 숙성된다. 전체적으로 은은한 과일 향이 나며, 풍만하고 스파이시한 풍미 뒤에 입을 가득 채우는 진한 여운이 남는다.

50% ABV

시그램스 세븐 크라운 위스키
SEAGRAM'S SEVEN
CROWN WHISKEY

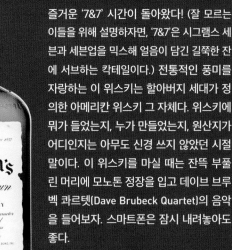

즐거운 '7&7' 시간이 돌아왔다! (잘 모르는 이들을 위해 설명하자면, '7&7'은 시그램스 세븐과 세븐업을 믹스해 얼음이 담긴 길쭉한 잔에 서브하는 칵테일이다.) 전통적인 풍미를 자랑하는 이 위스키는 할아버지 세대가 정의한 아메리칸 위스키 그 자체다. 위스키에 뭐가 들었는지, 누가 만들었는지, 원산지가 어디인지는 아무도 신경 쓰지 않았던 시절 말이다. 이 위스키를 마실 때는 잔뜩 부풀린 머리에 모노톤 정장을 입고 데이브 브루벡 콰르텟(Dave Brubeck Quartet)의 음악을 들어보자. 스마트폰은 잠시 내려놓아도 좋다.

40% ABV

위스키 상식

시그램을 거쳐 현재는 일본의 기린 소속이 되었지만, 포로지스에는 여전히 시그램의 유산이 남아 있다. 포로지스의 고급 스몰배치 싱글배럴 한정판 스트레이트 버번에 쓰이는 다양한 효모 균주도 그중 하나다. 포로지스 제품군은 열 가지 배합 레시피로 생산되는데, 이는 위스키업계에서는 흔치 않은 경우다.
포로지스의 열 가지 레시피는 두 가지의 매시빌과 다섯 가지의 효모 균주를 조합해 탄생한다. 매시빌은 옥수수/호밀/맥아 비율에 따라 'E'와 'B'로 나뉜다. 효모의 종류는 'V', 'K', 'O', 'Q', 'F'인데, 발효 시 각각 특정한 풍미를 이끌어내는 역할을 한다.

아메리칸 위스키란 무엇인가?

'아메리칸 위스키'라는 용어는 광범위하면서도 혼란스럽다. 현재 미국에서 판매되는 거의 모든 종류의 위스키를 아우르는 용어이기 때문이다. 그러나 아메리칸 위스키에는 수많은 하위 카테고리가 있다. 다음은 미국 주류·담배·화기 및 폭발물 단속국의 식별 표준안에 따른 아메리칸 위스키의 최소한의 정의다.

아메리칸 위스키는 다음의 기준을 충족해야 한다

- 곡물을 발효한 매시로 만들어야 한다.
- 190프루프(95% ABV) 이하로 증류해야 한다.
- 증류액이 일반적으로 위스키의 특성이라 할 만한 맛과 향, 특성을 지니고 있어야 한다(190프루프 미만으로 증류해야 하는 이유).
- 오크 용기에 저장해야 한다(단, 콘위스키는 제외).
- 최소 저장 기간은 없다.
- 80프루프(40% ABV) 이상으로 병입해야 한다.
- 특정한 식별 표준안이 규정되지 않은 다른 증류액과 혼합할 수 있다(이 증류액에 다른 재료를 넣을 수 있으므로 모호한 상황이 발생한다).

특정 유형의 위스키로 간주되기 위해서는 다음의 규정을 준수해 증류해야 한다

- 버번위스키
  - ◇ 옥수수를 최소 51% 이상 사용해야 한다.
  - ◇ 160프루프(80% ABV) 이하로 증류해야 한다.
  - ◇ 같은 유형의 위스키(버번)와 혼합할 수 있다.
  - ◇ 내부를 태운 새 오크통에 120프루프(62.5% ABV) 이하로 저장해야 한다.
  - ◇ 반드시 미국에서 만들어야 한다.

- 라이, 휘트, 몰트, 또는 라이몰트위스키
  - ◇ 위스키 이름에 들어가는 곡물을 최소 51% 이상 사용해야 한다.
  - ◇ 160프루프(80% ABV) 이하로 증류해야 한다.
  - ◇ 같은 유형의 위스키(라이, 휘트, 몰트, 또는 라이몰트)와 혼합할 수 있다.
  - ◇ 내부를 태운 새 오크통에 120프루프(62.5% ABV) 이하로 저장해야 한다.

- 콘위스키
  - ◇ 옥수수를 80% 이상 사용한 매시를 발효해 만들어야 한다.
  - ◇ 오크통에 숙성하는 경우 120프루프(62.5% ABV) 이하로 저장해야 한다.
  - ◇ 내부를 태운 새 오크통에 숙성해야 한다는 규정을 적용하지 않는다(버번과의 중요한 차이점).

◇ 같은 유형의 위스키와 혼합할 수 있다.

◆ 스트레이트위스키

◇ 한 가지 곡물을 최소 51% 이상으로 하는 매시를 발효해 만들어야 한다.

◇ 내부를 태운 새 오크통에 2년 이상 보관해야 한다.

◇ 같은 유형의 위스키와 혼합할 수 있다.

◇ 물을 제외한 첨가물을 넣어서는 안 된다.

◆ 라이트위스키

◇ 160프루프 이상으로 생산한다(1968년 1월 26일 신설).

◇ 사용했던 오크통 또는 내부를 태우지 않은 새 오크통에만 보관해야 한다.

◇ 블렌드에 스트레이트위스키가 20% 미만으로 포함된 경우 '블렌디드라이트위스키'로 표기해야 한다.

◆ 스피릿위스키

◇ (190 프루프 이상의) 중성 주정을 섞은 혼합물이다.

◇ 스트레이트위스키 함량이 20% 미만인 경우 기타 위스키의 총합이 5% 이상이어야 한다.

◆ 블렌디드위스키

◇ 스트레이트위스키 또는 스트레이트위스키 블렌드를 20% 이상 혼합한 위스키다.

◇ 인체에 무해한 색소, 블렌딩, 풍미 첨가제 및/또는 중성 주정을 섞을 수 있다.

혼란을 더하는 라벨 문구를 살펴보자

◆ '버번(라이, 휘트, 몰트, 또는 라이몰트) 매시로 증류한 위스키'

◇ 버번과의 차이점은 새 오크통이 아닌 중고 오크통에서 숙성했다는 점이다.

◆ '스트레이트위스키 블렌드'

◇ 스트레이트위스키의 규정을 벗어났다는 의미다.

◇ 동일한 주에서 동일한 공급업체가 만든 스트레이트위스키의 혼합물을 함유한다.

ⓒ 믹터스의 스피릿 세이프에서 진행 중인 프루프 확인 작업.

아메리칸 위스키의 기원, 라이위스키

현재 높은 인기를 누리고 있는 버번은 호밀로 만든 위스키, 즉 라이위스키에 큰 빚을 지고 있다. 사실 모든 아메리칸 위스키는 어떤 형태로든 라이위스키에서 그 기원을 찾을 수 있다. 라이위스키의 정신적 고향, 즉 펜실베이니아주 피츠버그 남쪽 워싱턴카운티의 머농거힐라 마을은 아마도 위스키 반란의 발화점이었을 가능성이 높다.

○ 미네소타주 파노스 스피리츠의 룩나르 라이위스키.

마을의 이름은 머농거힐라강에서 따온 것이다. 머농거힐라강은 상업에 이용되는 중요한 수로였고, 제분소와 증류소 장비의 가동을 돕는 물 공급원이었다. 위스키 반란이 진행 중이던 1792년 당시 워싱턴카운티에는 272대의 허가받은 증류기가 있었다. 20~30가구당 한 집꼴이었다.

'올드 머농거힐라 라이(Old Monongahela Rye)'는 독일 메노파 기독교도 아버지와 아들인 헨리와 에이브러햄 오버홀트(오버홀처Oberholzer에서 개명했다)가 펜실베이니아 브로드포드에서 1810년 설립한 오버홀트 증류소가 대중화한 스타일이다. 당시 사교계는 럼과 브랜디를 선호했지만, 1840년에 이르러 오버홀트의 위스키는 전국적인 명성을 얻게 되었다. 사실 이때까지 위스키는 시골뜨기들이나 마시는 싸구려 술 취급을 받았다.

그러나 배럴에 담긴 위스키는 동부로의 먼 여정에서 고급스러운 술로 변신했다. 우리가 현재 숙성이라고 부르는 현상이 일어나며 색과 풍미가 달라졌고, 호밀의 강한 스파이시함이 복잡한 풍미로 발달했다. 1850년대가 되며 머농거힐라는 품질의 대명사로 자리 잡았고, 머농거힐라라는 이름을 붙인 위스키를 생산하는 증류소가 속속 생겨났다.

메릴랜드 스타일 라이위스키

1880년대 중후반 유행한 또 다른 스타일은 현재 우리가 메릴랜드 또는 필라델피아 스타일 라이라고 부르는 위스키다. 더 넓고 세련된 시장 근처에서 생산된 이 위스키는 다른 술과의 혼합 등을 통한 '교정'이나 '조정'을 특징으로 했다. 19세기와 20세기 초반 메릴랜드 스타일 라이위스키는 옥수수와 보리 같은 다른 곡물은 물론이고 와인이나 셰리, 포트를 혼합해 풍미를 더하는 것으로 유명했다. '새로운' 메릴랜드 스타일 라이위스키는 옥수수와 약간의 보리는 포함하되 다른 조정 원료는 제외하는 매시빌을 택하고 있다.

라이위스키의 부활

라이위스키는 뚜렷한 상승세를 타고 있다. 거품이 잘 일고 쉽게 끈끈해지는 호밀은 증류하기 까다로운 곡물이지만, 현대의 크래프트 증류소들은 아랑곳하지 않고 적극적으로 활용하고 있다. 시중에 출시된 라이위스키 몇 가지를 살펴보자.

대드즈햇 라이(Dad's Hat Rye)

대드즈햇 라이의 매시빌은 전반적으로 동일하다. 펜실베이니아 호밀 80%, 보리 맥아 15%(증류용 맥아가 아닌 양조용 맥아), 호밀 맥아 5%다. 대드즈햇 라이는 곡물을 모두 분쇄한 후 7일에 걸쳐 담그고 발효한다. 출시된 위스키로는 대표 제품인 클래식 펜실베이니아 라이위스키(Classic Pennsylvania Rye Whiskey)와 4년 숙성의 펜실베이니아 스트레이트 라이(Pennsylvania Straight

Rye, 베르무트 배럴에서 피니싱), 지역 와이너리의 배럴에서 피니싱한 포트와인 풍미의 제품 등이 있다. 상표의 '햇(hat, 모자)'은 웨스턴 펜실베이니아에서 바를 운영했던 아버지를 기리며 공동 설립자 허먼 미할리히(Herman Mihalich)가 쓰고 다니는 페도라 중절모에서 영감을 얻은 것이다. 알코올 도수는 45% ABV다.

위글 스트레이트 라이(Wigle Straight Rye)

필립 비골(Philip Vigol)은 1794년 위스키에 소비세를 부과하기 위해 새로 임명된 연방 요원 두 명의 자택 습격에 앞장섰던 인물이다. 당시 발생한 일련의 사건들은 추후 위스키 반란으로 명명되었다. 비골은 폭동 선동죄로 유죄를 받아 교수형을 선고받았지만, 다행히도 추후 조지 워싱턴 대통령이 그를 사면했다. 이는 우리에게도 다행스러운 일이 되었다. 세월이 흐른 후 피츠버그 시내의 위글 위스키(Wigle Whiskey)라는 작은 증류소가 비골의 활약상을 기리기 위해 그의 이름을 딴 라이위스키 시리즈를 출시했기 때문이다(위글Wigle은 비골Vigol을 영어식으로 옮긴 이름이다). 이 시리즈에는 알코올 도수 43% ABV의 펜실베이니아 라이위스키(Pennsylvania Rye Whiskey)와 50% ABV의 위글 싱글배럴 스트레이트 라이(Wigle Single Barrel Straight Rye)가 포함된다.

퓨 라이(FEW Rye)

퓨 스피리츠(FEW Spirits)는 변리사인 폴 흘레트코(Paul Hletko)가 자신이 살던 일리노이주 에번스턴 출신의 기독교여성절주연합 설립자 프랜시스 E. 윌러드(Frances E. Willard)의 이름 약자를 따와서 2011년 설립한 증류소다. 퓨 라이는 호밀 70%, 옥수수 20%, 보리 맥아 10%를 혼합한 매시를 프랑스 루아르밸리산 와인 효모로 발효해서 만든다. 비록 퓨 스피리츠의 생산설비는 소규모지만 연속식 증류기에서 하이브리드 증류기, 단식 증류기로 이어지는 독특한 3단계 증류를 활용한다. 알코

추천 위스키

올드 포트레로 싱글몰트 스트레이트 라이위스키
OLD POTRERO SINGLE MALT STRAIGHT RYE WHISKEY

가전제품 그룹 후계자였던 프리츠 메이택(Fritz Maytag)은 술에 대한 열정과 에너지를 바탕으로 처음에는 앵커 스팀 비어(Anchor Steam Beer)와 함께, 그 다음에는 올드 포트레로(Old Potrero)와 함께 미국의 과거를 재현해내고자 했다. 100% 호밀 맥아를 소규모 배치로 단식 증류한 올드 포트레로는 미국에서 호밀 위스키를 처음 유행시킨 머농거힐라 라이에서 영감을 받았으며, 현대의 규정과 애주가들의 입맛에 맞춰 내부를 태운 새 오크통에서 숙성한다.

48.5% ABV

레오폴드브러더스 메릴랜드 스타일 라이
LEOPOLD BROS. MARYLAND-STYLE RYE

레오폴드브러더스의 토드 레오폴드(Todd Leopold)는 현대 위스키업계에서 꽃향기와 과일 향이 강하고 덜 공격적인 메릴랜드 스타일의 라이위스키를 처음으로 시도한 인물 중 하나다. 토드는 발효에 쓰이는 다양한 효모 균주를 하나하나 직접 선택해 풍미를 조정하고, 비교적 낮은 49% ABV로 배럴에 주입해 오크의 공격적 풍미를 억누르는 방법을 택했다. 43% ABV 도수로 시즌제로 출시된다.

위스키 상식

'싱글배럴'에 대한 별도의 법적 정의는 없으며, 증류소의 양심에 맡기는 경우가 많다.

위스키 라벨 읽기

1872년부터 Since 1872

브랜드가 1872년부터 존재했다는 것이지, 해당 위스키 자체가 그때부터 쭉 존재해왔다는 의미는 아니다. 이 제품의 경우 약 20년 전 미국 시장에 다시 등장했다.

켄터키 Kentucky

켄터키주에서 증류 후 최소 1년 이상 숙성.

스트레이트 Straight

첨가물을 넣지 않았으며, 내부를 태운 새 오크통에서 2년 이상 숙성.

I.W. 하퍼I.W. Harper

등록된 이름.

I.W. 하퍼 디스틸링 컴퍼니 I.W. Harper Distilling Company

일종의 상호명으로, 켄터키주의 다른 증류소들로부터 원액을 소싱한다는 사실을 나타낸다. (이 제품의 경우 디아지오의 새로운 스티첼-웰러Stitzel-Weller 증류소에서 숙성한다.)

41% 알코올/82프루프41% Alcohol/82 proof **(뒷면 라벨)**

최저 규정보다 약간 높은 도수.

위스키 상식

생산량을 기준으로 미국 버번의 95%가 켄터키주에서 만들어진다.

올 도수는 46.5% ABV다.

캐톡틴크릭 라운드스톤 라이(Catoctin Creek Roundstone Rye)

베키 해리스(Becky Harris)와 그녀의 남편 스콧(Scott)은 성공적인 비즈니스 경력을 뒤로하고 고향인 버지니아주에 캐톡틴크릭 증류소를 세웠다. 부부가 퍼셀빌 시내에 위치한 상점을 겸한 증류소에서 대표 제품인 라운드스톤 라이(Roundstone Rye)를 처음 선보인 것은 2009년이었다. 캐톡틴크릭의 라이위스키는 효소를 사용한 100% 호밀로 생산되며(베키는 화학공학 엔지니어 출신이다), 모든 곡물은 버지니아 지역의 농장 네 곳에서 공급받는다. 몇 년 전부터 보틀드인본드로 병입된 제품들은 모두 숙성 햇수를 표기하고 있으며, 캐스크스트렝스 제품들은 알코올 도수 58.9% ABV로 버지니아 라이위스키의 지역적 뿌리를 보여준다.

MGP 라이위스키

인디애나주 로렌스버그에 위치한 옛 시그램 증류소는 미국 내 라이위스키 부활의 조용한 진원지다. 1857년 로스빌유니언(Rossville Union)이라는 이름으로 문을 연 이 증류소는 금주법 시대 이후 시그램에 인수되어 주로 시그램 상표를 단 진과 보드카를 증류하거나 십여 가지 이름으로 라이위스키나 버번 블렌드를 생산했다. 2000년 시그램은 파산했고, 창고에 남겨진 수만 배럴의 라이위스키와 버번은 다음 세대의 도래를 조용히 기다렸다. 현재 증류소는 MGP(Midwestern Grain Products Ingredients)의 소유가 되었으며, 호밀 95%와 보리 5%의 펜실베이니아 스타일 매시빌로 새로운 세대에게 과거 풍미의 표본과도 같은 경험을 제공하고 있다.

시장에 등장하는 새로운 브랜드 중에는 MGP 공급 원액과 MGP에서 계약 증류한 위스키를 혼합한 제품이 꽤 된다. 좋아하는 라이위스키나 버번의 뒷면 라벨을 자세히 보면 'Distilled in Indiana(인디애나주에서 증류됨)'라고 명시되어 있을 가능성이 높은데, 이는 현재 아메리칸 위스키 원액의 거대 공급자인 MGP를 뜻한다. 2018년을 기준으로 하이웨스트 라이(High West Rye), 리뎀션 라이(Redemption Rye), 스무드앰버스올드스카우트(Smooth Amber's Old Scout), 템플턴 라이(Templeton Rye), 제임스 E. 페퍼 라이(James E. Pepper Rye) 등 20년 전에는 존재하지 않았던 30~40개 브랜드 중 하나를 마시고 있다면, 아마도 MGP의 창고에 보관되어 있던 원액에서 탄생한 위스키일 가능성이 높다.

○ 켄터키주 믹터스 증류소의 병입 라인.

미국의 영혼, 버번위스키

여론의 요구는 늘 있어왔지만, 버번을 미국 고유의 증류주로 공표하는 하원법은 존재하지 않는다. 그러나 버번 생산의 기원을 인정한 하원의 결의는 1964년 통과된 바 있다. 이 결의로 버번은 "미국 고유의 상품으로서 인정과 승인을 취득했음"을 공인받았다. 더 중요한 것은 이 결의가 버번이라 불리는 모든 제품의 수입을 금지함으로써 버번을 미국 고유의 상품으로 보호하기 시작했다는 점이다. 이 결의는 20세기의 마지막 버번 붐이 일던 시절에 통과되었다. 그 후 약 15년간 버번의 인기가 급락해서 업계가 거의 황폐화되었던 점을 고려하면 다행스러운 타이밍이었다.

버번은 반드시 켄터키주에서 생산되어야 하는 것은 아니다. 버번은 미국 내 50개 주 어디서나 만들 수 있다. 물론 켄터키주가 버번의 고향이며, 여전히 대부분 켄터키에서 생산되고 있기는 하다. 그러나 지금은 버번이 다시 인기를 끌며 플로리다에서 캘리포니아, 몬태나, 뉴멕시코까지 다양한 주에서 생산되고 있다.

생산지는 다양해졌지만 라벨에 '켄터키'라는 단어를 넣기 위해서는 켄터키주에서 증류해야 하며 주 내에서 최소 1년 이상 숙성해야 한다. 또한 다른 주에서 생산한 버번과 혼합할 수 없다. 라벨에 버지니아, 펜실베이니아, 캘리포니아 등 다른 주의 이름이 표기된 경우에도 동일한 규정이 적용된다.

버번 매시빌: 러브스토리였을까 정략결혼이었을까?

위스키 제조 시 매시빌(곡물 배합의 세부적인 레시피)을 활용하는 것은 미국에만 있는 독특한 방식이다. 다른 나라에서는 위스키를 만들 때 곡물의 풍미 차이를 활용하는 경우가 드물기 때문이다. 그나마 비슷한 사례를 찾자면 아일랜드의 포트스틸위스키 정도다. 포트스틸위스키 제조 시에는 보리 맥아와 발아하지 않은 생곡물을 혼합해 사용한다(현재는 유럽연합의 지리적 표시 규정에 따라 주로 생보리를 혼합한다).

아일랜드 포트스틸위스키의 생곡물 사용 관행이 보리 맥아에 부과되는 세금을 피하기 위해 탄생했다면, 미국의 경우 정착민들이 서부로 향하며 발생한 필연성과 실용적 이유로 인해 탄생했다. 미국에서 처음 위스키 제조에 주로 사용된 곡물은 호밀이었다. 북동부에서 흔히 재배된 데다 독일계 정착민들이 그 풍미를 선호했기 때문이다. 그러나 서부로 이동한 정착민들은 현지에서 구하기 용이한 다른 곡물을 추가할 수밖에 없었는데, 가장 인기 있었던 것이 옥수수였다. 서부로 이동한 사람들이 모여 마을과 정착촌을 형성하면서 비슷한 기준과 품질로 위스키가 생산되기 시작했다.

1909년 윌리엄 하워드 태프트(William Howard Taft) 대통령이 (1906년 시행된 순수식품의약품법Pure Food and Drug Act을 통해) '위스키란 무엇인가'에 대한 기준을 확정하기 전까지 버번 매시빌의 곡물 양과 비율은 제각각이었다. 태프트 대통령은 버번 매시빌에 옥수수가 51% 이상 함유되어야 한다고 결정했다.

버번 증류업자들은 풍미를 더하는 곡물로 호밀을 선호했다. 초기 증류업자들은 버번을 태운 오크통에 숙성하기 시작하면서 한 가지 현상을 발견했다. 숙성을 하면 버번이 풍미를 잃고 거의 중성적으로 변한다는 사실이었다. 호밀 첨가는 처음에는 일종의 관습으로 시작되었지만 시간이 흐르며 호밀의 스파이시한 풍미가 옥수수의 단맛과 균형을 이루고 숙성 후에도 옥수수의 풍미를 더 오래 보존해준다는 사실을 깨달았다. 버지니아주에서는 호밀이 아닌 밀을 풍미 곡물로 첨가했다. 밀은 섬세한 과일 향을 더하며 초기 버번업계에서 하나의 선택지로 사용되었지만, 오늘날 출시되어 있는 버번 중 밀을 사용한 제품은 거의 없다.

보틀드인본드 스트레이트 버번위스키 규정

- (증류주 생산 면허Distilled Spirits Producer license를 갖춘) 단일 증류소에서 생산해야 한다.
- 한 증류 시즌 내에 생산해야 한다(1~6월 또는 7~12월).
- 정부의 연방 보세 창고에 4년 이상 보관해야 한다.
- 50% ABV(100 프루프)로 병입해야 한다.

숙성 햇수 표기

라벨에 숙성 햇수를 표기할 때는 아무리 소량을 섞었어도 블렌딩한 원액 중 가장 어린 원액의 연수를 표기해야 한다. 그러므로 라벨에 '4년'이라고 표기되어 있다면 실제 병 안에는 그보다 숙성 햇수가 높은 원액이 함께 담겨 있을 가능성이 있다(실제로 종종 그렇다). 증류업자들은 숙성 햇수 표기 규정으로 인해 곤란을 겪곤 한다. 연수가 낮은 원액을 쓰지 않고 제품을 만드는 데는 한계가 있기 때문이다. 최근 들어 오래된 위스키에 대한 선호가 커지고 전반적으로 품질기준이 높아지면서 숙성 햇수를 아예 표기하지 않는 무연산(No Age Statement, NAS) 위스키 출시가 늘고 있다. 요컨대 과거에는 8년 숙성이라고 표기해 출시했을 위스키에 생기 넘치는 4년 숙성 원액과 차분하고 성숙한 10년 숙성 원액을 블렌딩해서 깊이와 복합성을 담은 무연산 위스키로 출시하는 것이다.

추천 위스키

올드바즈타운 보틀드인본드 켄터키 스트레이트 버번

OLD BARDSTOWN BOTTLED-IN-BOND KENTUCKY STRAIGHT BOURBON

에번 컬스빈(Even Kulsveen)은 버번에 대한 관심이 낮았던 1980년대부터 처가인 윌렛 가문의 원액으로 블렌딩을 시작했다. 그는 누구의 가르침도 없이 한 통 한 통 특징을 익혔고, 켄터키 버번 디스틸러스(Kentucky Bourbon Distillers)라는 이름으로 노아스밀(Noah's Mill), 조니드럼(Johnny Drum), 로완스크릭(Rowan's Creek), 윌렛패밀리 리저브(Willett Family Reserve) 등을 출시하며 버번 열풍을 이끌었다. 새로운 올드바즈타운 매시빌은 윌렛 가문의 전통 배합을 따르고 있으며, 합리적인 가격으로 즐길 수 있다.

50% ABV

노브크릭 싱글배럴 리저브 버번

KNOB CREEK SINGLE BARREL RESERVE BOURBON

부커 노가 짐빔의 마스터 디스틸러로 있던 시절 내놓은 싱글배럴 스페셜티 제품으로, 짐빔의 표준 매시빌에서 크게 벗어나지 않는다. 각각의 배럴은 9년 이상의 숙성을 거쳐 120프루프(60% ABV)로 병입되었다. 강한 풍미에도 불구하고 혀에 부담을 주지 않으며, 다양한 입맛을 가진 애주가들에게 널리 사랑받고 있다. 기본 노브크릭보다 풍미가 진하며, 합리적인 가격으로 구입할 수 있다.

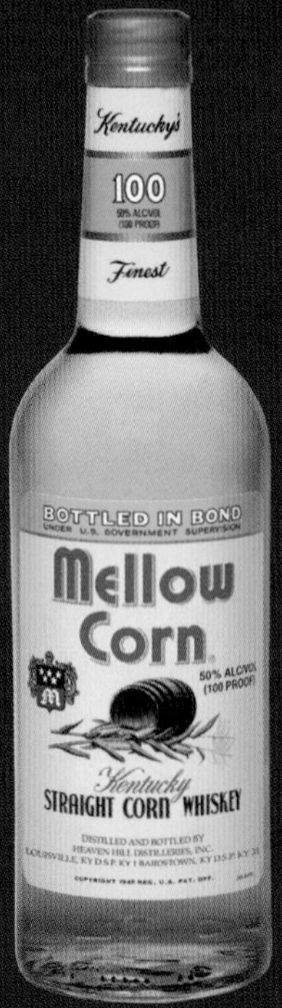

멜로우콘 보틀드인본드 스트레이트 콘위스키

MELLOW CORN BOTTLED-IN-BOND STRAIGHT CORN WHISKEY

밀주 시대의 전설적인 콘위스키들과는 거리가 있는 제품으로, 과일 향 풍선껌과 콘플레이크의 만남 같은 위스키다. 이 스트레이트위스키는 옥수수 90%와 호밀과 몰 10%로 구성되어 있다. 숙성 햇수가 최소 4년인 것을 감안하면 위스키의 가격은 놀랍도록 저렴하게 느껴진다. 차분히 앉아 음미할 만한 제품은 아니지만 펀치를 만들거나 음료용으로 쓰기에 충분히 흥미롭다.

50% ABV

제퍼슨스 리저브 그로스 리저브 캐스크 피니시

JEFFERSON'S RESERVE GROTH RESERVE CASK FINISH

트레이 조엘러(Trey Zoeller)는 오랜 숙성으로 오크 향이 과한 버번과 어리고 생기 넘치는 원액을 블렌딩해서 제퍼슨스 리저브(Jefferson's Reserve)를 탄생시켰다. 스카치위스키 블렌더들이 활용하는 피니싱 캐스크에서 영감을 받아, 그로스 리저브 카베르네 소비뇽이 담겼던 프렌치 오크 배럴에서 피니싱해 제빵용 향신료와 과일의 풍미를 입혔다.

45.1% ABV

스몰배치

'스몰배치(small batch)'라는 용어에는 별도의 법적 정의가 존재하지 않으며, 증류업자 각자가 생산 문맥 안에서 그 의미를 결정한다. 예를 들어, 50갤런 용량의 소형 단식 증류기를 사용하는 마이크로 디스틸러라면 자신이 증류하는 모든 제품에 스몰배치라는 표현을 사용할 가능성이 높다. 어느 정도 규모가 있는 증류업체라면 창고 내 여러 부분에서 특정한 소수 배럴에 담긴 원액을 선택해 블렌딩했다는 의미로 쓸 것이다.

스몰배치가 더 비싼 이유를 알고 싶다면, 경제성이라는 측면에서 생각해보자. 예를 들어, 마이크로 디스틸러의 경우에는 증류기가 작기 때문에 생산량이 한정될 수밖에 없다. 배럴에 담아 숙성하는 동안 일부는 천사의 몫으로 사라지고, 나머지를 병입하면 최종적으로 나오는 생산량은 매우 적다. 그러니 경제적인 측면을 생각하면 지역에서 수작업으로 만든 제품이라는 측면을 부각해서 가격을 높이는 수밖에 없다.

대형 증류소에서 생산되는 스몰배치는 배럴에 담긴 여러 원액을 신중하게 선택해 배합함으로써 기존 위스키에 변형을 준 제품이다. 기본적인 생산공정이 설정되면 그 공정을 가동하기 위한 모든 비용(원자재, 설비, 시간, 인력 등)이 최종 제품의 판매가에 반영되는데, 기본 공정을 방해하는 모든 요소, 이 경우 배럴을 선별하는 과정은 당연히 가격 상승을 불러온다.

스몰배치 생산은 1990년대 켄터키의 증류소에 잉여 원액이 많이 생겨나면서 인기를 끌었다. 저장 기간이 길어지며 나무 풍미가 지나치게 강해질 것을 우려한 업체들은 선별한 배럴 원액을 블렌딩하는 방식을 택했다. 선반 상단부에 있던 스파이시하고 코코넛 풍미가 강한 배럴 여덟 통과 하단부에 있던 달달하고 크리미한 옥수수 풍미의 배럴 열네 통, 중간 선반에서 가장 적절히 숙성된 배럴 네 통을 블렌딩하는 식이다. 바로 이런 식으로 독특한 다양성을 지닌 스몰배치가 탄생했다.

○ 뉴욕주 투틸타운 스피리츠 증류소의 게이블 에렌조(Gable Erenzo)가 오크통에 허드슨 위스키를 채우고 있다.

버번에서 호밀의 역할

호밀은 아메리칸 버번 제조에서 여전히 가장 지배적인 풍미 부여 곡물로 남아 있다. 호밀은 4세기에 걸친 버번 역사에서 지금까지 이어지는 거의 유일한 전통이라고도 볼 수 있다.

펜실베이니아 위스키의 초기에서 오늘날에 이르기까지 사용되고 있는 호밀의 존재는 미국의 위스키 제조에 가장 큰 영향을 준 이민자 집단의 중요성을 보여준다. 그 집단은 바로 독일계 이민자들이었다. 여기서 말하는 독일은 현대 국가 독일이나 9~10세기 비잔틴제국과 프랑스왕국에 필적하는 세력을 자랑했던 독일왕국을 의미하는 게 아니다. 여기서 말하는 독일계는 그 경제적·문화적 영향력이 발칸 지역에서 북유럽 국가까지, 아래로는 네덜란드까지 미쳤던 광범위한 게르만 민족 집단을 뜻한다.

이들은 유럽에서 여러 가지 어려움을 겪으며 1700년대 초 미국으로 대량 이민을 감행했다. 미국 혁명 시기, 독일계는 영국계에 이어 두 번째로 큰 민족 집단이었다. 여기에는 미국 독립전쟁에서 영국군의 편에서 싸운 헤센 출신의 용병도 수천 명 포함되었다. 이들은 전쟁 포로로 수감되었다 풀려난 후 새로운 나라인 미국에 남았고, 펜실베이니아, 버지니아, 남북 캐롤라이나 등에 정착한 후 서쪽으로 이동해갔다.

빔(Beam, 보엠Boehm에서 개명했다), 오버홀트, 반 윙클(네덜란드계), 스티첼(Stitzel), 베른하임(Bernheim), 디켈(Dickel) 등 18~19세기에 설립된 미국 위스키 회사 창업자들의 이름을 보면 독일계 이민자들이 준 영향과 더불어 호밀이 미국 위스키에서 중

○ 켄터키주 믹터스 증류소의 숙성 창고.

요한 위치를 차지하게 된 이유를 간접적으로 엿볼 수 있다.

부수 곡물이 버번의 풍미에 주는 영향

호밀(라이)

호밀은 마조람이나 오레가노 같은 스파이시한 허브 풍미를 낸다. 또한 혀의 양쪽 측면에 드라이한 느낌을 주기도 한다.

하이라이(High-Rye, 호밀 추가): 하위분류

대부분 버번보다 더 스파이시하며 옥수수의 단맛이 덜하다. 법적인 정의가 존재하지는 않지만 대개 호밀 비율이 25% 이상으로 일반 버번에 비해 높다.

밀

꿀을 연상케 하는 단맛과 밀빵을 연상케 하는 과일 향을 내며, 입에서 느껴지는 질감이 크리미하다. 밀은 옥수수의 단맛을 강화하고 과일 풍미를 더한다.

대부분 버번 역사가들은 켄터키의 '전통적인' 매시빌이 옥수수 72%, 호밀 18%, 보리 10%라는 데 동의하지만, 이는 정의를 내리는 주체에 따라 달라지기도 한다.

추천 위스키

이글레어 버번
EAGLE RARE BOURBON

일부 버번 애호가들 사이에서 가히 광신적인 인기를 끌고 있는 제품이다. 아마 애호가들은 자기 몫이 줄어들까 봐 이 버번의 존재를 꽁꽁 숨기고 싶어 할지도 모른다. 버펄로트레이스 버번(Buffalo Trace Bourbon)과 같은 매시빌로 만들었지만 이글레어 쪽의 숙성 기간이 더 길다(10년 이상). 적당한 가격 그리고 혀 가운데로 올라오는 달콤한 체리콜라 맛 덕에 스트레이트로도 온더록스로도 부담 없이 마실 수 있다.

45% ABV

메이커스마크 버번
MAKER'S MARK BOURBON

남편인 빌 새뮤얼스 시니어(Bill Samuels Sr.)는 호밀의 매운맛을 걷어낸 자리에 겨울 밀의 부드러움을 채우고, 아내인 마지(Margie)는 그 결과물을 메이커스마크 특유의 각진 병에 담아 붉은 색 왁스로 봉인했다. 메이커스마크 라벨은 유일하게 옛 켄터키식으로 위스키를 'whisky'라고 표기하고 있으며, 부드럽고 달콤한 풍미를 지녔다. 유리잔에 민트를 조금 으깬 후 얼음을 채우고 메이커스마크 버번을 따르면, 켄터키 더비로 떠날 준비 완료다. 모자도 잊지 마시길(켄터키 더비는 관람객들이 화려한 모자를 착용하고 오기로 유명하다—옮긴이).

45% ABV

위스키 상식

자른 직후 나무의 함수율은 60%가량이다. 가공을 거쳐 배럴로 만들어지는 시점에는 10~14%로 줄어든다.

아메리칸 위스키

미국에서 증류된 모든 위스키를 아메리칸 위스키라 부를 수 있지만, 아메리칸 위스키라는 용어는 법적으로 버번, 라이위스키, 몰트위스키, 휘트위스키 분류에 들어가지 않는 모든 위스키를 포괄적으로 지칭하기도 한다. 위스키 증류에 대한 충분한 노하우를 지닌 이들은 이 포괄적인 정의가 주는 자유를 바탕으로 독특한 아메리칸 위스키를 만들기도 한다.

전통적인 매시빌로 버번을 증류했지만 숙성을 새 오크통에 하지 않는다면, 이는 버번이 아닌 아메리칸 위스키다. 버번과 라이위스키를 블렌딩하면 이 또한 아메리칸 위스키다. 와인 배럴에서 숙성하거나 포트와인 또는 마데이라 배럴로 피니싱을 한다면 그것도 아메리칸 위스키다.

아메리칸 위스키의 하위 항목으로는 블렌디드 아메리칸 위스키가 있다. 이 분류에 해당하는 제품 중 가장 유명한 것은 시그램스 세븐이다. 중성 곡물 주정이나 보드카를 스트레이트위스키와 블렌딩하는 것은 아메리칸 블렌디드위스키 카테고리에서만 가능하다. 캐나다, 아일랜드, 스코틀랜드의 블렌디드위스키는 미국과 다르며, 자국의 위스키 기준을 충족하는 원액끼리만 블렌딩할 수 있다.

테네시 위스키

사용하는 곡물의 차이는 있었지만 18~19세기에는 거의 모든 위스키가 단식 증류기나 챔버스틸(chamber still, 연속 증류기의 전신)로 증류되었고 숙성도 거치지 않았다. 증류기를 나온 위스키 원액은 소비자가 아닌 선술집이나 호텔, 거래상, 블렌딩

○ 블렌딩이나 병입 작업을 위해 배럴에 든 원액을 탱크에 비워내는 모습.

업자 같은 제3자에게 벌크 형태로 팔렸다. 원액을 구매한 이들은 맛을 개선하거나 특정 고객의 취향에 맞추기 위해 원액을 수정하고 교정하는 과정을 거쳤다. 가장 널리 사용된 교정 방법은 인류가 증류보다도 훨씬 오래전부터 이용해온 기술인 숯 여과였다.

수정이 필요했던 이유는 증류기 자체에 있었다. 당시의 증류기는 나무나 석탄으로 직접 불을 때는 방식이었다. 그런데 이런 직화 방식으로는 내용물을 태우지 않고 오래도록 끓일 만큼 충분한 열을 발생할 수 없었고, 그 결과 증류액의 순도가 떨어졌다. 또한 단식 증류기에서는 증류액을 초류, 중류, 후류로 커팅해야 했는데, 그중 상품성이 있는 것은 중류뿐이어서 전체적인 수율이 떨어졌다.

남북전쟁 이후 켄터키뿐 아니라 테네시에서도 비슷한 방식과 매시빌을 활용한 위스키 제조가 발달했다. 19세기가 끝나갈 무렵, 테네시의 로버트슨카운티와 링컨카운티에서 만든 위스키가 상업적으로 일정 수준 이상에 다다르며 명성을 얻었다. 두 카운티 모두 후류액에서 발견되는 긴 사슬 형태의 향미 분자와 퓨젤유를 제거하고 단맛을 높이기 위해 숯 여과 방식을 사용했다. 옥수수의 거친 맛을 길들이기 위해 켄터키에서 주로 장기간 숙성을 활용했다면 테네시에서는 숯 여과를 사용한 것이다. 효과는 비슷했고 걸리는 시간은 훨씬 짧았다.

당시 배럴 숙성은 켄터키를 제외한 지역에서는 보편화된 관행이 아니었다. 숯 여과는 테네시 위스키의 차별화 요소가 되었다. 지금은 일부 버번 증류소가 증류 후 공정으로 숯 등의 물질을 이용한 여과를 하며, 테네시 잭대니얼 증류소의 경우 숯을 이용한 '멜로잉(mellowing)'이 정식 공정에 포함되어 있다. 테네시 위스키의 생산량은 과거와 비교할 수 없을 정도로 감소했다. 현재의 생산량은 대부분 잭대니얼 증류소가 채우고 있으며, 일부 소규모 크래프트 증류소가 조금씩 빈칸을 채우는 정도다. 그 외 캐스케이드할로우로 다시 태어난 디켈 증류소가 조만간 좋은 활약을 보여줄 것으로 기대된다.

추천 위스키

번하임 켄터키 스트레이트 휘트위스키

BERNHEIM
KENTUCKY STRAIGHT
WHEAT WHISKEY

이 제품은 버번이 아니다. 이 위스키는 옥수수가 아닌 밀을 주원료로 만들어졌으며, 그런 의미에서 아메리칸 위스키 중 꽤나 독특한 제품이라고 볼 수 있다. 19세기 버지니아의 증류업자들이 가끔 '휘터(wheater)' 즉 밀 위스키를 만들기는 했지만, 번하임은 금주법 폐지 이후 최초로 만들어진 휘트위스키 제품 중 하나다. 옥수수를 주원료로 한 위스키에 비해 덜 공격적이고 부드러운 단맛을 지니고 있다. 7년의 배럴 숙성이 주는 부드러움이 느껴진다.

45% ABV

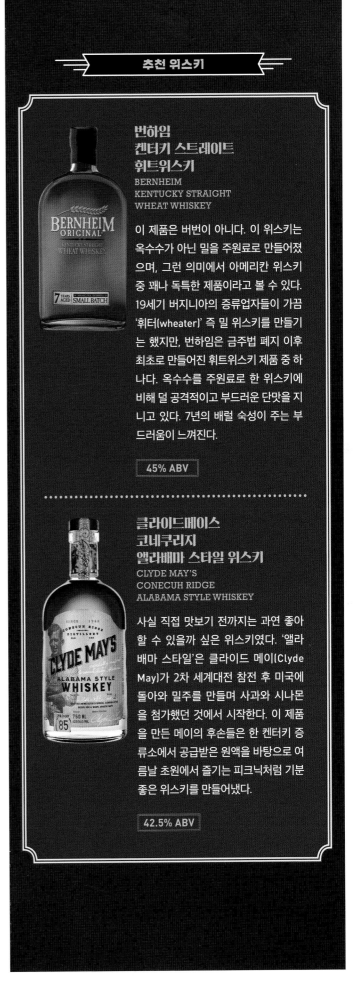

클라이드메이스 코네쿠리지 앨라배마 스타일 위스키

CLYDE MAY'S
CONECUH RIDGE
ALABAMA STYLE WHISKEY

사실 직접 맛보기 전까지는 과연 좋아할 수 있을까 싶은 위스키였다. '앨라배마 스타일'은 클라이드 메이(Clyde May)가 2차 세계대전 참전 후 미국에 돌아와 밀주를 만들며 사과와 시나몬을 첨가했던 것에서 시작한다. 이 제품을 만든 메이의 후손들은 한 켄터키 증류소에서 공급받은 원액을 바탕으로 여름날 초원에서 즐기는 피크닉처럼 기분 좋은 위스키를 만들어냈다.

42.5% ABV

아메리칸 위스키 시음 가이드

미국에서 위스키는 원산지나 스타일에 상관없이 알코올 도수 40% ABV 이상이다. 시음을 진행할 위스키는 이러한 사항을 염두에 두고 선정했으며, 스타일별로 분류했다. 가볍고 섬세한 뉘앙스의 위스키는 목록 위쪽에, 숙성 햇수가 길거나 도수가 높고 (나무 향, 훈연 향, 향신료 향 등) 풍미가 무겁고 진한 위스키는 아래쪽에 배치했다. 숙성 햇수가 위스키의 품질을 결정하지는 않는다는 점을 꼭 기억하자.

750밀리리터 제품 기준 가격 가이드 (※ 2019년 미국 시장 기준)

위스키를 가격대별로 나누는 것은 쉽지 않은 일이다. 같은 품질의 위스키라고 가정했을 때, 유명한 대형 증류소는 대량 생산과 효율적인 유통으로 작은 증류소보다 가격을 낮출 수 있다. 해외에서 수입되는 위스키의 경우 운송과 영업비용 등 더 많은 간접비가 발생하며, 이는 가격 상승의 요인이 된다. 가격 분류는 ('초고가'를 제외하고) 미국증류주협회(Distilled Spirits Council of the United States)의 기준을 따랐다. 가격 가이드는 그야말로 일반적인 안내라는 점을 밝힌다. 가격 분류 시 여러 소매업체에 조언을 구했으며, 가격이 위스키의 품질을 좌우하지는 않는다는 사실을 밝힌다.

저가 Value	★★
프리미엄 Premium	★★★
상위 프리미엄 High End Premium	★★★★
슈퍼 프리미엄 Super Premium	★★★★★
초고가 Off the Chart	★★★★★★

1 유서 깊은 증류소의 대표적인 켄터키 버번 제품들

대형 증류소들은 각기 자신만의 매시빌과 숙성 기간을 지닌 플래그십 브랜드를 소유하고 있다. 버번의 풍미 부여 곡물로는 밀보다 호밀이 널리 사용되며, 아래 소개한 제품들 또한 호밀을 사용한 버번이다. 가능하다면 알코올 도수와 병입 방식이 유사한 다른 제품들도 함께 시음해보자(아래 소개한 제품들은 모두 80~86프루프(40~43% ABV)이며 싱글캐스크, 스몰배치, 보틀드인본드가 아닌 일반 병입 제품이다). 단, 모두 켄터키 스트레이트 버번이어야 한다. 증류소별로 나타나는 미묘한 스타일 차이를 이해하는 것을 목표로 삼아보자.

짐빔 화이트 라벨 ★★
Jim Beam White Label

와일드터키 81 ★★
Wild Turkey 81

헤븐힐 ★★
Heaven Hill

윌렛 포트스틸 리저브 ★★★★
Willett Pot Still Reserve

이글레어 ★★★
Eagle Rare

우드포드리저브 ★★★
Woodford Reserve

대체 목록 - 특별 분류

일라이저 크레이그 스몰배치 ★★★
Elijah Craig Small Batch

블랜턴스 싱글배럴 ★★★★★★
Blanton's Single Barrel

2 하이라이 버번 vs. 휘티드 버번

전통적인 버번에 어느 정도 익숙해졌다면 이번에는 다양한 변형 제품을 통해 풍미 부여 곡물로서 호밀과 밀의 차이를 느껴보자. 하이라이에 대한 법적 정의는 없으며, 호밀의 비율이 상대적으로 높다는 의미다. 아래 소개한 하이라이 제품들의 경우 호밀 비율이 최저 25%, 최고 35%다. 하이라이는 호밀의 강렬함으로 옥수수의 날카로운 과일 향을 상쇄하며, 휘티드 버번은 밀 첨가로 부드러운 제빵용 향신료 향과 과일 노트를 더한다. 두 스타일을 번갈아 시음하며 어느 쪽이 하이라이고, 어느 쪽이 휘티드인지 추측해보자.

메이커스마크(휘티드) ★★★
Maker's Mark(wheated)

포로지스 싱글배럴(하이라이) ★★★
Four Roses Single Barrel(high-rye)

라세니(휘티드) ★★★
Larceny(wheated)

올드포레스터(하이라이) ★★★
Old Forester(high-rye)

바턴 1792 리지먼트 리저브(휘티드) ★★★★
Barton 1792 Ridgemont Reserve(wheated)

바질헤이든스(하이라이) ★★★
Basil Hayden's(high-rye)

대체 목록

패피 반 윙클, 20년(휘티드) ★★★★★★★
Pappy Van Winkle, 20 year(wheated)

올드 그랜드대드 본디드(하이라이) ★★★
Old Grand-Dad Bonded(high-rye)

3 아메리칸 위스키

아메리칸 위스키는 미지의 영역이자 가장 흥미로운 영역이다. 버번과 아메리칸 라이위스키가 아메리칸 위스키라는 명제는 성립하지만, 그 역은 성립하지 않는다. 아메리칸 위스키라는 영역이 주는 광활함은 증류업자들의 운신의 폭을 넓혀준다. 이들은 때로 필요로 인해, 때로는 창의성을 발휘하기 위해 아메리칸 위스키라는 스타일을 활용한다. 아메리칸 위스키라면 버번이나 라이위스키의 정해진 규정보다 옥수수나 호밀을 덜 사용해볼 수도 있고, 새 오크통이 아닌 중고 오크통에서 숙성해볼 수도 있다. 좀 더 가벼운 위스키, 또는 버번과 라이위스키를 블렌딩하는 시도도 할 수 있다(원한다면 마지막에 스카치 위스키도 조금 섞어볼 수 있다). 다른 스타일에 비해 재기 넘치는 제품이 많지만, 그렇다고 품질이 떨어진다고 생각하면 오산이다.

분도글러 ★★★
Boondoggler

하이웨스트 캠프파이어 ★★★★★
High West Campfire

틴컵 ★★★
Tin Cup

랜섬 '디 에메럴드' 아메리칸 위스키 ★★★★★
Ransom 'The Emerald' American Whiskey

믹터스 스몰배치 아메리칸 위스키 ★★★
Michter's Small Batch American Whiskey

○ 위에서 내려다본 텍사스주 발코네스 디스틸링의 내부.

PART 4

아메리칸 크래프트 위스키

2000년대 중반, 분명 미국 증류업계에서는 뭔가 큰 변화가 일고 있었다. 미국 전역의 위스키 박람회에 캘리포니아, 콜로라도, 뉴욕, 텍사스, 일리노이 등 과거 증류와는 상관이 없던 지역 출신의 위스키 브랜드가 점점 많이 등장했다. 이름 또한 코퍼폭스(Copper Fox), 세인트조지(St. George), 발코네스(Balcones), 퓨(FEW), 투틸타운(Tuthilltown), 코세어(Corsair), 오와이오(OYO), 위글(Wigle) 등 증류주보다는 크래프트 맥주에 어울리는 재기발랄한 느낌이었다. 박람회장의 부스에서는 덥수룩한 수염을 기른 젊은 남성이나 청바지 차림에 문신을 한 젊은 여성들이 열정적인 모습으로 특이한 모양의 위스키 샘플 병을 들고 열심히 제품을 홍보하고 있었다.

전국 주류 매장의 진열대에서도 변화가 나타났다. 오리건주의 매카시스(McCarthy's)가 라프로익(Laphroaig)과 경쟁하고, 데스도어(Death's Door)가 글렌리벳(Glenlivet)의 자리를 차지하는가 하면, 뉴멕시코의 콜케건(Colkegan)이 맥캘란(Macallan)과 대결하고 있었다. 보스턴에서 탄생한 불리보이(Bully Boy)가 포로지스와 맞붙었고, 제스 그레이버(Jess Graber)의 스트라나한스(Stranahan's)가 탄생한 콜로라도주에서는 브레켄리지(Breckenridge)와 레오폴드브러더스가 등장했다. 콜린 스필먼(Colin Spoelman)은 브루클린의 오래된 창고에 10갤런 용량의 전기가열식 코일 단식 증류기 다섯 대를 설치해놓고 친구 데이비드 해스컬(David Haskell)과 함께 증류소를 열었다. 킹스카운티 디스틸러리(Kings County Distillery)라는 이름의 이 증류소는 금주법 이후 뉴욕 시내에 설립된 첫 증류소였다. 티토(Tito)라는 이름의 한 남자는 텍사스주 오스틴에서 구리 단식 증류기로 보드카를 만들었다. I-35번 도로를 타고 올라간 웨이코에서는 11번가 다리 아래 오래된 용접 작업장에서 칩 테이트(Chip Tate)라는 사람이 구리를 두드려가며 직접 증류기를 만들었다. 미국의 크래프트 위스키 혁명은 이런 식으로 시작되었다. 이 혁명은 여기저기 요란하게 중계되지 않았다. 그저 어느 순간 위스키 박람회의 뒷문으로 조용히 들어와 갑자기 업계를 장악했을 뿐이다.

○ 미네소타주 파노스 스피리츠의 크래프트 증류 설비. 규모는 작지만 효율적이다.

Vendome
Copper
& Brass Works
SPIRITS

간략하게 살펴보는 미국의 크래프트 운동

옛날 옛적 미국에서 증류는 누구나 하는 일이었다. 증류는 농장이나 목장에서 부수입을 올릴 수 있는 가내수공업의 일부였다. 그러다 19~20세기를 지나며 증류는 별도의 사업이 되었고, 사업자들의 요청에 따라 품질의 일관성과 안전성, 카테고리 보호를 위한 법과 규정이 도입되었다. 그러면서 연방정부와 주(州)정부, 지역정부의 과세가 시작되었고, 나중에는 금주법이 시행되며 증류는 또다시 산과 언덕으로 밀려났다. 이 시기 증류를 이어간 이들은 영웅이자 범법자였다.

미국의 증류주산업이 현재의 모습을 갖추기까지는 거의 100년이라는 시간이 필요했다. 여러 인물의 활약도 빼놓을 수 없다. 현재 증류주산업은 민주적이고 평등하며, 용기와 자본만 있다면 누구나 뛰어들 수 있다. 미국 내 제조업 일자리가 점점 줄어들고 해외로 빠져나가는 어려운 시기에 나타난 증류업자들의 새로운 물결은 미국인이 자신의 손으로 직접 뭔가를 만들던 옛 시절을 떠올리게 한다. 이 새로운 개척자 중 자신이 만든 제품이 언젠가 우리가 위스키와 증류주를 맛보고, 사고, 팔고, 생각하는 방식을 완전히 바꿔놓게 되리라 예상한 이는 없을 것이다. 이들은 그저 현재의 규범에 도전하고, 전통에 질문을 던지며, 경계를 실험했다. 이것이야말로 위스키의 정신이다.

전통을 찾아서

사실 요즘 시대에 증류주를 직접 생산하겠다는 것은 역행적인 생각이다. 20세기에 들어서며 증류라는 작업은 일반인의 손을 떠나 다국적 기업의 손에 넘어갔다. 이들 기업은 다양한 입맛에 맞춘 제품을 개발해 광고하고 판매했다. 소비자인 우리는 이러한 제품을 구매하고, 섞고, 마셔왔다. 자신의 입맛과 지갑 사정에 맞는 제품을 찾는 것 외에는 별로 신경 쓰지 않았다. 소비자 문화가 자리 잡은 시대에 이것은 자연스러운 현상이었다. 그러나 크래프트 생산자들은 이를 거슬러 많은 영웅이 탄생했던 위스키의 뿌리에서 영감을 찾고자 했다.

미국 증류주업계의 폭발적 성장

크래프트 위스키업계에서 일어난 대폭발의 규모를 생생히 보여주는 지표가 있다(이 폭발은 여전히 진행 중이다). 미국에서 증류주를 생산하기 위해서는 연방정부에서 발급하는 증류주 생산 면허를 받아야 한다. 면허 발급을 위해서는 증류가 허용된 지정 지역에서만 활동해야 하고, 필요한 양식을 작성해 제출해야 하며, 발급 수수료를 내고 정해진 안전 규정을 준수해야 한다. 2000년에는 미국 전역을 통틀어 약 60개의 면허가 발급되었다. 그런데 2018년 기준 연간 발급 건수는 2,400건에 이르며, 면허를 받은 업체 중 1,900곳이 실제로 증류주를 생산하고 있다. 그야말로 폭발적인 성장이다.

와인과 맥주가 닦아둔 길

크래프트 증류 운동이 번성한 데는 와인과 맥주의 기여가 크다. 1976년 '파리의 심판(Judgment of Paris)' 사건은 많은 것을 바꿔놓았다. 프랑스의 심사위원들이 블라인드 시음에서 유명 프랑스 와인을 제치고 캘리포니아 와인에 더 높은 점수를 준 이 사건은 캘리포니아의 작은 와인 농장도 세계 최고 와이너리들과 경쟁할 수 있다는 사실을 전 세계에 알렸다. 그다음에는 크래프트 맥주와 자가양조자들의 물결이 나타났다. 이들은 휘트비어(witbier)와 트리펠(Tripel), 홉에일의 세계를 탐험했고, 지하창고에서 직접 만든 맥주를 가족과 친구에게 먹여가며 편견에 도전했다. 획일성을 거부하고 자연으로 돌아가고자 하는 이 움직임은 인터넷의 일상화로 탄력을 받았다. 누구나 마음만 먹으면 다양한 디지털 기기로 무한한 역사적 지식에 접근할 수 있게 되었다. 기술이 술의 동반자가 된 것이다.

위스키 라벨 읽기

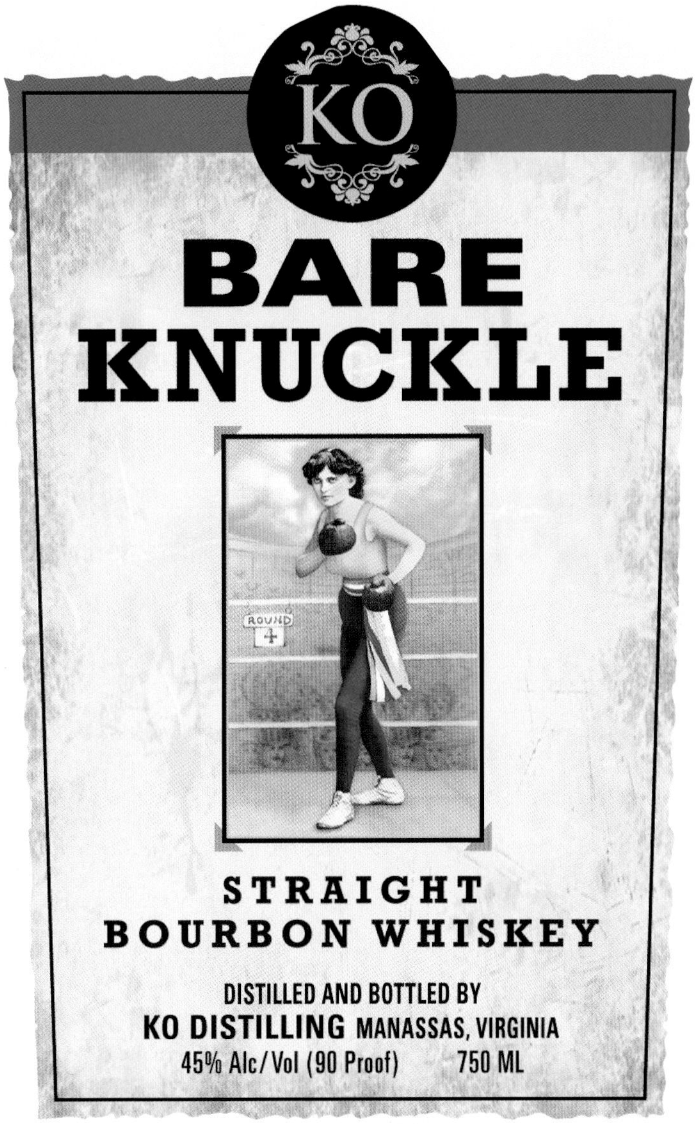

KO
창립자인 칼슨(Karlson)과 오마라(O'Mara)의 이름에서 따온 회사의 이니셜.

베어너클Bare Knuckle
모든 미국인의 투지에 경의를 표하는 제품이다. 각 제품의 라벨에는 19세기 말과 20세기 초 미국에서 활약한 유명 여성 복서의 그림이 그려져 있다. 이 라벨에 등장한 인물은 한때 최고의 여성 복서로 꼽혔던 메리 '텍사스 매미' 도너번(Mary 'Texas Mamie' Donovan)이다.

스트레이트Straight
최소 숙성 기간 2년과 순도에 대한 요건을 충족함을 의미한다. 숙성 기간이 4년 미만인 경우 뒷면 라벨에 실제 숙성 햇수를 필수적으로 표기한다.

증류 및 병입 주체
Distilled and Bottled by
출처를 명시해 진품임을 강조한다.

버번Bourbon
옥수수 비율, 증류 도수, 숙성 등에 대한 추가적인 요건을 충족함.

버지니아주 매너서스, KO 디스틸링KO Distilling, Manassas, VA
증류소의 위치.

위스키Whiskey
곡물 사용과 발효, 증류, 병입 도수에 대한 요건을 충족함.

위스키 상식

배럴에 너무 강한 열을 가하거나 내부를 지나치게 태우면
나무의 풍미 화합물이 추가적으로 분해되어 페놀(연기)만 남는다.
다양한 나무 풍미를 내기 위해서는 긴 시간에 걸쳐 균일하게 열을 가한다.

미국의 독립병입자와 병입판매자

1800년대 후반, 위스키는 미국 전역에서 큰 인기를 끌었다. 그러나 개척지에서 사회 중심부에 이르기까지 넓은 지역에 공급되며 품질이 떨어졌고, '저질 술'이라는 오명을 뒤집어쓰기에 이르렀다. 이 시기에는 위스키에 물을 타거나 유독한 물질로 증류액을 분리하기도 했고, 출처가 수상한 제품도 많이 유통되었다. 전부는 아니었지만 당시 제조된 위스키의 상당수가 품질이 떨어지거나 위험했고, 둘 다인 경우도 많았다. 그러자 위스키에 허브와 과일 주스, 와인, 브랜디 등 다양한 첨가물을 넣어 수정하거나 교정한 후에 판매하는 업체들이 등장했다. '교정업자(rectifier)'라 불렸던 이들은 너무 단기간에 만들어 품질이 떨어지거나 맛이 없는 위스키를 교정해 판매했다. 당시는 1897년 보틀드인본드법이 시행되기 전이었다. 배럴에 담아 판매하는 합법적인 위스키마저도 소비자의 술잔에 도달하기 전에 변조되기 일쑤였다. 그러니 교정업자를 비롯한 중간상인들도 경제 논리에 따라 쉽게 돈을 벌 수 있는 길을 걸었을 가능성이 얼마든지 있다.

현대에는 '병입판매자(merchant bottlers)'들이 교정업자가 점했던 자리를 차지하고 있다. 병입판매자들은 교정업자들의 악습과 결별하고, 잘 알려지지 않은 훌륭한 숙성 위스키를 아직 그 존재를 모르는 소비자들에게 연결하는 일종의 큐레이터로 활약하고 있다. 비증류생산자(non-distillery producer)라고도 불리는 병입판매자들은 스코틀랜드의 전통적인 독립병입업체 시그나토리(Signatory), 아델피(Adelphi), 던컨 테일러 등과 같이 창고 깊숙이 보관된 원액을 판매하는 증류소들로부터 최고 품질의 위스키를 사들이고 있다. 이렇게 배럴로 사들인 원액을 다른 위스키와 블렌딩하기도 하고, 그대로 캐스크스트렝스로 병입하기도 한다. 이렇듯 병입자들은 어느 증류소의 창고 안에서 오래도록 세상에 나오지 못했을, 아니면 다국적 기업이 만드는 시중 제품에 다른 원액들과 섞여서 사라졌을 개성 있는 위스키를 자신만의 제품으로 만들어 시장에 출시하고 있다.

출처를 공개하지 않는 이유

미국과 아일랜드에서는 대형 증류소들이 소규모 생산자에게 증류 설비를 대여하기도 한다. 이를 통해 소규모 생산자들은 막대한 자본투자 없이 자체 브랜드 위스키를 만들 수 있다. 대형 증류소들은 배럴에 담긴 위스키 원액을 판매하기도 한다. 신생 업체들은 시설 대여나 원액 구매, 또는 두 가지 방법 모두를 활용해 자신만의 브랜드를 만들어 시장에 출시하기도 한다. 그러나 자신이 만든 브랜드의 위스키병에 다른 증류소의 원액을 담는 것은 민감한 일이다. 일부에서는 원액 생산자가 밝혀질 경우 이해충돌로 브랜드 가치가 하락할 수도 있다고 우려한다. 오늘날까지도 원액을 판매하는 증류소는 타 업체 브랜드 위스키에 자기 증류소의 원액이 담겼다는 사실을 잘 밝히지 않으려 한다. 그 이유는 다음과 같다.

예를 들어, 내가 운영하는 증류소에서 당신에게 원액을 한 배럴 팔았다고 가정하자. 원액의 소유자는 당신이지만 생산자는 나다. 그런데 당신이 병입 전에 첨가나 희석을 통해 원액의 풍미 프로필을 바꿨다. 그렇게 만든 제품을 판매했는데 소비자가 마음에 들어 하지 않는다. 이때 생산자가 알려지면 비난의 화살은 판매자가 아닌 원액 생산자에게 향한다. 그러므로 생산자를 보호하기 위해서는 기밀유지 협약이 필요한 것이다.

임대에서 소유로

타 증류소의 원액을 구입하거나 시설을 임대해 만든 브랜드가 시장에서 큰 성공을 거두면, 품질의 일관성과 판매량 확

○ 텍사스주 발코네스 디스틸링에 새 오크통이 도착하는 모습.

보를 위해 전용 증류소를 설립하기도 한다(물론 양질의 원액과 시장분석 능력, 운 그리고 자금력 등이 모두 맞아떨어져야 가능한 일이다). 불렛 버번(Bulleit Bourbon)이 그 대표적인 사례다. 음료업계의 거물인 디아지오 소속의 불렛 버번은 켄터키와 인디애나 지역 증류소에서 공급받은 원액으로 시작한 브랜드지만, 현재는 스티첼-웰러 증류소와 켄터키의 새로운 시설에서 안정적으로 위스키를 생산하며 세계 정복을 준비하고 있다.

좀 더 작은 사례로는 제퍼슨스 리저브 버번(Jefferson's Reserve Bourbon)을 들 수 있다. 제퍼슨스는 버번 역사학자 쳇 조엘러(Chet Zoeller)의 아들 트레이 조엘러(Trey Zoeller)의 작품이다. "늙은이들이나 마시는 술에 아무도 관심 없던" 1997년부터 트레이는 숙성 기간이 15년 정도씩 되는 버번을 통 값만 치르는 수준의 가격에 사들여 제퍼슨스 라벨을 붙여 판매했다. (트레이는 "줄리언 반 윙클과 저는 거저나 다름없는 가격에 버번을 팔았어요."라고 말했다.) 배럴을 열어보면 숙성 중 천사가 마셔버린 몫이 너무 많아 강렬한 오크 향의 버번이 절반가량만 남아 있는 경우도 있었다. 트레이는 풍미를 다양화하기 위해 이 원액을 숙성 햇수가 짧은 다른 위스키와 블렌딩하기 시작했다. 그리고 인디펜던트 스테이브 컴퍼니와 협력해 여덟에서 열두 배럴 정도씩의 스몰배치로 리저브 위스키를 생산하기 시작했다. 나포그캐슬 아이리시 싱글몰트(Knappogue Castle Irish Single Malt)를 소유하고 있는 캐슬브랜즈(Castle Brands)가 상당한 투자를 통해 트레이를 하이스피어(Highspire)와 위스키로우(Whiskey Row) 같은 소규모 브랜드를 생산하는 켄터키 아티산 디스틸러스(Kentucky Artisan Distillers)로 영입했고, 트레이는 현재 보유 중인 재고와 블렌딩할 수 있는 숙성 버번의 안정적인 공급처를 확보했다.

처음부터 원하는 목표를 확실히 하고 병입 사업을 시작한 휘슬피그(WhistlePig) 같은 경우도 있다. 부동산 사업가 라지 바크타(Raj Bhakta)와 투자자 그룹은 바크타가 소유한 버몬트의 한 농장에서 휘슬피그를 탄생시켰다. 위스키 제조에는 메이커스 마크의 마스터 디스틸러 출신으로 당시 크래프트 증류 세계에서 프리랜서로 활동하고 있던 데이브 피커렐이 참여했다. 이들이 내놓은 첫 인기작은 휘슬피그 라이(WhistlePig Rye)였다. 휘슬피그 라이는 캐나다 앨버타에서 공수한 호밀 100% 라이 위스키 원액을 사용한 제품이다. 원래 이 원액은 캐나다 블렌디드위스키에 풍미 첨가용으로 사용되던 것이었다. 휘슬피그 라이의 인기에 힘입어 10년 숙성 제품이 출시되었고, 그 후에는 셰리와 포트와인, 마데이라, 아르마냑 배럴 숙성으로 강렬하면서도 세련된 풍미를 더한 보스 호그(Boss Hog) 시리즈가 출시되었다. 그 모든 과정에서 피커렐은 바크타의 버몬트 농장에 지어질 증류소에 집중했다(이 증류소에서는 현재 새로운 팜스톡 라이FarmStock Rye를 만들고 있다). 휘슬피그 증류소는 마운트버논에서 부활한 조지 워싱턴의 증류소를 포함해 십여 곳의 신규 증류소에 조언을 제공하며 크래프트 증류 붐을 이끌다시피 한 피커렐의 업적을 기리기에 좋은 장소다.

○ 버지니아주 코퍼폭스 증류소의 릭 와즈먼드(Rick Wasmund)와 그의 몰팅플로어.

추천 위스키

리뎀션 라이
REDEMPTION RYE

현재 소유주인 도이치 패밀리 빈야드는 리뎀션 라이의 품질을 높게 유지해왔다. 2010년 첫 출시 때와 동일한 사양인 호밀 95%와 보리 맥아 5% 매시빌로 구성된 원액을 46% ABV(92프루프)의 도수로 병입했다. 꽉 차고 다즙한 느낌을 자랑하며, 라이위스키 특유의 스파이시함이 강조된 풍미 프로필은 호밀의 특성을 입에 톡톡히 각인한다. 원액은 MGP에서 소싱하며, 내부를 태운 새 오크통에서 2~5년 정도 숙성한다.

하이웨스트 캠프파이어
HIGH WEST CAMPFIRE

데이비드 퍼킨스(David Perkins)는 리뎀션의 데이브 슈미어, 제임스 E. 페퍼(James E. Pepper)의 아미르 피(Amir Peay)와 더불어 MGP로 알려진 시그램의 옛 공장에서 숙성 위스키 원액을 초기부터 사들인 '뉴 라이(new rye)'의 선구자 중 한 명이다. 캠프파이어는 숙성 햇수가 5~8년가량 되는 아메리칸 라이위스키와 버번, 스카치 싱글몰트를 블렌딩한 독특한 제품이다. 퍼킨스가 아일라섬의 브룩라디 증류소(Bruichladdich Distillery)에 방문했을 때 피트 향 시럽을 뿌린 허니듀 멜론을 디저트로 대접받았는데, 여기서 영감을 받아 탄생한 제품이라고 한다.

46% ABV

배럴 버번
BARRELL BOURBON

조 베아트리스(Joe Beatrice)가 내놓은 시리즈 중 특정한 제품을 추천하는 것은 쉽지 않은 일이다. 그러나 "훌륭한 원액을 찾아 캐스크스트렝스로 매링한다"는 그의 신조가 독특한 풍미 프로필을 완성하며 조의 브랜드는 확실한 성공을 거뒀다. (미국의 위스키 생산자들은 '블렌딩'이라는 단어를 꺼리지만, 사실 결합과 매링, 블렌딩은 모두 거의 같은 의미다.) 배치 번호와 병 번호, 최소 숙성 기간, 알코올 도수가 라벨에 표기되어 있다. 대담하고 활기가 넘치며, 다즙하고 혀에 닿는 느낌이 진하다. 알코올 도수는 배치 별로 상이하다.

제퍼슨스 오션 버번
JEFFERSON'S OCEAN BOURBON

트레이 조엘러가 친구의 연구선을 타고 먼 바다를 항해하며 받은 영감에서 탄생한 제품이다. 트레이는 초기 미국 위스키가 새로운 시장으로 운송될 때 강과 바다 위에서 수개월씩을 보내곤 했던 사실을 떠올렸다. 실험 운항이 진행되었고, 트레이는 상어를 관찰하는 연구선에 8년 숙성 버번을 30배럴씩 싣기로 했다. 연구선은 적도를 여러 차례 횡단하며 서른 곳의 기항지를 거친 후 켄터키로 돌아왔고, 버번은 도수 조절 후 병입되었다. 이렇게 탄생한 오션 버번의 풍미는 상큼함과 약간의 소금기, 바다와 육지의 풍부한 균형을 담고 있다.

45% ABV

위스키 라벨 읽기

퓨FEW

등록된 브랜드명.

그림

시카고 고가철도.
기원에 대한 힌트를
담고 있다.

46.5% ABV/93프루프
46.5% Alc./Vol./93Proof

프루프는 ABV의 두 배다.

750ml

병에 든 액체의 용량.
미국의 표준 사이즈다.

싱글몰트위스키
Single Malt Whiskey

스코틀랜드 스타일을 따름.

100% 보리 맥아 증류
Distilled from 100% Malted Barley

스타일을 강조하는
마케팅 문구.
다른 곡물은
사용하지 않았다는
의미다.

아메리칸 싱글몰트

'싱글몰트'라는 말을 들으면 대부분 스코틀랜드를 떠올릴 것이다. 그러나 미국에서도 크래프트 위스키 증류소를 중심으로, 작지만 확실한 싱글몰트의 물결이 생겨나고 있다. 이것이야말로 미국 크래프트 증류소들의 특징이다. 이들은 하고 싶은 게 있으면 일단 하고 본다.

미국의 경우 관련 규정이 스코틀랜드만큼 까다롭지 않다. 매시빌에 보리 맥아가 51% 이상만 함유되어 있으면 몰트위스키로 인정된다. 스코틀랜드나 아일랜드와는 달리 단일 증류소에서 증류하지 않아도 된다. 숙성이나 배럴 관련 규정도 비교적 느슨한데, 일부 증류업체는 이 카테고리를 공식화하기 위한 규정 도입을 요구하고 있기도 하다. 앞으로 새로운 브랜드가 시장에 더 많이 진출하면 아메리칸 싱글몰트라는 새로운 카테고리를 더 명확히 정의하기 위해 관련 규정을 강화할 가능성이 높다.

아메리칸 싱글몰트는 1996년 스티브 맥카시(Steve McCarthy)가 처음 출시했다. 맥카시는 오리건주에 위치한 클리어크릭 디스틸링(Clear Creek Distilling)의 소유주로, 매카시스 싱글몰트(McCarthy's Single Malt)를 내놓았다. 단식 증류기로 한 번 증류하고 3년간 숙성한 이 위스키는 스코틀랜드에서 공수한 피트 보리만으로 만들었다. 알려진 바에 따르면, 맥카시는 아일라 섬의 라가불린에서 영감을 받았다고 한다.

콜로라도의 스트라나한스, 버지니아의 코퍼폭스, 뉴멕시코의 콜케건, 테네시의 코세어 등 후발 주자들이 뒤를 이었다. 그러나 모두를 제치고 앞으로 나선 주인공은 북서부에서 탄생했다. 바로 시애틀 외곽 웨스트랜드 증류소(Westland Distillery)가 만든 싱글몰트였다. 웨스트랜드는 충분한 재원을 바탕으로 진이나 보드카, 럼, 브랜디가 아닌 오직 위스키에만 집중했고, 덕분에 배럴에서 충분히 숙성한 첫 싱글몰트를 출시했을 때 좋은 반응을 얻었다. 웨스트랜드는 이중 증류, 스파징,

추천 위스키

휘슬피그 더 보스 호그: 더 블랙 프린스
WHISTLEPIG THE BOSS HOG: THE BLACK PRINCE

한정판으로 출시된 다섯 번째 제품이다. 한정판 시리즈의 숙성 햇수는 제품마다 다르지만, 모두 10년 이상 숙성을 거쳐 다양한 중고 와인 배럴에서 피니싱했다는 공통점이 있다. 마개에 달린 백랍 돼지는 언뜻 보면 귀엽지만, 켄터키 더비에서 블랜턴스 병마개 위의 말과 기수들을 뒤쫓기라도 할 것처럼 위협적인 모습이기도 하다. 알코올 도수는 제품마다 상이하다.

웨스트랜드 셰리 오크 싱글몰트
WESTLAND SHERRY OAK SINGLE MALT

아메리칸 오크와 스페인 셰리 오크에서 숙성했다. 스페인 헤레스의 숙성고에서 공수한 셰리 오크는 분해하지 않고 통째로 들여왔다. 최소 숙성 기간은 36개월인데, 이는 미국 크래프트 위스키 기준으로는 꽤 긴 편에 속한다. 전체적으로 검붉은 베리류 과일 맛이 입에 맴돌며 초콜릿 풍미가 살짝 느껴진다.

46% ABV

위스키 상식

나무의 세포 구조 중 전충체(tylose)는 배럴의 수밀성을 담보해 물이 새지 않게 해준다. 전충체는 물의 통과는 막으면서도 산소를 배럴 내외부로 전달해 위스키가 산소와 접촉하고 풍미를 만들 수 있게 한다.

○ 캘리포니아 앨러미다 세인트조지 스피리츠의 증류기들.

라우터링, 피트 처리, 피니싱 등 스코틀랜드의 전통을 준수하면서도 인근의 물과 보리, 참나무를 사용함으로써 태평양 연안 북서부의 지역적 특색을 살렸다(희귀하고 풍미가 좋은 가리야나 참나무 또한 숙성에 사용했다). 웨스트랜드는 매시에 다섯 가지 몰트를 혼합해 사용하는데, 이는 싱글몰트가 활용할 수 있는 나름의 매시빌이라고 볼 수 있다.

첫 번째 물결

우연의 힘도 작용했겠지만, 미국의 소규모 생산 와인과 맥주, 위스키는 모두 같은 지역에서 시작되었다. 바로 캘리포니아 북부였다. 캘리포니아 북부는 미국 내 다른 지역보다 수십 년 앞서 농산물을 직거래하는 파머스마켓과 건강한 식생활 문화가 자리 잡은 곳이다. 앨리스 워터스(Alice Waters)는 1971년 버클리에 셰 파니스(Chez Panisse)라는 레스토랑을 오픈하며 식생활 개선 운동을 이끌었고, 이는 1990년대 토머스 켈러(Thomas Keller)의 프렌치 런드리(French Laundry) 같은 레스토랑이 등장할 수 있는 발판이 되었다. 나파밸리의 샤토 몬텔레나(Chateau Montelena) 와이너리는 1976년 파리의 심판 화이트 와인 부문에서 우승을 차지하며 '샤르도네(Chardonnay)'라는 단어를 대중에게 처음으로 각인했다. 프리츠 메이택은 1960년대 말 샌프란시스코에서 앵커 스팀 비어(Anchor Steam Beer)를 새롭게 창조했다. 앵커 스팀은 크래프트 맥주 중 최초로 유의미한 규모의 인기를 끈 제품이었다. 얼마 지나지 않아 북부 캘리포니아의 기후와 문화, 삶에 대한 열정에 매료된 사람들이 몰려들었다. 이렇게 몰려든 이들은 각자의 독특함을 무기로 현대 주류업계를 재편해갔다.

○ 첫 증류 면허를 받은 휴버트 저메인-로빈(왼쪽)과 앤슬리 콜(오른쪽)

추천 위스키

로우갭 2년 휘트위스키
LOW GAP 2-YEAR WHEAT WHISKEY

휴버트 저메인-로빈의 초기 제자였던 크리스핀 케인(Crispin Cain)은 자신이 배운 바를 바탕으로, 우선 리큐어와 압생트 만들었다. 이후에는 저메인-로빈이 브랜디 증류에 사용하는 프랑스 샤랑트 지방의 샤랑테(Charentais) 알렘빅 증류기로 로우갭(Low Gap) 위스키를 만들었다. 숙성 기간이 2년인 이 휘트위스키는 어린 위스키도 솜씨만 뛰어나면 고숙성 제품 못지않은 품질을 낼 수 있음을 보여주는 놀라운 예다.

43.1% ABV

포도에서 곡물로: 앤슬리 콜과 휴버트 저메인-로빈

1980년대 초, 캘리포니아주 유키아 외곽에서 역사학 교수 앤슬리 콜(Ansley Coale)이 휴버트 저메인-로빈(Hubert Germain-Robin, 프랑스식으로는 '위베르 제르맹-로뱅'—옮긴이)이라는 이름의 히치하이커를 태웠다. 프랑스 출신으로 여러 세대에 걸쳐 코냑을 증류해온 집안 출신의 휴버트는 고향에서 브랜디에 적용하는 엄격한 규제를 피해 미국식 '코냑'을 만들기 위해 멘도시

○ 배럴에서 숯을 걸러내는 모습.

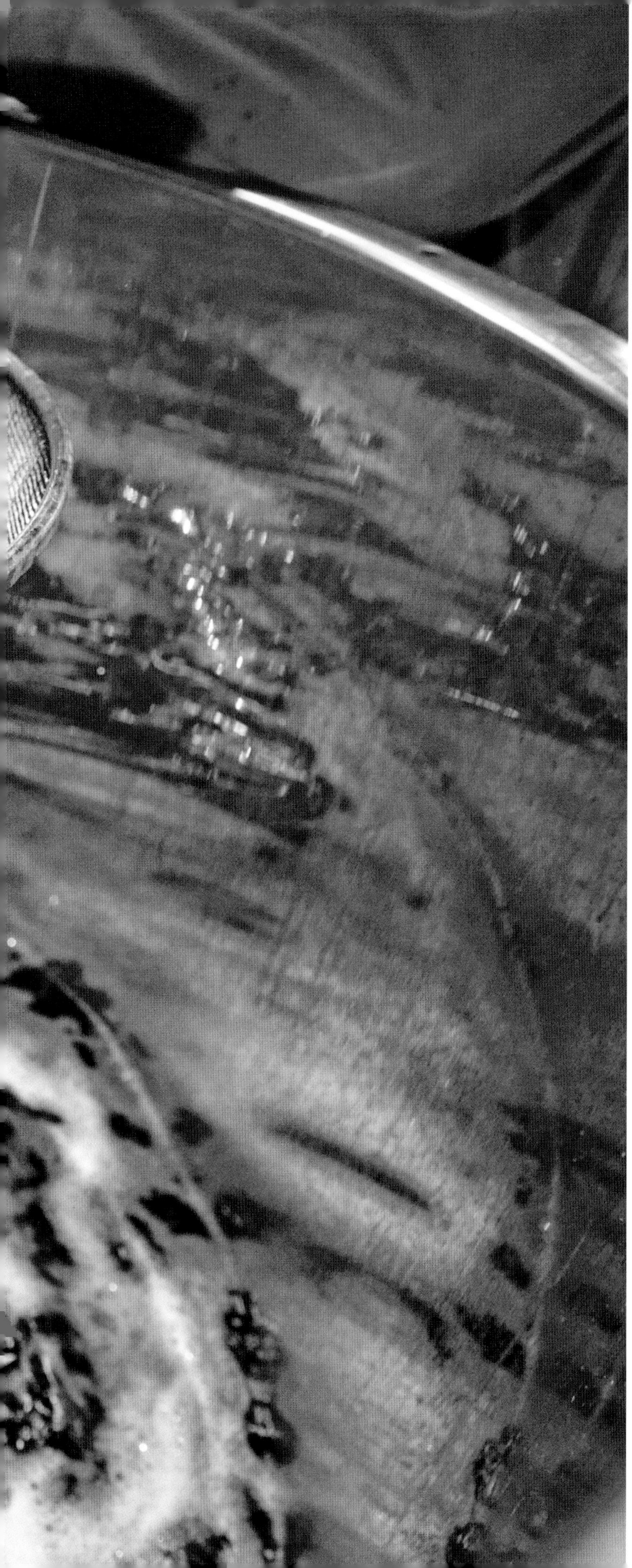

노카운티로 이주해온 인물이었다. 그의 노력으로 탄생한 저메인-로빈 브랜디는 각종 상을 수상했다. 그는 현재 은퇴했지만, 크래프트 운동에 다양한 자문을 제공하고 있다. 앤슬리 콜은 휴버트와 함께 과일 향이 무척 강한 로우갭 위스키(Low Gap Whiskey) 등 여러 뛰어난 증류주를 생산하는 크래프트디스틸러스(Craft Distillers, Inc.)를 설립했다.

우연한 혁신가: 요르크 루프

독일에서 판사로 재직하던 요르크 루프(Jorg Rupf)는 출장 목적으로 들른 샌프란시스코에서 식문화에 반해 미국으로 건너왔다. 사실 루프의 집안은 슈바르츠발트(검은 숲) 지역에서 꽤 오래 증류주를 만들어왔다. 그는 이러한 고향의 전통을 되새기며 새로운 고향인 샌프란시스코의 풍부한 과일을 활용해보기로 했다. 루프는 랜스 윈터스(Lance Winters)라는 원자력공학자 출신의 젊은 양조전문가를 고용했고, 둘은 함께 행거 1 보드카(Hangar 1 Vodka)를 만들었다. 행거 1을 프록시모(Proximo)에 매각한 후에는 진과 위스키, 압생트를 만드는 세인트조지 스피리츠를 설립했다. 천재적인 인물이자 이단아였던 루프는 제임스 비어드 상(James Beard award, 미국 요식업계의 아카데미상으로 불리는 상—옮긴이)을 수차례 수상한 경력을 뒤로하고 몇 년 전 은퇴했다.

루프에 이어 운영을 맡은 윈터스는 보리를 다양한 방법으로 로스팅해가며 초콜릿과 견과류, 커피 노트를 찾았고, 스모크드 몰트와 초콜릿 몰트, 크리스털 몰트를 배합한 매시빌을 개발했다. 그렇게 곡물로 만든 오드비(eau-de-vie)가 탄생했다. 윈터스는 특정 풍미를 강조하기 위한 방법으로 중고 버번 배럴, 아메리칸 배럴, 프렌치 배럴 등 숙성 용기를 세심하게 선택했다. 그는 "소용량 배럴이나 가열 등의 방식은 사용하지 않는다"며 "과잉 추출은 스프레이 선탠처럼 부자연스럽다"고 말했다. 윈터스는 자신의 가장 성공적인 작품인 세인트조지 싱글몰트(St. George Single Malt)에 대해 "구태의연한 대화에 새로운

○ 캘리포니아주 세인트조지 스피리츠의 요르크 루프.

이야깃거리를 던진 제품"이라고 특유의 말투로 평가했다.

도전하는 상속자: 프리츠 메이택

프리츠 메이택(Fritz Maytag)은 메이택 가문의 가전 제국을 이끌어가기보다는 망해가던 맥주 브랜드에서 기회를 찾기로 했다. 메이택은 1965년 앵커 브루잉 컴퍼니(Anchor Brewing Company)를 인수했다. 19세기 골드러시까지 거슬러 올라가는 긴 역사를 지닌 앵커 브루잉 컴퍼니는 샌프란시스코 베이 에어리어의 유서 깊은 맥주 양조업체였다. 메이택이 내놓은 앵커 스팀은 소량생산 맥주로서 처음으로 꽤 큰 인기를 끌며 크래프트 맥주 운동의 시초가 되었다. 메이택은 여기서 만족하지 않았다. 그는 식민지 시대, 펜실베이니아의 독일계 초기 정착민들이 호밀을 활용하던 방식에서 영감을 받았다. 연구 끝에 다다른 곳은 위스키의 세계였다. 메이택은 1996년 올드 포트레로 라이를 출시했다. 당시 위스키 시장에서는 전혀 찾아볼 수 없었던 18세기 스타일의 단식 증류 호밀 위스키였다. 호밀 맥아 100%로 소형 단식 증류기에서 생산한 올드 포트레로는 풍부하면서도 복잡한 풍미를 자랑하는 제품이다. 그러나 아쉽게도 소규모 배치로만 생산되어 구하기 어려울 수 있다. 제품이 처음 출시되었을 때와는 사뭇 다른 현재 라이위스키의 인기에서 격세지감이 느껴진다.

두 번째 물결

다른 사회운동과 마찬가지로 현대의 크래프트 운동 또한 서로 떨어져 빛나던 별들이 모여 하나의 모양을 형성하는 밤하늘의 별자리 같은 방식으로 모습을 드러냈다. 별자리는 별을 바라보는 다른 이들에게 등불이 되어 또 다른 별자리의 탄생을 이끌었고, 그 과정이 반복되며 증류업계는 점점 새로운 별자리로 채워졌다.

오르고, 떨어지고, 다시 오르고: 에렌조 부자와 허드슨 위스키

샤완겅크 리지(Shawangunk Ridge)는 뉴욕시 북쪽의 캐츠킬산맥에서 펜실베이니아까지 이어지는 화강암질 돌산이다. '겅크스(Gunks)'라고도 불리는 이 돌산에는 전 세계의 암벽 등반가들이 몰려든다. 랠프 에렌조(Ralph Erenzo)와 아들 게이블 에렌조(Gable Erenzo)도 그중 하나였다. 은퇴 직후였던 랠프는 그곳에서 사업의 기회를 보았다. 그는 뉴욕주 뉴팔츠 근처의 가드니어라는 작은 마을에서 숙소와 장비판매점을 겸한 등반가들의 훈련소를 열기로 했다. 2001년, 그는 동업자인 브라이언 리(Brian Lee)와 함께 개울을 끼고 있는 부지를 매입했다. 부지에는 오래된 제분소와 별채 여러 개가 들어서 있었다. 그렇게 사업에 착수하려는데 마을 주민들이 반대하고 나섰다. '별난 사람들'이 마을에 와서 소란 피우는 걸 원치 않는다는 것이었다. 과도하게 발달한 팔뚝을 드러낸 채 특이한 신발을 신고 벨트에 여러 장비를 매달고 다니는 암벽 등반가들은 일부 주민들에게 달갑지 않은 존재였다.

한편 소유권 기록을 살펴보는 과정에서 랠프는 부지에 있는 제분소가 금주법 시대 이전에 허드슨밸리 인근 증류소 여러 곳에 곡물가루를 공급하던 곳이라는 사실을 알게 되었다. 원래 구상한 사업을 할 수 없다는 좌절 속에서도 랠프는 영감을 얻었고, 동업자 브라이언에게 증류업을 시작하자고 제안했다. 그렇게 그들은 스코틀랜드 포사이드(Forsythe)에서 첫 단식 증류기를 주문했다. 그러나 분해된 상태로 도착한 증류기에는 사진도, 조립설명서도, 하다못해 문의할 연락처도 들어 있지 않았다. 랠프와 게이블 그리고 브라이언은 주차장 앞에 부품들을 펼쳐놓고 3주에 걸쳐 증류기를 조립했다. 그렇게 투틸타운 스피리츠 증류소가 문을 열었다. 금주법 폐지 이후 뉴욕주 내에 최초로 설립된 증류소인 투틸타운은 초기 크래프트 증류 운동에서 처음으로 큰 성공을 거둔 허드슨 위스키(Hudson Whiskey)를 내놓았다. 투틸타운은 스코틀랜드의 윌리엄그랜트앤선즈(William Grant & Sons) 산하로 들어간 지금도 버번과 라이 그리고 베이비 버번위스키를 생산하고 있다. 에렌조 부자는 이제 브랜디 등 다른 증류주를 만들고 있으며, 여전히 함께 겅크스를 오르고 있다.

추천 위스키

허드슨 베이비 버번 바이 투틸타운

HUDSON BABY BOURBON BY TUTHILLTOWN

흔치 않은 100% 옥수수 버번이다. 허드슨을 대표하는 소형 배럴로 1차 숙성한 후 더 큰 용기에서 추가로 숙성해 놀랍도록 복합적이고 풍부한 풍미를 보여준다. 오크 향과 스모키함이 느껴지는 가운데 바닐라와 캐러멜의 풍미가 미끄러지듯 입안 전체를 감싼다.

46% ABV

○ 뉴욕주 투틸타운 스피리츠 증류소에서 포즈를 취한 동업자 랠프 에렌조(왼쪽)와 브라이언 리(오른쪽).

빌 오웬스와 미국증류협회

크래프트 운동이 성장하며 이를 지원하는 단체들도 생겨났다. 가장 대표적인 단체는 양조업자이자 저널리스트인 빌 오웬스(Bill Owens)가 설립한 이익단체, 미국증류협회(American Distilling Institute, ADI)였다. 오웬스는 미국 전역을 다니며 신생 양조장에 대한 자료를 모아 최초의 맥주업계 전문 잡지인 〈아메리칸 브루어 매거진(American Brewer Magazine)〉을 창간했다.

크래프트 양조에 이어 크래프트 증류 운동에 눈을 돌린 그는 추후 두고두고 회자될 한 행사를 기획했다. 뿔뿔이 흩어져 있는 소규모 증류업체들을 한자리에 모아보자는 생각으로 2003년 캘리포니아주 앨러미다의 세인트 조지 증류소에서 미국증류협회의 첫 컨퍼런스를 개최한 것이다. 참가자 수는 86명이었다. 세월이 흐르며 크래프트 증류 운동은 성장을 거듭했고, 증류협회는 증류를 시작하는 이들이 매시빌, 발효, 발효조, 증류기 설정, 병입기계, 라벨 메이커 등에 대해 배우고자 할 때 반드시 거치는 필수 코스가 되었다. 오리건주 포틀랜드에서 열린 2018년 컨퍼런스에는 1,000여 명이 참석했다.

스모키함을 찾아서: 릭 와즈먼드

1990년, 릭 와즈먼드(Rick Wasmund)는 버지니아주에서 보험을 판매하는 평범한 인물이었다. 그러던 어느 날 워싱턴 DC에서 열린 '클래식몰트' 스카치위스키 시음회에 간 그는 스카치위스키의 스모키함에 매료되고 말았다. 사실 와즈먼드는 어린 시절부터 나무 타는 냄새를 좋아했다. 그는 체리나무와 사과나무, 자작나무, 단풍나무 등 다양한 나무의 타는 냄새를 구분할 수 있었고, 가족과 함께 캠핑을 갈 때는 여러 개의 모닥불을 피우기도 했다. 와즈먼드는 시음회 이후 그와 비슷한 스모키함을 담은 미국 위스키를 찾아 헤맸지만 어디에서도 찾지 못했다. 결국 와즈먼드는 자신이 직접 그런 위스키를 만들기로 했다. 그렇게 탄생한 것이 코퍼폭스 증류소다.

증류를 공부하기 위해 스코틀랜드로 건너간 와즈먼드는 당시 아일라섬의 보모어(Bowmore) 증류소에서 마스터 디스틸러로 일하고 있던 짐 매큐언(Jim McEwan)에게서 일을 배웠다. 그곳에서 플로어몰팅 기술을 배운 와즈먼드는 버지니아로 돌아와 금주법 이후 최초로 몰팅플로어를 갖춘 증류소를 설립했다. 몰팅플로어는 물에 불린 보리를 가마에 굽기 전에 바닥에 펼쳐놓고 삽과 갈퀴로 뒤집어가며 천천히 말리는 공간을 뜻한다. 와즈먼드는 사과나무와 체리나무로 훈연한 플로어몰팅 보리로 싱글몰트와 라이위스키를 만든다. 숙성은 중고 배럴로 하는데, 이때도 섬세하게 구운 사과나무와 참나무 조각을 넣고 우려내 독특한 풍미의 위스키를 만들어낸다. 와즈먼드는 코퍼폭스 증류소의 성공 이후, 증류 역사가 깊은 버지니아주 윌리엄스버그 외곽에 있는 호텔 부지에 두 번째 증류소를 열었다.

물결이 해일이 되다

그리고 2세대 증류업자들이 나타났다. 이들은 비중계뿐 아니라 시장에도 민감하게 반응했다. 시장 이해력이 높은 이들은 과거의 데이터를 바탕으로 1세대의 지혜를 흡수해 함정을 피하는 법과 치열한 시장에서 경쟁하고 살아남는 법을 익혔다.

관습을 타파하다: 토드와 스콧 레오폴드

콜로라도주 오로라에 위치한 레오폴드브러더스의 새 증류소는 여러 건물로 구성되어 있다. 토드와 스콧 형제는 몰팅플로

○ 콜로라도주 레오폴드브러더스 증류소에서 투어를 이끌고 있는 토드 레오폴드(오른쪽).

어와 가마를 비롯해 1999년 미시건주 앤아버에서 양조장을 할 때부터 구상해온 여러 설비를 이 새로운 증류소 부지에 맞춤형으로 건설해 구현해냈다.

형제는 조경 전문가인 아버지의 도움으로 발효를 돕기 위한 공기 유입 시스템을 만들었다. 증류소 본관 벽 한쪽 면은 대형 창문들이 설치되어 있고 그 양쪽으로는 수많은 개방식 발효 탱크가 배치되어 있다. 창문에는 발효 탱크 높이까지 개폐가 가능한 루버 장치가 설치되어 있으며, 뒤쪽의 증류기 위로도 루버 장치가 달린 창문이 수직으로 설치되어 있다. 형제의 아버지는 이 건물 바깥에 다양한 꽃 덤불과 다육식물을 포함한 꽃가루 식물을 식재했다. 1년 중 특정 기간에 양쪽 창문을 개방하면 식물의 꽃가루를 머금은 공기가 내부로 빨려 들어와 발효 탱크 위로 지나가며 공기 중의 천연 물질이 효모 혼합물과 접촉한다. 이 시스템에 대해 토드는 이렇게 말한다. "다른 증류소들은 락토바실러스를 꺼리지만, 저희는 오히려 활용하려고 하죠." 토드는 인습 타파에 앞장서는 괴짜 중의 괴짜로, 오랜 시간 연구해온 바이에른식 발효 역사와 생물학 지식에 어긋나는 경우라면 스코틀랜드나 아일랜드의 전통도 가차 없이 깨뜨리는 인물로 정평이 나 있다.

추천 위스키

코퍼폭스 피치우드 싱글몰트

COPPER FOX
PEACHWOOD SINGLE MALT

코퍼폭스가 내놓은 최신 아메리칸 몰트로, 위스키를 위해 특별히 재배한 버지니아산 보리를 플로어몰팅해 단식 증류로 제조했다. (피트 향이 아닌) 복숭아나무 훈연 향과 과일의 균형 잡힌 풍미가 코끝에 걸리고 혀를 감싼 뒤 긴 여운을 남긴다.

48% ABV

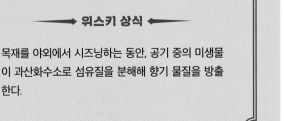

레오폴드브러더스 아메리칸 스몰배치 위스키

LEOPOLD BROS.
AMERICAN SMALL BATCH WHISKEY

낮은 온도에서 5일간 발효하며 진행 속도를 늦춰 부드러운 풍미를 만들었다. 토드 레오폴드는 표준적인 배럴 주입 도수인 62.5% ABV보다 훨씬 낮은 49% ABV로 주입해 배럴 속 당분의 과도한 추출을 막고 은은한 바닐라와 오크 풍미를 담아냈다.

43% ABV

위스키 상식

목재를 야외에서 시즈닝하는 동안, 공기 중의 미생물이 과산화수소로 섬유질을 분해해 향기 물질을 방출한다.

추천 위스키

록나르 미네소타 라이위스키
ROKNAR MINNESOTA RYE WHISKEY

고대 북유럽 말로 '전사'를 뜻하는 록나르는 스완슨 농장에서 재배한 곡물로만 증류해 코냑 배럴에서 피니싱한 라이위스키다. 최소 숙성 기간이 2년인 록나르는 호밀 80%, 옥수수 10%, 보리 10%의 매시빌로 고급스러운 호밀 풍미를 선사하며, 매끄럽고 크리미한 질감으로 마무리된다.

46% ABV

○ 미네소타주 파노스 스피리츠의 마이클 스완슨(왼쪽)과 셰리 리즈(오른쪽).

전통을 다시 담아내다: 마이클 스완슨과 파노스 스피리츠

마이클 스완슨(Michael Swanson)은 스웨덴계 이민자였던 증조부가 100여 년 전 미네소타주 할랙 외곽에 일군 호밀 농장에서 자랐다. 청년 시절 스완슨은 진로에 대한 고민 끝에 농부였던 아버지와 할아버지의 길을 따르지 않고 스키와 영업, 사업에 도전해보기로 했다. 그렇게 고향을 떠나 일하던 스완슨은 돌아오는 길에 셰리 리즈(Cheri Reese)를 만났다. 꽃집을 운영하는 부모님 밑에서 자란 리즈는 미니애폴리스에서 일하고 있었다. 둘은 사랑에 빠져 결혼했고, 도시에 정착해 현대적인 젊은 부부의 삶을 꾸려갔다.

그러나 생활을 이어갈수록 자꾸만 도시 생활이 공허하다는 생각이 들었다. 진정한 가치를 찾기가 어려웠고, 모든 것은 타협의 연속이었다. 여느 때처럼 가족을 만나러 할랙을 방문한 길에 부부는 자신들이 '먼 북쪽(far north)'에 속한 '영혼(spirits)'임을 깨달았다. 마침 그들 앞에는 인근에서 가장 비옥한 땅에서 자라고 있는 전통 곡물이 있었다. 부부는 그 곡물을 경작하는 대신 증류하기로 했다.

파노스 스피리츠(Far North Spirits)의 북유럽풍 패키징이 주는 날렵하면서도 우아하고 여유로운 느낌은 안에 담긴 술과 닮아 있다. 저마다 독특한 개성을 지닌 제품명은 스칸디나비아의 이야기에서 이름을 따왔고, 모든 제품은 증류소 문밖에서 자라는 곡물로 만들었다. 제품군은 보드카인 시바(Syvä), 유일한 비곡물 증류주인 스파이시 럼 올란데르(Ålander), 증조부의 이름을 따온 네이비 진인 구스타프(Gustaf) 그리고 꽃 향이 강한 진 솔바이그(Solveig)가 있다. 또한 거대한 빙하 가장자리에 있는 노르웨이 계곡의 이름을 딴 뵈달렌(Bødalen)이라는 버번도 출시했다.

용감한 학자들: 코발의 로버트 버네커와 소냣 버네커 하트

식상해진 일을 접고 새로운 분야에 도전하고 싶지만 쉽사리 용기가 나지 않는다면, 로버트 버네커(Robert Birnecker)와 소냣 버네커 하트(Sonat Birnecker Hart) 부부의 이야기를 읽어보

자. 두 사람 모두 자기 분야에서 박사 학위까지 취득했지만, 학자의 길을 접고 시카고에서 1880년대 중반 이후 처음으로 증류소를 열었다. 양쪽 집안의 선조를 기리는 뜻에서 고른 코발(KOVAL)이라는 이름은 독일어로는 '검은 양'이라는 의미를, 이디시어로는 '대장장이'라는 의미를 지니고 있다. 로버트는 살구로 오드비를 증류할 때 중류만 사용했던 오스트리아 선조들의 전통을 따랐다. (과일 브랜디와 오드비의 경우 초류와 후류를 재증류해 사용하지 않는다. 위스키와 럼은 재증류하는 경우가 많다.) 로버트는 이 기술을 코발에서 증류하는 다양한 곡물에 적용했다. 로버트는 라이위스키와 버번에 쓰이는 호밀과 옥수수 외에 귀리와 기장으로도 다양한 시도를 했다. 귀리와 기장은 한때 농장 증류소에서 즐겨 쓰였지만, 현재 위스키업계에서는 거의 찾아볼 수 없다. 모든 제품이 싱글배럴이라는 점도 코발의 특징이다.

최첨단의 현대식 증류소를 운영하는 부부에게는 지식을 나누려는 열정 또한 가득하다. 로버트와 소냣은 워크숍을 통해 4,000명 이상을 교육했고, 컨설팅을 통해 미국과 유럽에서 200여 개 증류소의 설립을 도왔다. 그 외에도 유럽의 여러 장비 제조업체의 대리인으로 활동하는가 하면, 독일 괴테증류기술(Kothe Destillationstechnik)의 자동화와 센서 도입을 돕는 등 증류기 혁신 작업에도 참여하고 있다. 현재 크래프트 혁명을 이끌고 있는 많은 이와 마찬가지로 독립성을 중시하는 버네커 부부는 별도의 외부 자금 지원 없이 코발을 운영하고 있다. 코발은 가족 소유와 가족 운영을 원칙으로 하며, 수익 다양화를 위해 다른 브랜드와 계약 증류를 하기도 한다.

추천 위스키

코발 밀렛 위스키
KOVAL MILLET WHISKEY

버네커는 '곡물의 오드비' 방식을 적용해 흔히 쓰이는 호밀과 밀, 옥수수, 보리에서 벗어나 인류의 고대 곡물인 기장을 증류했다. 기장은 97%가 네팔 등 개발도상국에서 재배되고 있는데, 현지에서는 다른 증류주를 만드는 데 쓰이는 만큼 위스키 증류에 사용한 것은 코발이 처음이었다. 중류만 사용했으며, 여과를 거치지 않은 싱글배럴 제품이다.

40% ABV

▷ 일리노이주 코발 증류소의 로버트 버네커(왼쪽)와 소냣 버네커 하트(오른쪽).

추천 위스키

소노마 버번위스키
SONOMA BOURBON WHISKEY

이전에는 웨스트오브켄터키 버번 넘버 2(West of Kentucky Bourbon No. 2)라고 불렸다. 켄터키의 W. L. 웰러와 유사한 매시빌(몰팅하지 않은 겨울 밀 약 25%)을 사용하는 흔치 않은 크래프트 '휘터' 제품으로 북부 캘리포니아의 해안 기후에서 숙성한다. 몰팅하지 않은 생곡물을 첨가해 달콤한 크림과 대담한 과일 향을 선사한다.

48.3% ABV

이발사의 조수: 애덤 스피겔과 소노마 디스틸링

애덤 스피겔(Adam Spiegel)은 샌프란시스코의 한 이발소 의자에 앉아 돌파구를 찾고 있었다. 2008년 경제위기로 수천 개의 금융권 일자리가 사라지며 직장을 잃은 그는 뉴욕에서 돌아와 다음 행보를 계획하고 있었다. 이발사와 대화를 나누던 스피겔은 그가 수년간 도시 외곽에서 위스키와 와인, 그라파를 직접 만들어왔다는 사실을 알게 되었다. 스피겔은 이발사를 졸라 그의 조수가 되었다. 이발소를 성공적으로 운영하고 있는 이발사에게 증류와 양조는 일종의 취미였지만, 스피겔은 거기서 사업의 기회를 보았다. 함께 첫 호밀 제품을 출시한 이후 스피겔은 파트너의 지분을 인수하고 2013년에 소노마 디스틸링 컴퍼니(Sonoma Distilling Company)를 설립했다. 증류면허 발급 기준으로 캘리포니아에서는 열다섯 번째, 미국 전역으로는 200위 안에 들었다.

스피겔은 컨설턴트로 활동 중이던 증류업계의 전설 휴버트 저메인-로빈에게 도움의 손길을 청했다. 휴버트는 스피겔이 그동안 잘못해온 사항을 조목조목 짚으며 다시 증류라는

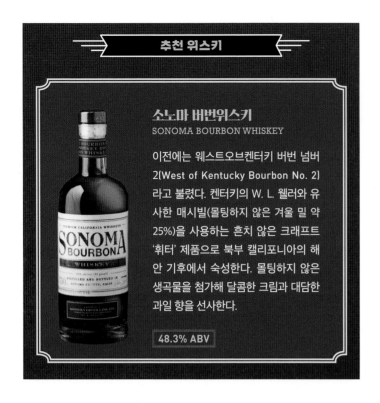

○ 캘리포니아주 소노마 디스틸링 컴퍼니의 애덤 스피겔.

기술에 집중하게 했고, 스피겔은 이제 서서히 장인이 되어가고 있다. 무엇보다 딱 맞게 커팅한 증류액을 딱 맞는 용도로 딱 맞는 배럴에서 숙성하는 것이 관건이었다. 연속식 증류기가 아닌 직화식 알렘빅 증류기를 사용한다는 점, 배럴 주입에 앞서 증류를 매링할 때 와인 블렌딩에 쓰이는 퀴베 배트(cuvée vat)를 사용한다는 점 등 모두 위스키 증류에 있어서는 흔치 않은 방식이었지만, 스피겔은 이를 통해 풍미가 강렬하면서도 유달리 부드러운 높은 도수의 위스키를 선보였다.

좋은 맥주가 좋은 위스키를 만든다: 마이크 레푸치와 선즈오브리버티

"왜 우리가 좋아하는 맥주로는 아무도 싱글몰트위스키를 만들지 않는 거지?" "계절별로 나오는 시즌 맥주는 있는데, 왜 시즌 위스키는 없는 거지?" 로드아일랜드의 증류업자이자 선즈오브리버티(Sons of Liberty)의 설립자인 마이크 레푸치(Mike Reppucci)가 던진 질문이다. 의문이 생길 때는 시장의 틈새를 직접 메우는 것이 답이 되기도 한다. 레푸치는 이탈리아 출신 아버지가 가스레인지 앞에서 토마토소스를 만들 때처럼 풍미를 차곡차곡 쌓아 올린다. 그의 싱글몰트는 진한 매시를 발효해 만든 완성도 높은 맥주에서 탄생한다. 레푸치가 내놓은 업라이징(Uprising)은 스타우트 맥주 양조에 쓰이는 다크 몰트 100% 매시로 제조한다. 이중 증류한 증류액은 새 아메리칸

오크와 프렌치 오크에서 숙성해 원액이 가진 모카와 커피 풍미를 강조한다. 배틀크라이(Battle Cry)는 100% 몰트(허니 몰트와 호밀 몰트)를 사용해 스파이시함을 강조한 벨기에 맥주 스타일을 구현했다. 이 맥주를 증류해 아메리칸 오크와 프렌치 오크에 숙성하면 달콤한 풍미와 함께 아니스와 감초 풍미가 올라온다. 두 제품 모두 맥주를 연상케 하는 진하고 풍성한 풍미로 크래프트 맥주 애호가들을 위스키의 세계로 끌어들이고 있다.

레푸치는 자신이 던진 두 번째 질문에 대한 답으로 계절에 어울리는 유쾌하고 기분 좋은 시즌 위스키를 내놓았다. 그레이프프루트 앤 홉(Grapefruit and Hop)은 무더운 여름날 시원한 맥주 한잔을 대신할 수 있는 완벽한 대안이며, (로드아일랜드의 자원봉사자들이 3만 2,000파운드에 달하는 호박을 자르고, 속을 파내고, 굽고, 압착한 끝에 탄생한) 펌킨 스파이스 위스키(Pumpkin Spice Whiskey)는 출시된 지 얼마 지나지 않아 〈위스키 매거진(Whiskey Magazine)〉에서 '월드베스트' 위스키로 선정되었다.

추천 위스키

업라이징 페드로히메네스 피니시 위스키

UPRISING PEDRO XIMENEZ FINISH WHISKEY

피니싱용으로 페드로히메네스 셰리 배럴을 고른다는 것은 상당한 용기가 필요한 일이다. 배럴의 강렬한 풍미가 자칫 원액의 미묘한 특성을 모두 덮어버릴 수도 있기 때문이다. 다행히 업라이징은 셰리의 영향이 스타우트 맥주를 따뜻하고 포근하게 감싸안았다는 평가를 받으며, 과일과 감초의 미묘한 풍미와 길고 긴 여운을 선사한다.

46% ABV

맥주를 위스키로!

알려진 것처럼 위스키는 '맥주', 즉 발효된 곡물 매시로 증류한다. 그러나 증류에 쓰이는 맥주(또는 워시)는 알코올만을 위해 존재할 뿐 일반적으로 우리가 즐겨 마시는 그 맥주의 형태로 양조되지는 않는다. 그런데 이 통념에 도전하는 증류업체들도 있다. 병에 담아 마실 수 있는 완성된 형태의 맥주를 증류기에 돌려 위스키를 만드는 경우다.

뉴욕주 웨스트체스터의 웨스트체스터 디스틸러(Westchester Distiller)가 만든 914 페일 에일(914 Pale Ale) 위스키는 이런 도전을 통해 탄생한 독특한 제품이다. 이 제품은 캡틴로런스 앤 브로큰보우(Captain Lawrence and Broken Bow)라는 지역 양조장의 맥주로 만들었다. 롱아일랜드 스피리츠(Long Island Spirits)는 70IBU(국제 쓴맛 단위)로 호핑한 발리와인 에일(barley wine ale)을 증류해 만든다. 로그 스피리츠(Rogue Spirits)의 데드가이 위스키(Dead Guy Whiskey)의 경우 자사에서 나오는 로그 에일(Rogue Ale)과 동일한 몰트를 사용한 매시에서 홉만 뺀 맥주로 증류해 만든다.

정말 색다른 제품을 원한다면 일본 기우치 주조(木内酒造)가 히타치노네스트 화이트 에일(Hitachino Nest White Ale)을 증류해 만든 기우치노시즈쿠(木内の雫)를 마셔보자. 증류 과정에서 고수와 홉, 오렌지 껍질이 추가되는데, 그 맛이 꽤 훌륭하다. 단 첨가물의 존재 때문에 위스키로 분류되지는 않는다.

금주 카운티에서 킹스카운티로: 콜린 스필먼

켄터키의 한 금주 카운티에서 자란 콜린 스필먼(Colin Spoelman)은 브루클린에 살며 증류를 시작했다. 동업자인 데이비드 해스컬(David Haskell)과 함께 처음 증류 장비를 설치한 곳은 스필먼의 아파트였다. 킹스카운티(Kings Country)라 이름 붙인 그의 증류소는 규모를 키워가며 브루클린 윌리엄스버그의 비좁은 창고를 거쳐 이스트리버 브루클린 해군 공창에 위치한 페이마스터 빌딩으로 이전했다. 브루클린 해군 공창은 2차 세계대전 시기 전함들을 진수하던 곳이다. 스필먼의 말에 따르면 킹스카운티 증류소는 금주법 이후 뉴욕시 경계 내에 설립된 첫 증류소였다.

킹스카운티는 아파트에서 증류하던 시절을 기억하며 '문샤인' 제조도 이어가고 있지만, 영역을 확장해 버번, 미숙성 위스키, 보틀드인본드 스트레이트 라이위스키, 싱글몰트 등 거의 모든 종류의 아메리칸 위스키를 만들고 있다.

문샤인의 신화

2000년대 초 미국 크래프트 위스키업계는 다양한 화이트위스키와 문샤인 제품을 내놓았다. 화이트위스키는 간단히 말해 숙성하지 않은 위스키로, 별도의 숙성 과정 없이 희석이나 여과 등의 후과정만 거쳐 판매하는 제품이다. 한편 실제 예전의 밀주가 얼마나 위험했는지는 다음의 경고문을 보면 알 수 있다.

"증류액 분획을 잘못해 메탄올을 섭취하는 경우 즉사, 실명, 영구 마비의 위험이 있다."

- 미시시피 주정부 국세청장
허브 프리어슨(Herb Frierson)

○ 뉴욕주 브루클린의 킹스카운티 증류소에서 숙성 중인 위스키.

다리 밑의 남자들:
발코네스의 유산

텍사스주 웨이코 시절 발코네스 증류소를 찾아가는 일은 쉽지 않았다. 당시 발코네스는 11번가 다리 고가도로 아래 있는 오래된 용접 작업장에 꼭꼭 숨어 있어서 근처의 노숙자들조차 증류소의 존재를 알지 못했다. 칩 테이트(Chip Tate)는 자기가 직접 손으로 두드려 만든 증류기로 2009년부터 '버번이 아닌 텍사스 위스키'를 생산했고, 그의 증류소는 곧 세계적인 명성을 얻게 되었다. 현재는 테이트로부터 증류소를 넘겨받은 헤드 디스틸러 재러드 힘스테드가 웨이코 시내에 위치한 구 텍사스 파이어프루프 스토리지 회사 건물에서 수백만 달러 규모의 증류소를 이끌고 있다. 발코네스는 오직 단식 증류 위스키만 생산하며, 연속식 증류기는 사용하지 않는다.

○ 텍사스주 발코네스 디스틸링의 단식 증류기. 위로 갈수록 넥의 모양이 가늘어진다.

추천 위스키

샤베이 R5
CHARBAY R5

마르코 카라카세비치(Marko Karakasevic)는 13대째 증류를 이어온 한 루마니아 가문 출신으로, 1980년대 초 북부 캘리포니아에서 아버지인 마일스에게 브랜디 증류를 배웠다. 그는 평소 가장 좋아하던 레이서 5 IPA(Racer 5 IPA) 맥주를 생산하는 베어리퍼블릭 브루잉(Bear Republic Brewing)과 함께 4년간의 연구 끝에 샤베이 R5(Charbay R5)를 개발했다. 맥주 6,000갤런을 증류해 위스키 600갤런으로 만드는 이 제품은 현재 네 번째 에디션까지 출시되어 있으며, 프렌치 오크에서 29개월간 숙성한다.

49.5% ABV

킹스카운티 피티드 버번
KINGS COUNTY PEATED BOURBON

킹스카운티가 내놓은 가장 담대한 작품으로, 아주 특별한 것을 담고 있다. 버번의 법적 기준을 모두 완벽히 충족하고 있으며, 단 한 가지 다른 점은 스필먼이 매시빌에 수입산 피트 보리 맥아를 사용한다는 것이다. 미국 특유의 대담함으로 경계를 허물어 가는 스필먼과 해스컬은 함께 《도시 밀주 가이드(Guide to Urban Moonshining)》라는 책을 집필하기도 했다.

45% ABV

하빈저 버번 바이 아이언루트 리퍼블릭
HARBINGER BOURBON
BY IRONROOT REPUBLIC

로버트 리카리시(Robert Likarish)와 조너선 리카리시(Jonathan Likarish) 형제는 가족이 운영하는 텍사스주 데니슨의 증류소를 재래종 옥수수의 실험실로 만들었다. 이들이 만드는 버번은 풍미 부여 곡물로 전통적인 호밀이나 밀 대신 블러디부처(Bloody Butcher), 오악사칸그린(Oaxacan Green), 블랙아즈텍(Black Aztec), 매직마나(Magic Manna) 등 재래종 옥수수를 사용한다. 아이언루트는 텍사스의 더위와 싸우기 위해 주로 코냑에 사용하는 엘르바쥬(élevage)라는 공법을 활용하는데, 위스키를 배럴에서 배럴로 옮겨가며 나무 풍미의 지나친 발달을 방지하고 더 오래 숙성할 수 있도록 하는 것이다. 하빈저를 마셔보면 이들이 앞으로 내놓을 작품이 기대될 것이다.

59.25% ABV

발코네스 트루 블루 100
BALCONES TRUE BLUE 100

발코네스의 캐스크스트렝스 100% 콘위스키를 새롭게 해석한 제품으로, 알코올 도수를 100프루프(50% ABV)로 낮췄음에도 원래의 대담한 풍미를 잃지 않았다. 시트러스의 바다에서 조금씩 올라오는 미묘한 과일향, 꿀과 옥수수의 달콤함은 모두 그대로인 채 전체적으로 조금 더 부드러워졌다. 단식 증류기로 증류하며, 무난함과 독특함을 모두 품고 있어 비슷한 숙성 햇수의 버번과 충분히 겨룰 만하다.

50% ABV

새로운 크래프트 켄터키

위스키 침체기를 지나 21세기까지 버텨낸 전통의 증류소들은 켄터키 버번의 표준을 지켰고, 세계는 버번과 사랑에 빠졌다. 켄터키에서는 짐빔, 와일드터키, 포로지스, 헤븐힐, 메이커스마크, 올테크(Alltech), 우드포드 리저브 등 전통의 증류소 외에도 수많은 소규모 신생 업체가 등장해 버번과 라이를 비롯한 다양한 위스키를 만들고 있다. 그중에는 원액을 공수해 자신의 브랜드로 병입하는 곳도 있고, 기존 증류소들과 제휴해 일하는 곳도 있으며, 아예 새로운 증류소를 열어 켄터키의 위스키 유산을 이어가는 곳도 있다. 래빗홀(Rabbit Hole), 엔젤스 엔비(Angel's Envy), 듀얼링배럴스(Dueling Barrels), 바즈타운버번(Bardstown Bourbon), 켄터키아울(Kentucky Owl), 옐로스톤(Yellowstone), 제임스 E. 페퍼(James E. Pepper), 캐슬앤키(Castle & Key) 등은 새로운 위스키를 선보이며 향후 몇 년 안에 크래프트 켄터키라는 새로운 카테고리를 육성할 준비를 하고 있다.

그중 이미 어느 정도 연차가 쌓여 자신만의 제품을 시장에 내놓은 증류소 두 곳을 소개한다.

믹터스

믹터스(Michter's) 브랜드는 위스키업계 베테랑인 조 마글리오코(Joe Magliocco)가 믹터스라는 이름에 대한 상표권을 인수한 후 십여 년째 시장에 존재해왔다(증류소 자체의 역사는 수백 년에 달하며, 믹터스라는 이름은 소유주였던 루이스 포먼Louis Forman이 아들 마이클Michel과 피터Peter의 이름에서 따온 것이다). 새로 태어난 믹터스는 버번과 라이위스키를 비롯한 다양한 원액을 소싱해

○ 켄터키주 믹터스 증류소에서 마스터 디스틸러로 은퇴한 팸 헤일먼(Pam Heilman)이 '위스키 도둑(whiskey thief, 샘플 채취 시 사용하는 빨대 모양의 도구—옮긴이)'으로 샘플을 뽑아내고 있다.

병입하는 방식으로, 시장에서 강력한 브랜드를 구축했다. 그리고 새로운 증류 시설과 함께 마스터 디스틸러 댄 맥키(Dan McKee)와 마스터 블렌더 안드레아 윌슨을 영입한 지금, 믹터스는 "우리가 곡물에서 끌어내고 싶은 풍미는 무엇인가?"라는 질문을 던지고 있다. 믹터스는 다른 증류소들의 본이 될 만한 새로운 배럴 관리 시스템을 도입했다. 믹터스 숙성고는 열 순환 장치를 갖추고 있으며, 증류 후 위스키를 51.5% ABV라는 낮은 알코올 도수로 배럴에 주입해 마우스필(mouthfeel, 입안에서 느껴지는 촉감)을 개선한다. 또한 배럴 내부를 태우기 전 토스팅할 때 자체 개발한 저온 가열 기술로 목재의 당 분해 효과를 향상했으며, 맞춤형 토스팅 레벨을 사용해 '토스티드 배럴 피니싱(toasted barrel finish)'을 선보이고 있다. 그 외에도 위스키의 지방을 걸러내는 냉각 여과 또한 맞춤형으로 진행해 유형별로 적합한 풍미의 균형을 찾는다. 믹터스의 위스키는 생산일이 아닌 풍미 프로필에 맞춰 숙성되며, US★1이라는 제품명으로 출시된다.

뉴리프

켄 루이스(Ken Lewis)는 오하이오주와 켄터키주 지역을 대표하는 고급 주류 판매점, 파티소스(Party Source)를 운영했다. 파티소스는 강을 사이에 두고 신시네티와 마주보는 벨뷰에 위치했으며, 루이스는 이곳에서 증류주 구매 담당 제이 에리스먼(Jay Erisman)과 함께 단일 매장으로서는 미국 최대 규모의 위스키 컬렉션을 꾸려갔다. 이후 루이스는 매장을 직원들에게 매각하고 바로 맞은편에 뉴리프 디스틸링(New Reef Distilling)을 열었다. MGP 출신의 은퇴한 마스터 디스틸러 래리 에버솔드(Larry Ebersold)를 증류팀에 영입한 그는 '세계 최고의 소규모 증류소'가 되겠다는 우직한 목표를 품고 증류소를 열심히 운영하고 있다.

추천 위스키

믹터스 US★1 사워 매시 위스키

MICHTER'S US★1
SOUR MASH WHISKEY

버번으로 표기하기에는 옥수수 함량이 51%에 미치지 못하고, 라이위스키로 표기하기에는 호밀의 함량이 51%에 미치지 못한다. 믹터스는 이 제품을 그러한 매시빌 규정이 도입되기 전, 미국인이 즐기던 스타일에 대한 오마주로 보고 있다. 옥수수와 호밀이 보리의 과일 풍미를 강조한다. 밝고 균형 잡힌 느낌이며, 전체적으로 붉은 사과와 팝콘의 향이 어우러져 매우 만족스러운 경험을 선사한다.

43% ABV

뉴리프 켄터키 스트레이트 보틀드인본드 버번

NEW RIFF KENTUCKY STRAIGHT
BOTTLED-IN-BOND BOURBON

뉴리프는 연간 생산량이 딱 2,000배럴인 소규모 증류소다(짐빔은 하루에 2,000배럴을 생산한다). 뉴리프가 4년의 준비 끝에 2018년 8월 내놓은 첫 작품으로, 냉각 여과를 하지 않은 보틀드인본드 켄터키 버번이며, 루이빌의 켈빈 쿠퍼리지가 제작한 53갤런 표준 배럴에서 숙성했다.

50% ABV

아메리칸 크래프트 위스키 시음 가이드

미국에서 위스키는 원산지나 스타일에 상관없이 알코올 도수 40% ABV 이상이다. 시음을 진행할 위스키는 이러한 사항을 염두에 두고 선정했으며, 스타일별로 분류했다. 가볍고 섬세한 뉘앙스의 위스키는 목록 위쪽에, 숙성 햇수가 길거나 도수가 높고 (나무 향, 훈연 향, 향신료 향 등) 풍미가 무겁고 진한 위스키는 아래쪽에 배치했다. 숙성 햇수가 위스키의 품질을 결정하지는 않는다는 점을 꼭 기억하자.

750밀리리터 제품 기준 가격 가이드 (※ 2019년 미국 시장 기준)

위스키를 가격대별로 나누는 것은 쉽지 않은 일이다. 같은 품질의 위스키라고 가정했을 때, 유명한 대형 증류소는 대량 생산과 효율적인 유통으로 작은 증류소보다 가격을 낮출 수 있다. 해외에서 수입되는 위스키의 경우 운송과 영업비용 등 더 많은 간접비가 발생하며, 이는 가격 상승의 요인이 된다. 가격 분류는 ('초고가'를 제외하고) 미국증류주협회(Distilled Spirits Council of the United States)의 기준을 따랐다. 가격 가이드는 그야말로 일반적인 안내라는 점을 밝힌다. 가격 분류 시 여러 소매업체에 조언을 구했으며, 가격이 위스키의 품질을 좌우하지는 않는다는 사실을 밝힌다.

저가 Value	★★
프리미엄 Premium	★★★
상위 프리미엄 High End Premium	★★★★
슈퍼 프리미엄 Super Premium	★★★★★
초고가 Off the Chart	★★★★★★

1 아메리칸 크래프트 버번

2000년 이후 많은 신생 업체가 질 좋은 숙성 버번을 시장에 내놓았다. 제품 간에 다소 차이는 있지만, 켄터키 버번은 주로 연속식 증류기로 증류한 후 켄터키라는 환경이 제공하는 숙성고의 복잡 미묘한 온도와 시간 속에서 특유의 'DNA'를 갖춘다(적어도 홍보 문구상으로는 그렇다). 미국의 크래프트 증류소들은 곳곳에서 다양한 시도로 버번을 만들고 있다. 단식 증류기, 하이브리드 증류기, 포트/칼럼스틸 조합 등 다양한 증류 방식을 사용하는가 하면 숙성을 통한 나무의 영향보다는 곡물의 영향을 강조하기도 한다. 이들 증류소는 다양한 기후대에 위치하며, 일부는 임대한 공간에서 위스키를 만들기도 한다. 대부분은 냉각 여과 과정을 거치지 않으며, 모두 최저 도수 이상으로 병입한다. 이들 덕에 "버번이란 무엇인가?"에 대한 답은 점점 어려워지고 있지만, 동시에 버번의 세계는 무한하게 흥미로워지고 있다.

브루켈렌 스트레이트 버번(뉴욕) ★★★★
Breuckelen Straight Bourbon(New York)

세인트 어거스틴 더블 캐스크 버번(플로리다) ★★★
St. Augustine Double Cask Bourbon(Florida)

A.D. 로스 포 그레인 버번(덴버) ★★★★★
A.D. Laws Four Grain Bourbon(Denver)

2 원액 소싱 전성시대

현재 시장에 진출한 미국의 신규 위스키 브랜드 중 상당수는 라벨에 구체적인 증류 주체를 표기하지 않는다. 대부분은 생산자(Produced by) 또는 병입자(Bottled by)만 밝히고 있는데, 이는 다른 증류소에서 숙성된 위스키 원액을 구매해 블렌딩하거나 그대로 병입 후 자신의 브랜드로 판매하는 경우다. 기밀유지 계약 등으로 원래의 증류소를 밝히지 못하는 경우가 대부분이지만, 우리가 시음을 하며 평가할 것은 그런 사소한 세부사항보다는 잔에 담긴 위스키의 품질이다. 다음은 모두 성실성과 창의성, 투명성이 돋보이는 브랜드들이다.

필리버스터 스트레이트 버번 ★★★
Filibuster Straight Bourbon

코너 크릭 버번 ★★★
Corner Creek Bourbon

노아스밀 버번 ★★★
Noah's Mill Bourbon

비브 앤 터커 켄터키 스트레이트 버번 ★★★
Bib & Tucker Kentucky Straight Bourbon

제임스 E. 페퍼 버번 ★★★
James E. Pepper Bourbon

디 앰배서더 스트레이트 버번 ★★★★★★
The Ambassador Straight Bourbon

3 우리가 라이위스키를 마시는 이유

라이위스키는 20세기 대부분 동안 깊은 어둠 속에 잠겨 있었다. 라이위스키는 담배연기 자욱한 바에서 어두운 정장을 입은 아저씨들이나 마시는 술로 여겨졌다. 그러나 스파이시하면서도 향긋하고 가끔은 사람을 깜짝 놀라게 하는 라이위스키는 결국 다시 빛을 보게 되었다. 색다른 모험을 즐기는 젊은이들이 라이위스키를 찾기 시작한 것이다. 라이위스키는 그 강렬한 풍미로 올드패션드나 맨해튼 등 칵테일에 들어가는 특별한 재료가 되었고, 해변이나 테라스에서 온더록스로 즐기는 세련된 음료가 되었다. 젊은 증류업자들은 직접 증류한 위스키가 숙성하는 동안 MGP에서 옛 시그램 창고의 라이위스키 원액을 공수해 유행을 이끌었다. 라이위스키가 유행하자 켄터키의 기존 증류소들도 창고에 블렌딩용으로 보관하던 오래된 원액을 꺼내기 시작했고, 그렇게 라이위스키의 전성기가 도래했다. 시음 목록은 큰 업체의 제품과 소싱으로 제조한 제품, 신규 크래프트 증류소가 만든 제품을 골고루 섞었다.

래그타임 라이(크래프트) ★★★
Ragtime Rye(craft)

파이크스빌 스트레이트 라이(켄터키) ★★★
Pikesville Straight Rye(Kentucky)

올드 포트레로 스트레이트 라이(크래프트) ★★★
Old Potrero Straight Rye(craft)

매켄지스 라이(크래프트) ★★★
McKenzie's Rye(craft)

4 아메리칸 싱글몰트

18세기 이후 미국 증류업계에서 사라졌던 몰트위스키가 갑자기 미국 전역에서 속속 나타나고 있다. 호밀의 톡 쏘는 스파이시함이나 옥수수의 직접적인 단맛보다는 견과류와 과일의 매끄러움과 부드러움을 느끼는 데 집중해보자.

웨스트체스터 디스틸링스 914 스타우트 위스키(뉴욕) ★★★
Westchester Distilling's 914 Stout Whiskey(New York)

세인트조지 싱글몰트(캘리포니아) ★★★
St. George Single Malt(California)

웨스트워드 싱글몰트(오리건) ★★★★
Westward Single Malt(Oregon)

스트라나한스(콜로라도) ★★★
Stranahan's(Colorado)

콜케건 싱글몰트(뉴멕시코) ★★★★
Colkegan Single Malt(New Mexico)

코세어 트리플 스모크(테네시) ★★★★
Corsair Triple Smoke(Tennessee)

○ 캐나다 온타리오주 윈저의 하이람워커 증류소에 적재되어 있는 배럴들.

PART 5

캐나다 위스키

캐나다 위스키는 20세기 내내 판매량에서 미국과 스코틀랜드의 경쟁자들을 앞지르며 전성기를 누렸다고 해도 과언이 아니다. 캐나다 위스키는 금주법 시절 치밀한 작전과 다양한 제3자 루트를 통해 미국으로 밀수되었다. 2차 세계대전 이후에는 특유의 가벼운 스타일로 위스키에 달달한 음료수를 섞어 즐기던 세대의 입맛을 사로잡았다. 그러나 20세기 말에 접어들면서 캐나다 위스키도 다른 위스키들과 마찬가지로 새로운 세대의 취향이 변하자 갈 곳을 잃었다. 2000년대가 되며 화려하게 부활한 켄터키 버번이나 스카치위스키와 달리 캐나다 위스키의 유배는 계속되었다. 캐나다 위스키는 스카치위스키처럼 세련되지도, 버번처럼 흥미롭지도, 일본 위스키처럼 이국적이지도 않았다. 많은 이에게 캐나다 위스키는 '쿨'하지 않았다.

그랬던 캐나다 위스키가 마침내 부활의 물결을 타고 더 강해진 모습으로 돌아왔다. 이 북부의 위스키들이 진열대 구석 자리를 벗어나 귀환한 것은 축하할 만한 일이다. 코비(Corby's), 하이람워커(Hiram Walker), 크라운로열(Crown Royal), 캐나디안클럽(Canadian Club) 등 모두 반가운 이름이다. 캐나다 위스키는 기존의 정체성을 지키면서도 많은 변화를 받아들였고, 그 풍미 또한 풍부해졌다. 이제 캐나다 위스키에 감탄할 준비를 마치고 시음에 나설 때다.

○ 당대 유행하던 전형적인 헤어스타일의 하이람 워커(Hiram Walker).

간략하게 살펴보는 캐나다 위스키의 역사

캐나다는 영국과 프랑스의 불화로 탄생했지만, 증류의 역사는 남쪽의 식민지들과 마찬가지로 럼에서 시작되었다. 당시 캐나다의 식민지 지배자들은 서인도제도 설탕 무역을 복점(複占)하고 있었는데, 추후 영국이 스페인으로부터 자메이카를 빼앗으면서 우위를 점하기 시작했다. 수확된 사탕수수는 동쪽의 해안 지방에서 가공을 거친 후 설탕이 되어 영국과 그 외 지역으로 수출되었다.

미국의 독립전쟁은 미국이라는 국가를 탄생시킨 것은 물론 캐나다의 모습도 바꿔놓았다. 전쟁 이후 영국을 지지하는 왕당파가 캐나다로 피신했기 때문이다. 처음에 이들은 주로 노바스코샤와 뉴브런즈윅에 정착했고, 추후 영국의 지원을 받아 정착촌을 서쪽으로 확대해갔다. 동부에서는 퀘벡을 제외한 모든 주에서 왕당파가 프랑스를 대체하기 시작했다. 1791년, 조지 3세가 퀘벡을 어퍼캐나다와 로어캐나다로 분할했고, 영국계 정착민들은 대거 남쪽으로 이주했다. 캐나다의 곡물 증류가 시작된 것도 이 시기로, 아마도 미국에서 배운 지식을 바탕으로 실행했을 가능성이 높다.

자신의 이름을 딴 맥주 브랜드로도 유명한 토머스 몰슨(Thomas Molson)은 1800년대 초에 증류를 시작했다. 그 후 10년 만에 캐나다의 증류소 수가 네 배 증가했다. 영국 정부가 본토의 상류층에게 위스키를 공급하기 위해 증류소들에 계약 생산을 의뢰한 영향이 컸다. 1840년대에는 캐나다 전역에 증류 면허를 가진 증류소 숫자가 200개를 넘었다. 구더햄(Gooderham)이라는 이름을 지닌 가족이 나타났고, 그들이 운영한 구더햄앤워츠(Gooderham & Worts)는 19세기 캐나다 위스키의 왕좌를 차지하게 되었다.

구더햄앤워츠는 거친 콘위스키 원액에 소량의 라이위스키를 혼합해 석탄가열식 정류기로 위스키를 만드는 정류사업을

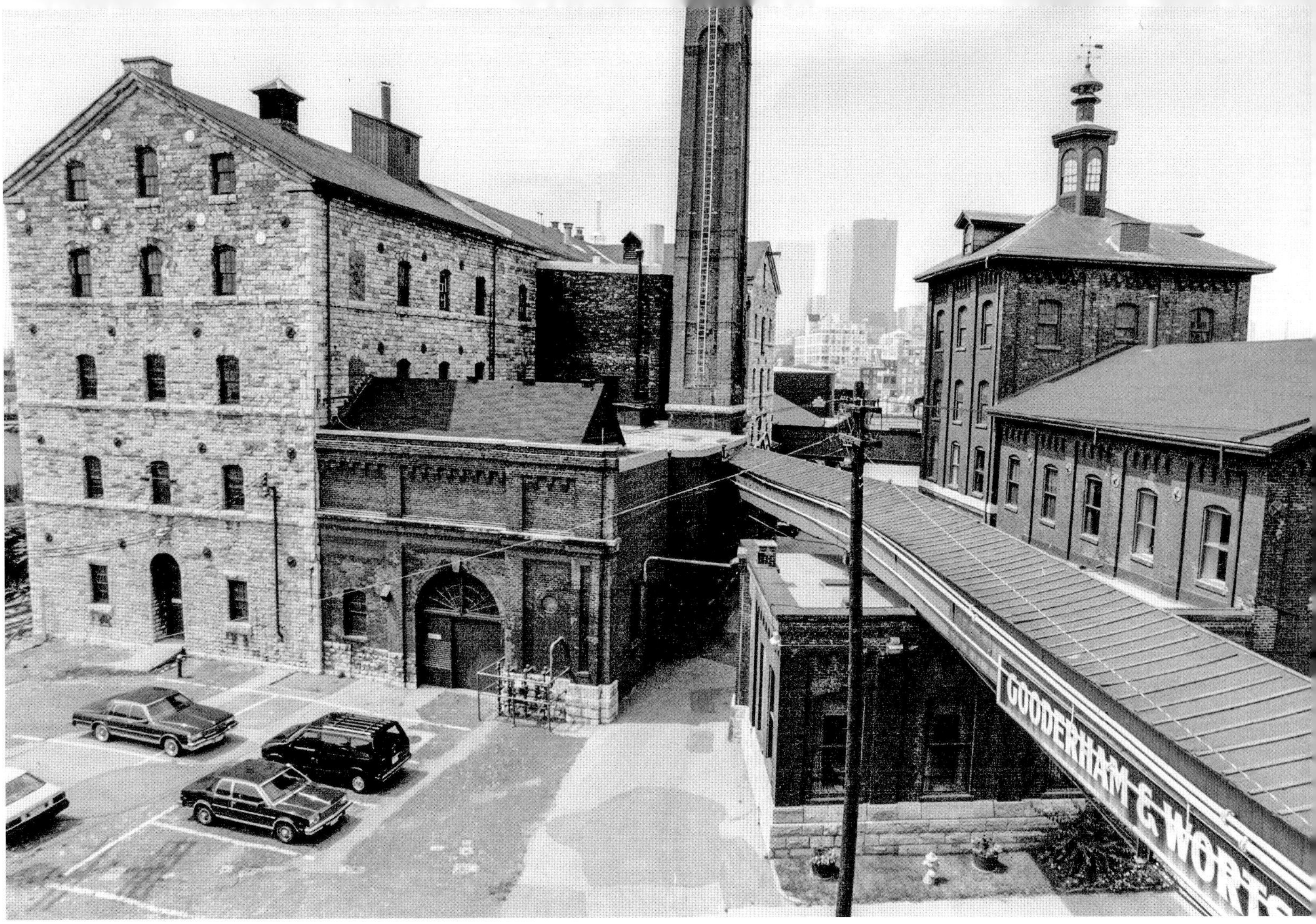

○ 캐나다 온타리오주 토론토의 구더햄앤워츠 증류소.

통해 성공을 거뒀다. 후에 구더햄이 워츠의 지분을 인수했고, 1847년에는 코피 증류기와 유사한 라일리(Riley) 증류기를 설치해 연속식 증류를 시작했다.

1890년, 캐나다 정부는 캐나다 위스키가 스코틀랜드, 아일랜드, 미국의 위스키를 뛰어넘을 수 있는 발판을 닦아주었다. 배럴에서 2년 이상 숙성해야만 위스키로 인정한다는 법안을 통과시킨 것이다. 이는 미국의 보틀드인본드법이 시행된 1897년보다, 순수식품의약품법이 시행된 1906년보다 훨씬 앞선 일이었다. 영국이 위스키의 최소 숙성 기간을 명문화한 것은 1905년이었다. 이렇게 정부가 위스키의 품질 개선에 앞장서며 캐나다 위스키는 도약을 시작했다.

영광을 이끈 주역들

워커빌의 탄생

매사추세츠주 보스턴 외곽에서 태어난 하이람 워커(Hiram Walker)는 식료품 가게를 운영하겠다는 꿈을 안고 1830년 서쪽의 미시건주 디트로이트로 향했다. 그는 자신의 가게에서 식초를 증류하는 것으로 시작해 곧 주변 농부들이 생산한 위스키를 교정해 판매하기도 했다. 그가 쓴 방식은 오랜 전통의 숯 여과였다(보다시피 이 방식은 테네시에서 개발된 게 아니었다). 그런데 얼마 지나지 않아 미국 정부는 증류소 인근에서 위스키를 교정해 판매하는 것을 금지했다. 세금 때문이기도 했지만, 당시 날로 거세지던 절주운동 진영을 달래기 위한 것이었다. 이에 워커는 1854년 강 바로 건너편에 위치한 캐나다 온타리오주의 윈저에 부지를 매입

했고, 곧 사업을 확장해 옮겨갔다.

당시 캐나다 정부는 막 대서부 철도를 개통한 참이었다. 워커는 이 철도가 자신의 사업에 결정적인 변화를 가져오리라는 사실을 직감했다. 워커는 증류소 건립에 그치지 않고 곡물 매매를 계속하며 자신의 부지에 주택을 지어 직원들에게 임대했다. 이 부지가 바로 워커빌(Walkerville)이 되었다. 워커빌에는 현재도 화재 이후 재건된 하이람워커 증류소가 굳건히 서 있다.

워커는 사업을 확장해갔고, 그의 위스키는 캐나다뿐 아니라 디트로이트의 지주와 교양 있는 신사들 사이에서도 인기를 끌었다. 디트로이트는 활기찬 교역 거점에서 더 큰 산업도시로 서서히 성장해가고 있었다. 워커빌의 규모 또한 점점 커져 윈저시의 일부가 되었다. 워커는 자재와 제품 운송을 위해 워커빌로 연결되는 민간 철도를 건설했다. 워커빌에는 교회와 학교들도 들어섰다. 워커는 600여 명의 직원을 고용했고, 고용 조건에 주택 임대가 포함되었다.

어떤 면에서 그는 워커빌 안에서 모든 것을 할 수 있는 자비로운 독재자였다. 당시 북미에서 유행하던 '유토피아' 운동과도 관련지어 생각해볼 수 있다. 현대 기준으로 보면 의아할 수 있겠지만 워커는 거주민의 행동 또한 자신이 규제해야 한다고 생각했고, 이를 위해 고용이나 주거에서 차별정책을 실시하기도 했다.

1860년, 워커의 제국은 성장을 거듭했고 그의 위스키 또한 큰 인기를 누렸다. 그런데 당시 위스키는 아무 표시 없이 배럴에 담겨 식료품점과 술집으로 실려 가 그곳에서 손님들에게 판매되는 게 관행이었다. 캐나다 중서부와 온타리오에서 경쟁이 치열해고 있는 것을 느낀 워커는 특단의 조치를 취하기로 했다. 캐나다와 미국의 신사 전용 클럽에서 자신의 위스키가 사랑받고 있다는 것을 알고, 이를 브랜드화하기로 마음먹은 것이다.

◁ 20세기 초 하이람워커 증류소에서 병입과 라벨 작업 중인 노동자들.

워커는 증류소에서 팔려나가는 모든 배럴의 뚜껑에 '워커 클럽 위스키(Walker Club Whisky)'라고 새긴 도장을 찍었다. 그 후 10년간 '클럽' 위스키의 인기와 그가 구축한 판매 인프라에 힘입어 하이람워커의 위스키는 캐나다 연방뿐 아니라 미국 내에서도 가장 많이 팔린 위스키가 되었다.

이중의 문제

그로부터 얼마 후 발발한 남북전쟁은 미국의 위스키 생산을 초토화했다. 남부의 소규모 증류소들은 폐허가 되었고, 전쟁 중 인력과 운송, 공급이 끊기며 펜실베이니아와 뉴욕 등지에 있던 라이위스키 증류소들도 어려움을 겪었다. 전쟁이 끝날 무렵에는 절주운동이 확산되며 주별로 금주법이 선포되기 시작했다. 1869년 창당한 금주당(Prohibition Party)은 1872년 이후 모든 대통령 선거에 후보를 냈다.

그렇지 않아도 입지를 잃어가고 있던 미국 증류주업체들은 점점 점유율을 높여가는 수입 위스키로 인해 더 궁지에 몰렸다. 캐나다뿐 아니라 아일랜드와 스코틀랜드 위스키의 수입도 늘고 있었다. 직접적인 증거가 남아 있지는 않지만, 1880년경에는 정치세력들이 결집해 정부에 수입 위스키의 원산지를 표기하라고 촉구했다. 늘 최대 시장인 미국에 촉각을 곤두세우고 있던 홍보의 귀재 워커는 위스키의 브랜드명을 '캐나디안클럽(Canadian Club)'으로 바꿨다.

▷ 1900년에 찍은 캐나다 온타리오주 하이람워커 증류소의 숙성고.
▽ 캐나다 온타리오주 디트로이트 강가에 위치한 워커빌.

추천 위스키

구더햄앤워츠 4 그레인 캐나다 위스키
GOODERHAM & WORTS 4 GRAIN CANADIAN WHISKY

마스터 디스틸러 돈 리버모어(Don Livermore)가 기존의 코비를 재해석해 내놓은 작품이다. 옥수수, 밀, 호밀, 보리를 각각 별도로 증류 후 숙성해 블렌딩했다. 전형적인 캐나다 위스키보다 조금 높은 알코올 도수로 근사한 맛을 지녔다.

44.4% ABV

캐나디안클럽 리저브 9년
CANADIAN CLUB RESERVE 9-YEAR

'CC'라고도 불리는 캐나디안클럽은 북미 위스키의 할아버지 격으로, 초기 버전에서 큰 변화 없이 지금까지 온전히 살아남았다. 브랜드 소유권은 빔산토리에 넘어갔으나 생산은 여전히 하이람워커 공장에서 이루어지고 있다. 캐나디안클럽은 블렌디드 캐나디안의 '블렌드'에 중점을 둔 제품이다. 연속식 증류기로 가볍게 증류한 100% 옥수수 원액과 100% 호밀 원액을 베이스로 연속식과 단식 증류기로 증류한 호밀, 호밀 맥아, 보리 맥아 원액을 블렌드해 풍미를 더했다. 새 오크통과 캐나다산 오크 배럴에서 9년 이상 숙성한 이 위스키는 가볍고 프루티하지만 결코 그 맛이 단순하지는 않다. 물론 진저에일과 믹스해 파티 자리에 몰래 들고 가기에도 제격이다.

40% ABV

해치의 군단

20세기 중반 캐나다 위스키 세계에서 결정적인 역할을 했으나 잘 알려지지 않은 인물이 있다. 바로 코비의 유능한 세일즈맨이자 바 운영자였던 해리 해치(Harry Hatch)다. 해치는 추후 시그램 이야기에 등장할 샘 브론프먼(Sam Bronfman)과 마찬가지로 미국의 금주법에서 기회를 포착하고 기발한 계획을 세웠다. 당시 그의 바를 찾는 단골 중 상당수가 어부였는데, 해치는 이들을 포섭해 코비 위스키를 온타리오 호수 건너편 미국으로 싣고 가 판매하는 데 성공했다. 그는 어부들을 설득하기 위해 선박 관련 자금을 대출해주고 밀수 판매업자와 운반책 등으로 구성된 자신만의 '군단'을 구성했다. 추후 그는 코비에서 지분 확보에 실패하고 회사를 나온 후 구더햄앤워츠를 인수했다. 특급 세일즈맨이었던 해치가 그만두자 코비의 매출은 몇 년 만에 곤두박질쳤고, 해치는 후에 캐나다의 4대 증류소인 구더햄앤워츠, J. P. 와이저(J. P. Wiser's), 코비(Corby's), 하이람워커(Hiram Walker)를 모두 인수하는 데 성공했다. 많은 이가 그의 4대 증류소 인수를 캐나다 위스키업계 통합의 시작점으로 꼽는다.

시그램의 시작

시그램 제국의 이야기는 두 부분으로 나눠서 설명할 필요가 있다. 이야기의 1부는 영국 이민자의 아들이었던 조지프 시그램(Joseph Seagram) 본인의 이야기다. 10대 시절 부모님을 잃은 조지프는 그래닛 밀스(Granite Mills)라는 제분 공장에서 사무원으로 일하기 시작했다. 이 제분소에서는 부업으로 작게 위스키 제조도 하고 있었는데, 조지프는 이곳에서 증류 기술을 배웠다. 이곳에서 만들던 위스키는 '콘슈냅스(kornschnapps)'라 불렸는데, 이는 곡물과 기타 풍미용 재료를 증류한 술을 통칭하는 용어였다. 주요 소비층은 독일인들이었는데, 그렇다 보니 사용되는 곡물은 주로 호밀이었다.

조지프는 우여곡절 끝에 회사 내에서 높은 지위에 올랐고,

○ 조지프 시그램.

1877년에는 한 파트너의 지분을 인수하기에 이르렀다. 10년 후에는 단독 소유주가 되어 회사의 이름을 시그램스 워털루 디스틸러리(Seagram's Waterloo Distillery)로 바꾸고, 위스키 사업에만 전념했다. 그의 첫 작품은 콘슈냅스를 재해석해 만든 시그램스 올드 라이(Seagram's Old Rye)였다. 두 번째 작품은 오늘날까지도 판매되고 있는데, 출시 당시에는 시그램스 83(Seagram's 83)로, 현재는 캐나디안 83(Canadian 83)라 불리고 있다. 이 제품은 시그램이 증류부터 숙성, 블렌딩까지 직접 지휘한 첫 위스키였다.

조지프의 아들들도 아버지의 사업을 도왔다. 그중 한 명인 토머스(Thomas)는 1914년 자신의 결혼을 기념하는 의미에서 특별히 잘 숙성된 위스키를 선별해 블렌딩한 제품을 만들었다. 1차 세계대전 발발 직전, 시그램은 이 제품을 시그램스 VO(Seagram's VO)라는 이름으로 시장에 출시했다. 그러나 전쟁으로 인한 각종 제한과 미국의 금주법이 겹치며 시그램의 사업은 수렁에 빠졌고, 가족은 생존을 위해 사업을 다각화해야 했다. 그렇게 샘 브론프먼이 등장하며 시그램 제국 이야기의 2부가 시작된다.

전성기를 이끈 미스터 샘

금주법이 시행된 지 한참이 지나서야 시그램가(家) 아들들은 샘 브론프먼의 디스틸러스 코퍼레이션(Distiller's Corporation Ltd.)과의 합병에 동의했다. 시그램이라는 이름은 그대로 유지한 채 브론프먼은 국경 남쪽의 기회를 엿봤다. 금주법 시행이 길어지며 술을 찾는 미국인이 늘어가고 있었다. 브론프먼은 워털루 증류소에서 생산하는 모든 제품의 생산량을 늘리고 필요한 경우 생산설비를 추가했다. 이것이 추후 출현할 시그램 제국의 첫발이었다.

브론프먼은 캐나다 출신으로, 가장 노련하고 선구적인 사업가로 평가받고 있다. 뿐만 아니라 그는 주류의 생산과 판매에 가장 큰 영향을 준 인물이기도 하다. 브론프먼은 늘 품질을 최우선으로 했다. 그는 휘하에 있던 모든 브랜드와 증류소에 자신만의 유산을 남겼다. 제3자인 '수출상(export house)'을 거쳐서 주류를 판매하는 것도 브론프먼이 고안한 방식이었다. 그의 형 해리 또한 이러한 수출상을 운영했는데, 이들은 시그램에서 받은 술을 국경 너머로 몰래 들여가 미국 내 밀매점과 술집에 공급했다. 브론프먼은 이 방식을 통해 밀수에 대한 직

○ 샘 브론프먼.

○ 압도적인 모습의 뉴욕 시그램 빌딩.

접 관여를 피하면서도 자사의 주류를 판매할 수 있었다. 스코틀랜드의 디스틸러스 컴퍼니(Distiller's Company Limited)와 입이 걸기로 유명한 조지프 케네디(Joseph Kennedy)의 파트너십을 성사한 것도 브론프먼이었다. 당시 스코틀랜드 측은 케네디 가문의 전설적인 수장 조지프 케네디가 사업 파트너로는 너무 거칠고 제멋대로인 인물이라고 생각했지만, 브론프먼이 다리를 놓아 성사된 것이다.

금주법 이후, 워털루 증류소에 막대한 양의 위스키를 비축해둔 브론프먼은 캐나다 위스키의 전성기를 이끌었다. 강렬하고 센 위스키를 좋아했던 대중의 취향이 변화하고 있음을 느낀 그는 연속식으로 증류한 베이스위스키와 풍미가 진한 플레이버위스키를 혼합해 가볍고 프루티한 위스키를 만들었다. 그와 아들 에드가는 적극적인 인수와 사업 확장에 나서기도 했다. 시그램은 메릴랜드주의 캘버트 컴퍼니(Calvert Company)를 인수했다. 인디애나주 로렌스버그에 위치한 로스빌유니언 증류소도 시그램의 소유가 되었다. 현재 우리가 알고 있는 MGP가 바로 이곳이다. 캐나다의 라셀과 김리에도 증류소를 추가로 건설했다.

브론프먼은 엄격한 품질 관리 프로그램을 도입하고 연구개발 부서를 신설했다. 연구개발실에서는 다양한 효모 균주 개발에 집중했고, 이는 시그램이 출시하는 위스키, 진, 보드카, 코디얼 생산의 기초가 되었다. 시그램의 파이브크라운(Five Crown), 세븐크라운(Seven Crown), 로열크라운(Royal Crown)은 금주령 이후 위스키 애주가들의 입맛을 정의했다. 오늘날 우리가 보고 있는 불렛 버번과 포로지스 같은 브랜드들은 그 DNA를 시그램에 빚지고 있다.

브론프먼 부자는 전문적인 영업 인력을 양성하고 이들을 현대적인 기술로 무장시켰다. 시장조사라는 과학적인 기법을 사용한 것도 시그램이 최초였다. 시그램이 20세기 중반 내놓은 광고 또한 화제였다. 유명 운동선수나 영화배우, 유럽의 왕족을 모델로 한 '탁월한 남성(Man of Distinction)' 광고 시리즈는 많은 주목을 받았다. 시그램은 일상생활에서 술과 접촉이 쉬워지고 있다는 대중의 우려를 완화하기 위해 품위 있는 삶과 책임감 있는 음주를 주제로 해 주류 회사 최초로 절주운동을 후원하기도 했다.

시그램 제국은 버번이 생산되는 미국 남부에 진출하는가 하면 스코틀랜드에 진출해 현지에서 생산한 스카치위스키를 수입하고 유통하기도 했다. 기린 맥주와 손잡고 일본 내에서 위스키를 제조하고 유통했으며, 호주 태즈메이니아에도 진출해 윌로브룩(Willowbrook) 증류소를 인수했다. 시그램은 브론프먼 체제하에서 전 세계적인 생산자이자 수입자, 마케터이자 판매자가 되었다.

20세기 내내 시그램의 성장을 이끈 글로벌 인수 전략은 에드가 브론프먼 주니어가 기업 자산 중 큰 부분을 차지하던 듀퐁 지분을 매각해 거대 미디어 기업 MCA를 사들이려고 시도하면서 한계에 다다랐다. 이 일이 벌어지며 주식시장은 시그램의 주가를 하향 조정했다. 그 후 몇 차례의 미디어 기업 인수가 실패로 끝나며 시그램은 코카콜라와 페르노리카(Pernod Ricard), 디아지오(Diageo), 비방디(Vivendi) 등 거대 기업에 모든 자산을 매각하기에 이르렀다(애꿎게도 현재는 비방디 또한 사라졌다). 그 후 길고 고통스러운 추락을 거쳐 시그램 제국은 2000년 파산했다.

미스터 샘의 역작, 크라운로열

놀라운 일이지만 미국에서 크라운로열을 가장 많이 소비하는 곳은 캐나다에서 1,000마일이나 떨어진 텍사스다. 2016년, 크라운로열 노던하베스트 라이(Crown Royal Northern Harvest Rye)가 세계 최고의 위스키로 선정되며 위스키업계를 깜짝 놀라게 했다. 당시 한 병에 29달러 하는 캐나다 위스키가 모두를 앞지른 것이다. 특정 종의 호밀을 95% 사용해 만든 이 위스키는 다른 크라운로열과 같은 방식, 즉 각각의 곡물을 연속 증류기에서 따로 증류하고 숙성한 후 블렌딩하는 방식으로 제조되었다.

크라운로열은 '대기업 위스키'에 대한 무조건적 비판에 좋은 반론이 될 수 있다. 위스키 시장에는 소위 감정가입네 하는 거만한 집단이 주기적으로 나타나 대기업에서 만든 위스키를 폄훼하고 차고에서 외롭게 증류하는 장인들을 추켜세우곤 한다. 그러나 이러한 태도는 사실 터무니없다. 모든 주요 위스키 제조 지역의 블렌딩업체들을 살펴보면 다양한 부문에서 오랜 경험을 갖춘 최고의 인재들이 진두지휘하고 있기 때문이다.

현재까지 이어지는 크라운로열의 유산은 결코 부정할 수 없다. 크라운로열은 누가 뭐라 해도 예나 지금이나 수백만 명이 즐기는 훌륭한 위스키이기 때문이다. 크라운로열의 인기는 앞으로도 오르락내리락할 것이다. 그러나 디아지오는 가끔은 소비자의 요구에 다소 무디게 반응하면서도 샘 브론프먼이 보았으면 흡족했을 방식으로 시그램의 유산을 지켜나가고 있다.

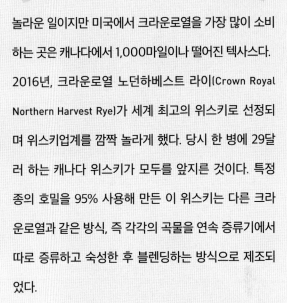

캐나다 위스키란 무엇인가?

잘못 알려진 부분도 있지만, 일단 캐나다 위스키의 정의는 보기에 꽤나 단순하다.

- ◆ 700리터보다 작은 용량의 나무 용기에서 3년 이상 숙성해야 한다.
- ◆ 알코올 도수 40% ABV 이상으로 병입해야 하며, 95% ABV 미만으로 증류해야 한다.
- ◆ 캐나다에서 발효, 증류, 숙성해야 한다.

규정이 세 개뿐이라니 누구나 쉽게 이해할 만큼 명확한 것 같지만, 그렇지 않다. 스카치위스키협회(Scotch Whisky Association, SWA)가 모든 것을 지나치게 세세히 규정하는 스코틀랜드와는 달리, 캐나다에는 캐나다 위스키를 명확히 정의하는 하나의 단일한 문서가 없기 때문이다. 캐나다의 위스키 관련 규정은 연방법, (열 개나 되는 주의) 주법, 식품의약품법, 소비세법 등에 뿔뿔이 흩어져 있다. 그 결과 캐나다 위스키는 위의 세 가지 '해야 한다' 조항 외에 아래의 '할 수 있다' 조항에도 영향을 받는다.

- ◇ 캐러멜 색소를 첨가할 수 있다.
- ◇ 위스키 외 다른 주종을 9.09%까지 혼합할 수 있다('9.09 규정').
- ◇ 맥아 제조 시 효소를 사용할 수 있다.
- ◇ 발효를 돕기 위해 효모 외에 다른 미생물을 첨가할 수 있다.

9.09 규정(또는 '1/11 규정')에 대해서는 짚고 넘어갈 필요가 있다. 위스키 애호가들에게 이 규정은 마치 넥타이에 묻은 겨자 얼룩처럼 불쾌하고 신경 쓰인다. 이 규정 때문에 위스키 애호가들은 캐나다 위스키를 기피하기도 했다. 포티크릭(Forty Creek)의 마스터 블렌더 빌 애슈번(Bill Ashburn)은 이 규정에 대해 다음과 같이 말한다. "이것은 캐나다의 큰 실수였습니다. 1980년대와 1990년대 일부 증류주업체는 원가를 낮추기 위해 이상한 주종을 섞기도 했습니다. 그중 하나가 시트러스 즙을 짜고 남은 찌꺼기로 만든 시트러스 와인이었죠. 미국 국세청의 주류·담배·조세·상거래국(TTB)에서는 이 술을 와인으로 분류합니다." 시트러스 와인이 들어가면서 와인 용어와 셰리 용어가 함께 쓰였고, 캐나다 업체들이 위스키에 셰리를 섞는다는 오해가 탄생했다.

애꿎게도 9.09 규정은 미국의 세법 때문에 생겨났다. 당시 미국은 자국 내에서 판매하는 수입 증류주 제품에 미국산 증류주가 일부 포함된 경우 세금 감면 혜택을 주었다. 저가 위스키를 대량생산하는 기업들로서는 이 규정을 활용하는 것이 합리적이었다. 동일 제품이라도 캐나다나 다른 세계 소비자를 대상으로 한 위스키에는 첨가물을 넣지 않기도 했다. 반면 소량생산하는 프리미엄 위스키의 경우 이 규정을 활용하지 않았다. 그들의 생산 수준에서 공정을 변경하는 것은 경제적으로 크게 타당성이 없었기 때문이다. 이렇듯 9.09 규정이 모든 위스키에 적용되지는 않았음에도, 규정을 둘러싼 오해는 캐나다 위스키를 '갈색 보드카'라고 폄하하는 이들로 인해 오늘날까지 이어지고 있다.

페르노리카,
하이람워커의 유산을 지키다

캐나다 위스키 부활의 일등 공신이 누군지 묻는다면 아마도 정답은 포티크릭일 것이다. 포티크릭을 설립한 존 홀(John Hall)이 2000년대 초 내놓은 첫 작품들은 위스키업계를 깜짝 놀라게 했다. 그러나 캐나다 위스키의 유산을 미래로 이어갈 기업이 어딘지 묻는다면, 그것은 의외로 프랑스의 페르노리카일 가능성이 높다.

사실 위스키업계의 국제적 대기업을 비난하는 것은 매우 쉬운 일이다. 이익에 눈이 멀어 어리석은 일을 벌이곤 하는 이러한 기업들의 행태는 비난받아 마땅한 경우도 많다. 그러나 그렇지 않은 기업도 있다. 페르노리카가 대표적이다. 페르노리카는 아니스 향이 나는 유백색 리큐어 파스티스(pastis)를 만든 회사다. 꽤나 독특한 배경을 지닌 페르노리카는 이러한 유산을 바탕으로 위스키 브랜드들의 미래를 더 잘 이끌고 이어가기 위해 노력하고 있다.

페르노리카는 스코틀랜드의 존경받는 브랜드인 글렌리벳과 아벨라워(Aberlour), 시바스브러더스(Chivas Brothers)의 관리인 역할을 맡고 있다. 아일랜드에서는 1980년대 위스키 시장에서 사라질 위기에 처했던 제임슨(Jameson)의 레시피를 과감하게 손봄으로써 살려냈다. 그 변화를 아쉬워하는 이도 있었으나, 제임슨은 크게 주목받지 못하던 포트스틸위스키에서 전 세계를 정복한 블렌디드위스키로 다시 태어났다.

캐나다 온타리오주 윈저에 위치한 페르노리카의 하이람워커 증류소는 디트로이트강을 사이에 두고 서서히 부활 중인 디트로이트 도심의 옛 GM 센터와 마주보고 있다. 거대한 하이람워커 증류소에서 생산된 위스키는 20세기 중반 전후 호황기 때 3대 자동차 기업의 임원실과 직원들의 거실을 채웠다. 그러나 전성기를 구가하던 하이람워커는 소비자들의 취향 변화, 경쟁 제품의 품질 향상 그리고 그에 대한 무력한 대응으로 인해 한순간에 추락하고 말았다. 다행히 지금은 공정 개선과 외부 투자 그리고 큰 실패를 경험한 자만이 얻을 수 있는 겸허함으로 서서히 예전의 명성을 되찾고 있다.

현재 하이람워커 증류소에서는 코비스피릿앤와인(Corby Spirit and Wine Limited)의 제품들과 구더햄앤워츠, 로트40, J. P. 와이저를 포함한 많은 위스키 제품을 생산하고 있다. 모두 캐나다 위스키의 과거와 미래를 한 조각씩 맡고 있는 브랜드이며, 페르노리카가 폐쇄된 하이람워커 증류소를 인수하며 부활시킨 위스키들이기도 하다. 페르노리카는 인수와 함께 각 브랜드의 레시피, 관련 실험 기록, 경우에 따라서는 이미 사라진 브랜드의 블렌딩 샘플까지 물려받았다. 그리고 지금은 현대적인 공정과 첨단기술, 뛰어난 인재를 활용해 이러한 제품들을 현대화해 선보이고 있다.

○ 캐나다 온타리오주 하이람워커 증류소.

로트 40

로트 40(Lot 40)은 은퇴한 증류업자 마이크 부스(Mike Booth)의 가족이 소유했던 부지(lot)의 번호에서 따온 이름이다. 온타리오주 북부에 위치한 이 부지 위에 가족의 첫 증류소가 건립되었다. 로트 40의 전통적인 레시피는 7대를 거슬러 올라가지만, 현재 판매 중인 제품의 레시피는 1990년대 말 부스와 하이람워커가 함께 개발했다. 처음에 이 제품은 캐나다 방식에 따라 호밀 맥아와 생호밀을 혼합해 제조했다. 호밀은 캐나다 위스키의 DNA에 스민 작물이라 해도 과언이 아니다. 모래가 많은 토양에서도 잘 자라는 데다, 온타리오 인근에서 무수히 재배하는 담배의 피복작물로도 인기가 많았기 때문이다.

증류는 언제나 두 단계로 이루어진다. 1단계는 연속식 증류기를 이용한 이중 증류다. 하이람워커, 로트 40, J. P. 와이저, 구더햄앤워츠 브랜드를 총괄하는 마스터 블렌더 돈 리버모어(Don Livermore)는 증류액에서 모든 불필요한 향미 분자와 오염 요소를 제거해야 한다는 신념을 지니고 있다. 이는 단식 증류로는 불가능하며 오직 연속식 증류를 통해서만 얻을 수 있다. 제조 과정에서 단식 증류기를 쓰는 경우도 있지만, 이는 일차적으로 연속 증류를 마친 후 원하는 풍미를 만들고 위스키의 틀을 잡는 용도로만 활용한다. 리버모어는 배럴 숙성 5~8년 차에 갑자기 예상치 못한 풍미가 나타나는 것을 원치 않는다.

로트 40이 큰 인기를 끌고 있는 것은 몰팅하지 않은 호밀로만 만들기 때문이다. 페르노리카는 로트 40 브랜드 인수 후 풍미 측면에서 과감한 변화를 시도했다. 무엇보다 숙성 용기를 버번 배럴에서 버진 아메리칸 오크로 업그레이드했다. 이 숙성 방식의 변화로 호밀의 강한 스파이시함이 따뜻한 바닐린과 락톤을 만나 한결 부드러워졌다. 하이람워커는 브랜드별로 원하는 풍미에 따라 새 오크통을 사용하기도 하고 중고 오크통을 사용하기도 한다. "캐나다 위스키의 특징은 풍미를 분리한 다음 다시 블렌딩하는 것입니다. 가장 큰 혁신성이 발휘될 수 있는 부분이죠." 리버모어의 말이다.

추천 위스키

로트 40 100% 라이 캐나다 위스키
LOT 40 100% RYE CANADIAN WHISKY

100% 호밀 위스키도 다루는 솜씨에 따라 스파이시한 빵 냄새 이면에 사탕과 후추, 건초와 어우러지는 다양한 과일 풍미를 낼 수 있다는 사실을 보여주는 제품이다. 풍부한 풍미를 잃지 않으면서도 혀에 느껴지는 가벼움으로 위스키 입문자와 평소 라이위스키를 마시지 않는 이들을 자연스럽게 끌어들인다. 바로 클래식 반열에 오르기에 손색없는 제품이다.

43% ABV

○ 캐나다 온타리오주 윈저에 위치한 하이람워커 증류소의 마스터 블렌더 돈 리버모어.

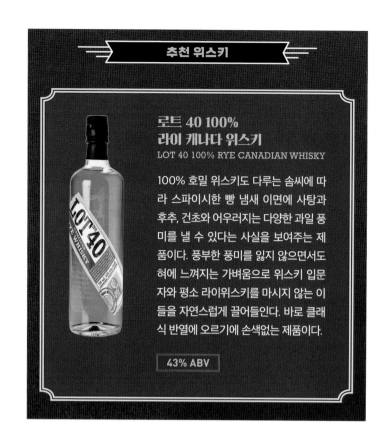

J. P. 와이저

J. P. 와이저의 18년 숙성 위스키는 캐나다 위스키에 대한 인상을 영원히 바꿔놓을 만한 제품이다. J. P. 와이저(J.P. Wiser)는 뉴욕 출신의 미국인으로, 가장 오래된 연속 증류식 캐나다 위스키를 만든 인물이다. 와이저 증류소는 1857년에 설립되었는데, 20세기에 접어들 무렵에는 하이람워커와 구더햄앤워츠에 이어 캐나다에서 세 번째로 큰 위스키 생산자가 되었다. 1919년 와이저 증류소는 코비에 인수되었고, 금주법이 끝날 무렵 코비는 하이람워커에 인수되었다. 그러다 2005년 페르노리카가 세 기업의 권리를 모두 사들였고, 이 제품들은 현재 모두 온타리오주 윈저의 하이람워커 증류소에서 생산되고 있다. 구더햄앤워츠의 경우와 마찬가지로 다시 태어난 와이저의 위스키에도 리버모어의 흔적이 뚜렷하다. 윈저에서만 구할 수 있는 증류소 한정판 제품 중에는 와이저스 디서테이션(Wiser's Dissertation)이라는 제품이 있는데, 이는 리버모어가 위스키의 형태로 제출한 학위논문(dissertation)이나 다름없다.

리버모어는 다음과 같은 말을 하기도 했다. "블렌딩은 교향곡 지휘와 비슷합니다. 좋은 지휘자라면 가능한 한 많은 악기를 쓰고 싶어 하는 게 당연하죠."

추천 위스키

J. P. 와이저 18년

WISER'S 18 YEAR

폭풍 같은 풍미가 후각과 미각을 강렬하고도 감미롭게 감싼다. 그러나 이 제품의 지속적인 인기 요인은 길고 긴 여운이다. 폭탄같이 터지는 강렬한 과일 풍미를 감싸는 오크 향과 후추 향은 고성능 레이싱 카 곁을 떠나지 못하고 맴도는 10대 청소년처럼 입안을 맴돈다. 합리적인 가격으로 18년 숙성 위스키를 맛볼 수 있다는 점에서 가성비 또한 뛰어나다.

40% ABV

○ 캐나다 온타리오주 윈저 하이람워커 증류소에 있는 J. P. 와이저와 로트 40의 발효 탱크.

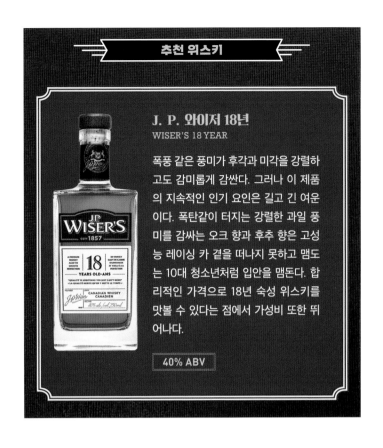

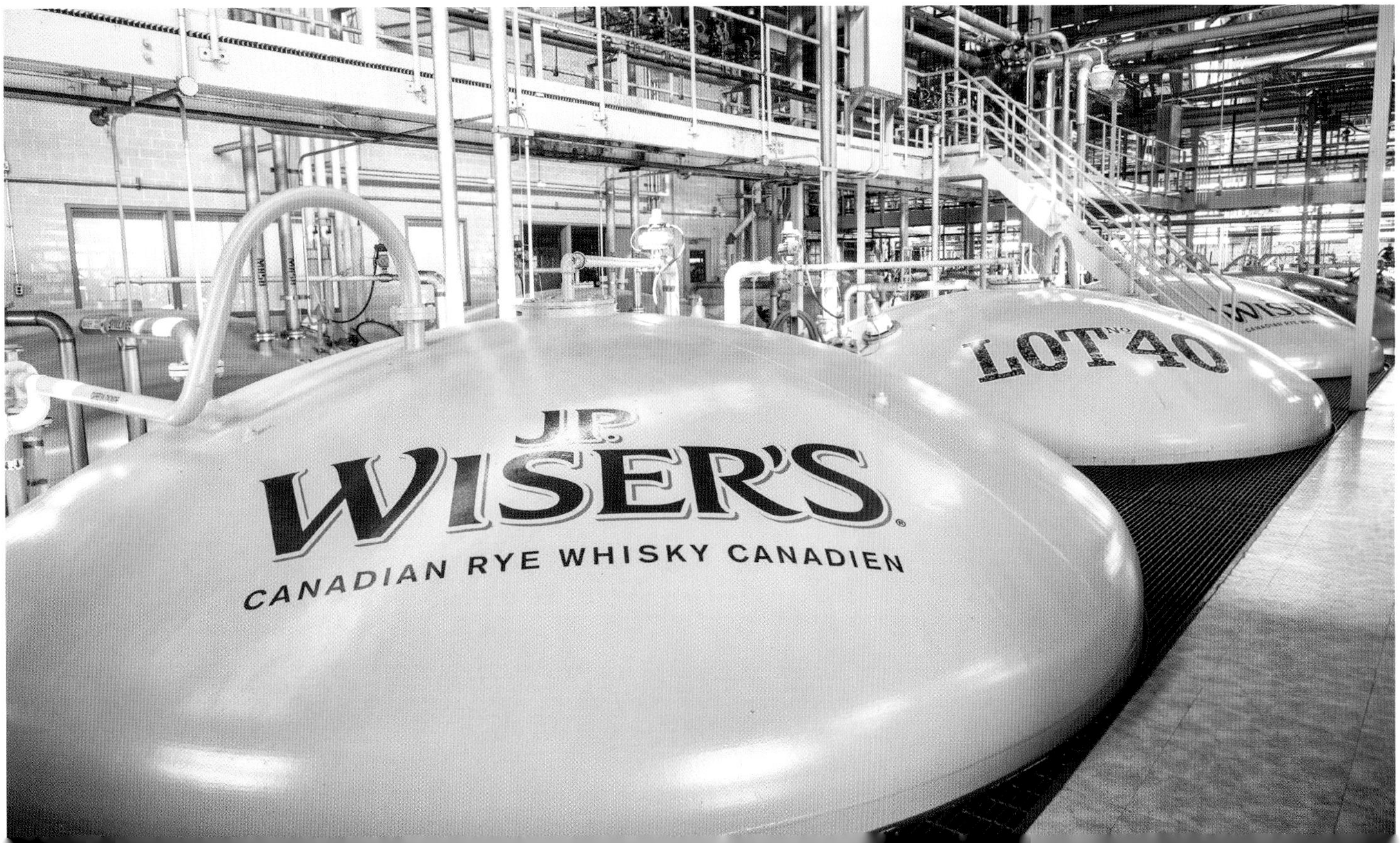

위스키 라벨 읽기

리저브Reserve ▶
마케팅 용어.
일정 기간 이상
숙성했음을 의미한다.

◀ **블랙벨벳**Black Velvet
등록된 상표명.

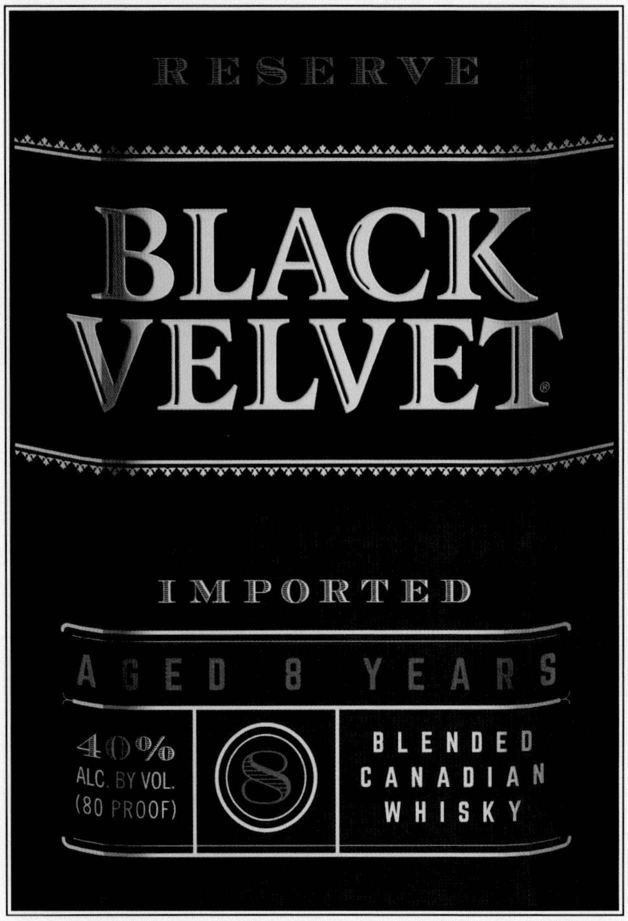

◀ **수입**Imported
캐나다 이외의 시장에
필수 표기.

8년 숙성 ▶
Aged 8 years
블렌딩한 원액 중
가장 숙성 햇수가
짧은 것이
8년이라는 의미다.

◀ **8년 숙성(숫자 '8')**
Aged 8 years(number 8)
이 스타일의 제품에
고숙성 위스키를 쓴 것이
특별하다는 점을 강조한다.

▲
블렌디드 캐나다 위스키 Blended Canadian Whisky
캐나다 스타일로 블렌딩했다는 법적 보증.

위스키 상식

2017년 미국에서 9리터 상자(12병들이) 기준으로 캐나다 위스키 1,750만 상자가 판매되었다. 이는 20억 달러에 가까운 수익 창출이었다.
(출처: 미국증류주협회)

캐나다 법과 블렌딩

캐나다에서는 법적으로 '캐나다 위스키(Canadian Whisky)', '캐나디안라이위스키(Canadian Rye Whisky)', '라이위스키(Rye Whisky)'를 같은 의미로 사용할 수 있다. 거의 모든 캐나다 위스키는 아래 두 가지 요소를 혼합해 만든다.

- ◆ 가벼운 풍미의 베이스위스키(base whisky)
- ◆ 묵직한 풍미의 플레이버위스키(flavoring whisky)

가벼운 베이스위스키의 매시빌(곡물 배합)을 보면 대개 옥수수 100%이며, 보드카와 비슷한 방식으로 생산된다. 여기서 캐나다 위스키에 대한 오해가 발생한다. 가벼운 풍미의 위스키는 일반적으로 더 높은 도수로 증류한다. 곡물 풍미가 남아 있는 증류주와 재료 풍미가 거의 없는 보드카 등 중성 증류주를 나누는 기준인 94.8% 선에 더 가까워서 오해를 사지만, 하이람 워커, 김리, 포티크릭 등은 그렇게까지 높은 도수로 증류하지 않는다. 그러나 베이스위스키의 증류 도수가 다른 지역에 비해 높다는 사실은 캐나다 위스키가 '맛이 없다'는 오해를 낳았다.

블렌딩할 때 소량으로 사용하는 플레이버위스키의 매시빌은 대개 호밀의 비중이 높고, 100%를 차지하는 경우도 많다.

- ◆ 호밀은 몰팅해 사용하기도 하는데, 이것은 한때 독특한 방식에 속했다. 때로 베이스위스키('버번 같은' 위스키)와 플레이버위스키(라이위스키)의 블렌딩을 플레이버위스키로 쓰는 경우도 있다.

다음은 캐나다 위스키에서 풍미를 내는 데 중요한 역할을 하는 네 가지 곡물이다.

- ◆ 옥수수: 단맛
- ◆ 호밀: 스파이시함
- ◆ 밀: 빵 같은 구수함
- ◆ 보리: 견과류 느낌

캐나다 위스키의 배럴 숙성 관리

캐나다 증류소들은 켄터키보다는 스코틀랜드나 아일랜드에 가까운 전략적인 방식으로 배럴을 활용한다. 숙성에 새 오크통을 활용하는 경우는 드문데, 바닐린과 리그닌이 지나쳐 위스키의 가벼운 풍미를 압도할 수도 있기 때문이다. 배럴 선택은 대개 만들고자 하는 위스키의 종류에 따라 결정한다. 증류업체들은 이를테면 퍼스트필(first fill)이 포스필(fourth fill)보다 더 강렬하다는 점 등을 고려해 위스키 원액을 배럴에 주입하기 전에 배럴 활용 방안을 미리 계획한다.

배럴 채우기

배럴 중 대부분은 버번을 숙성했던 배럴이다. 배럴을 한 번 채우고 비우는 것을 세는 단위가 '필(fill)'이다. 필의 횟수는 배럴이 일차적으로 버번이나 셰리, 포트와인, 와인 등을 숙성하며 시즈닝되었다는 가정하에 세기 시작한다.

퍼스트필(first fill) 앞서 담겼던 술의 영향을 가장 강하게 받으며, 배럴 자체의 풍미 또한 상당량 흡수한다.

세컨드필(second fill) 퍼스트필과 유사하나 그 영향이 조금 덜하다. 캐러멜 풍미를 내는 퓨란과 달콤한 크림과 커스터드 풍미를 내는 바닐린이 가장 먼저 약화된다.

서드필(third fill) 관련 풍미가 세컨드필보다 더 약해지며, 배럴의 수밀성을 확인해야 하는 단계다.

포스필, 피프스필(fourth and fifth fills) 배럴 풍미가 빠르게 중성에 가까워지지만 견과류 풍미를 내는 락톤은 희미하게 남아 있다. 이 단계에서는 배럴의 내부를 긁어내고 다시 태워 달콤한 풍미를 만드는 식으로 되살리기도 한다.

식스스필(sixth fill) 배럴이 사실상 아무런 풍미를 내지 않는 단계로, 위스키의 추가적인 숙성을 막기 위한 용도로 사용하기도 한다. 서로 다른 배럴에 담겨 있던 위스키 원액들을 블렌딩하기 전에 서로 결합하는 '매링(marrying)' 캐스크로도 쓰인다.

○ 하이람워커 증류소에서 지난 100년간 생산된 다양한 브랜드의 위스키들.

DIAN WHISKY
TION OF
RAFTSMANSHIP
HIRAM WALKER
AMERICAN WHISKEY
A BLEND
of 100% selected whiskies blended and bottled
under U.S. Government supervision by
HIRAM WALKER & SONS, INC.
BOURB
STRAIGHT BOURBON
Distilled b
Gooderham
Old Fashione
FULL STRENGTH COCKTAIL
THE DISTILLED SPIRITS IN THIS COCKTAIL IS BLENDED WH
MADE BY HIRAM WALKER & SONS, INC., PEORIA, ILLINOIS
HIRAM WALKER'S
EST'D 1858
TEN
Straight Bourbon Whiskey
Distilled by Hiram Walker & Sons Inc. Peoria, Illinois
HIGH
STRAIGHT BOURBON WHISKEY
86 PROOF
J.P. WISER'S
RED LETTER
CANADIAN WHISKY CANADIEN
SINCE 1857 DEPUIS
PRESCOTT, ONTARIO, CANADA
750 mL
CANADA'S
SPECIAL
OLD
G&W
VE STAR
kill acquired in G&W's more
00 years experience is reflected
mellow, full flavored blend.
BLENDED AND BOTTLED FOR
HAM & WORTS LIMITED - PEORIA, ILL.
OCIATED DISTILLERS INC. - PEORIA, ILL.
Blended Whiskey
86 PROOF
raight whiskies in this product are
BOTTLED IN BOND
Old
Patriot
BOURBON
PROOF
Gooderham & Wor
DRY
MARTINI
COCKTAIL
THE PERFECT READY-TO-SERVE COCKTAIL. MADE FROM A
WORLD-RENOWNED FORMULA. JUST ICE AND SERVE IN COCKTAIL
GLASS WITH OLIVE, PRESERVED ONION OR TWIST OF LEMON PEEL.
Prepared and Bottled by
Gooderham & Wor
Nº 40
ADIAN
WHISKY
750 mL | 43% alc./vol.
CANADIAN WHISKY | PRODUCT OF CANADA
MADE WITH POT STILL RYE
ORIGINATED IN
William
Penn
Blended Whiskey
TRADITIONALLY A FINE, MELLOW
WHISKEY OF LIGHT BODY
AND FULL FLAVOR
Wights
SHERBROOK
REG. U.S. PAT. OFF.
Maryland
Straight Rye
Whiskey
DISTILLED BY
The Frank L. Wight Distilling Co.
LORELEY, MARYLAND
MARYLAND'S MOST FAMOUS RYE WHISKEY SINCE 1868
G&W
EST'D
1832
Royal Scot
Four 4 Years Old
Grand
BLENDED
HIRAM WALK
PEORIA, ILLINOIS
SENAT
CORBY
Master
Blended Whis
SINCE 1859
BLENDED AND BOTTLED BY
JAS. BARCLAY & COMPANY
Hiram Walker's
MANHATTAN
Cocktail
GOODERHAM
&
WORTS
Old Rye

너의 낙원, 포티크릭

2000년대 중반 포티크릭의 데뷔작에 놀란 전 세계 위스키 애호가들은 일제히 북쪽을 바라보며 고개를 갸우뚱 기울였다. 모두가 깜짝 놀라며 외친 말은 "캐나다라고?"였다. 당시까지 무명이었던 와인 생산자 존 홀의 이름은 갑자기 유명세를 탔고, 그가 이끄는 포티크릭은 캐나다에 주목해야 할 이유를 보여주는 신호탄이 되었다. 포티크릭의 위스키는 캐나다가 아닌 세계 시장에서 경쟁할 제품이었다.

○ 캐나다 온타리오주 그림스비 포티크릭 증류소의 마스터 블렌더 빌 애슈번.

포티크릭의 시작은 위스키가 아닌 와인과 관련 있었다. 홀은 캐나다의 성공적인 와인 생산자로 큰 회사를 매각한 참이었다. 그러던 어느 날 오토 리에더(Otto Rieder)에게서 온타리오주 그림스비의 작은 증류소를 살펴보고 사업성을 판단해달라는 요청을 받았다. 리에더는 이 증류소에서 취미 수준으로 오드비와 브랜디를 만들고 있었는데, 20년째 한 번도 흑자를 낸 적이 없었다. 홀은 그렇게 방문한 증류소에서 마스터 디스틸러로 일하고 있던 빌 애슈번을 만났다. 그는 리에더가 풍미와 제품 개발을 위해 블렌더로 채용한 인물이었다. 방문 후 홀은 이 증류소를 매입했고 키틀링리지(Kittling Ridge)라는 새로운 이름을 붙였다. 그리고 애슈번에게 이렇게 제안했다. "위스키와 와인을 동시에 생산하되, 소비자들이 원할 만한 위스키가 나오기 전까지는 와인을 판매하는 것이 어떨까요?"

위스키가 인기를 잃으며 다른 증류소들이 속속 문을 닫고 있던 1990년대, 홀과 애슈번은 언젠가 시장이 되살아나리라는 믿음을 가지고 자신들이 개발한 위스키를 배럴에 담아 차곡차곡 쌓아갔다. 1999년 홀은 증류소의 이름을 포티크릭으로 바꿨다. 첫해는 그야말로 재정적으로 대실패였다. 그러나 애슈번이 생산을 담당하고 홀이 1년에 200일을 동분서주하며 브랜드 홍보에 힘쓴 결과, 포티크릭은 25~35%의 성장을 달성하며 2014년 캄파리(Campari)에 성공적으로 매각되었다. 캐나다가 정하는 최소 숙성 기간은 3년이었지만, 홀은 최대 10년까지 숙성한 제품들을 내놓았다. 와인 생산에 조예가 깊었던 홀과 애슈번은 와인 생산 기법을 위스키 생산에 적용했다. 곡물을 각각 개별적으로 매싱하고 증류와 숙성을 거쳐 블렌딩하는 이 기술은 캐나다에서는 꽤 흔했지만, 다른 국가에는 잘 알려지지 않았다. 포티크릭은 각각의 원액을 숙성할 때 굽기 정도가 다른 배럴을 사용해 곡물 특유의 풍미를 강조하고 배럴에 압도되지 않도록 세심하게 신경 썼다.

이 마지막 부분은 캐나다 위스키를 이해하기 위한 핵심이기도 하다. 애슈번은 "제게 매시빌은 전혀 중요한 요소가 아닙니다."라는 말로 정리했다(하이람워커의 돈 리버모어가 한 말과도 일맥상통하는 부분이다).

새로운 바람

시그램과 하이람워커가 19세기와 20세기를 지배했다면, 지금은 중견 업체나 속속 생겨난 신생 업체들이 마침내 '빅보이'들에게 도전장을 내밀고 있다.

앨버타 디스틸러스

위스키 붐이 한창이던 1946년 캐나다 로키 지역에서 문을 연 앨버타 디스틸러스(Alberta Distillers)는 오늘날의 크래프트 증류소가 들으면 부러워할 만한 탄생 배경을 가지고 있다. 당시 앨버타 주정부는 경제 활성화를 위해 보조금을 지급하고 있었는데, 두 명의 진취적인 사업가가 여기서 기회를 포착한 것이다. 앨버타 디스틸러스는 미국 위스키 애호가들에게는 휘슬피그라이 생산에 사용되는 위스키 원액 공급처로 꽤 친숙할 수도 있다. 이곳에서는 훌륭한 100% 라이위스키도 생산하지만, 아쉽게도 캐나다 국경 너머에서는 맛을 보기가 쉽지 않다. 캐나다의 위스키 전문 작가 데빈 드 커고모(Davin de Kergommeaux)는 앨버타 디스틸러스가 "세계 최고의 호밀 증류소인 게 거의 확실하다"고 주장한다. 앨버타 디스틸러스는 곡물을 공급하는 현지 농부들과 돈독한 관계를 유지해오고 있으며, "농장 노동자에게 좋은 가격에 좋은 위스키를 공급하는 것은 당연한 일"이라는 철학을 바탕으로 일하고 있다.

앨버타 디스틸러스의 제품 중 가장 잘 알려진 것은 아마 윈저캐나디안(Windsor Canadian)일 것이다. 윈저캐나디안은 1960년 내셔널 디스틸러스(National Distillers)라는 미국 회사에서 앨버타의 원액으로 내놓은 제품이었는데, 이 제품이 큰 성공을 거두며 내셔널 디스틸러스는 앨버타 디스틸러스를 인수했다. 많은 이가 은근히 무시하는 캐나다 위스키 중 하나지만, 현재까지도 미국에서 가장 인기 있는 위스키로 남아 있다. 한편 앨버타 디스틸러스는 현재 빔산토리 소속이며, 여기서 생산된 원액은 짐빔의 켄터키 시설로 운송되어 병입된 후 미국에서 유통된다.

캐나디안미스트 증류소

소유와 운영의 연속성으로 따지자면, 캐나디안미스트 증류소(Canadian Mist Distillery)는 캐나다에서 가장 오래된 증류소다. 1960년대에 켄터키의 바튼브랜즈(Barton Brands)가 설립했으며, 1971년에는 브라운포먼(Brown-Forman)이 인수했다. 브라운포먼은 잭대니얼스 브랜드 또한 소유하고 있는데, 그 배럴 관리와 숙성 노하우를 캐나디안미스트에도 활용해 좋은 숙성 제품이 나오고 있다. 캐나디안미스트 증류소는 북미 최대의 담수 저수지인 조지아만에 접해 있으며, 화강암의 영향이 강한 조지아만의 물을 증류소의 모든 공정에 사용하고 있다.

추천 위스키

포티크릭 코퍼 포트 리저브
FORTY CREEK COPPER POT RESERVE

새 오크통 위주로 숙성한 제품으로, 구리 단식 증류기에서 개별 증류한 곡물 원액을 맞춤형 토스팅 배럴로 개별 숙성한 후 블렌딩했다. 코를 스치는 강렬한 메이플과 달콤한 바닐라, 옥수수 향에 이어 굵직하면서도 풍성한 풍미가 입안을 부드럽게 감싼다.

43% ABV

앨버타 프리미엄
ALBERTA PREMIUM

비교적 저렴한 가격에 프리미엄급 라이위스키를 즐길 수 있다는 사실은 앞으로 캐나다 위스키가 끌게 될 인기 요인 중 하나다. 100% 캐나다산 호밀로 만들었으며, 호밀의 스파이시함을 보이면서도 입안에서는 가벼운 맛을 유지하도록 최소 5년 이상 숙성했다. 후추의 톡 쏘는 느낌을 잡아주는 바닐라 향이 특별한 가치를 선사한다.

40% ABV

위스키 상식

버번은 일반적으로 62.5% ABV로 배럴에 주입하는 데 비해 캐나다 위스키는 그보다 높은 70% ABV로 주입한다.

가장 잘 알려진 제품은 1980년대 미국에서 가장 인기 있었던 캐나디안미스트(Canadian Mist)라는 블렌디드위스키다. 옥수수와 호밀, 보리 맥아를 원료로 한 이 제품은 다른 캐나다 위스키와 마찬가지로 두 번의 연속 증류와 한 번의 단식 증류, 총 세 차례의 증류를 거쳐 완성된다.

노바스코샤의 글렌노라 디스틸러스

'새로운 스코틀랜드'라는 의미의 노바스코샤는 캐나다 초기 역사에서 스코틀랜드인들이 최초로 정착한 지역이다. 글렌노라 디스틸러스(Glenora Distillers)는 노바스코샤의 케이프브레턴 섬에서 캐나다 증류소로서는 흔치 않게 싱글몰트위스키만을 전문으로 생산한다. 브루스 자딘(Bruce Jardin)이 처음 증류소를 설립했을 때는 '글렌'이라는 단어를 사용하지 말라며 스카치위스키협회가 문제를 제기하기도 했다. 결국 소송 끝에 자딘은 '글렌노라'라는 이름을 사용할 권리를 인정받았다. 글렌노라는 100% 캐나다산 싱글몰트위스키로, 라벨에는 '스카치'라는 단어가 전혀 등장하지 않는다. 미국에서 크래프트 위스키 붐이 일기 한참 전인 1990년에 생산을 시작했으니 사실 글렌노라는 북미 최초의 싱글몰트위스키이기도 하다. 안타깝게도 자딘은 첫 제품이 시장에 출시되기 전인 1999년 세상을 떠났다.

울프헤드 증류소

울프헤드 증류소(Wolfhead Distillery)는 가족이 운영하는 소규모 증류소로, 캐나다에서 유일하게 증류소 내에 레스토랑과 매장을 갖춘 곳이다. 미국에서는 이런 형태의 증류소가 흔하지만, 온타리오에서는 찾아보기 힘들다. 소유주인 톰 맨허츠(Tom Manherz)는 자체 생산한 위스키가 배럴에서 숙성되는 동안, 3년 숙성 캐나다 위스키 원액을 구입해 병입 판매하는 사업과 계약 증류 사업을 먼저 시작했다. 블렌딩에 중점을 둔 울프헤드는 커피 리큐어 위스키나 애플 캐러멜 위스키 등 증류소 매장에서 판매할 수 있는 다른 제품들도 개발한 바 있다.

스틸워터스 증류소

"저희의 첫 위스키는 싱글몰트였습니다." 2009년 토론토 외곽에서 친구인 배리 스타인(Barry Stein)과 함께 스틸워터스 증류소(Still Waters Distillery)를 연 배리 번스타인(Barry Bernstein)의 말이다. 당시는 미국에서 증류소가 폭발적으로 증가하던 시기였다. 어떤 위스키를 만들까 고민하며 미국의 사례를 참고해도 완벽한 모델을 찾을 수 없었던 둘은 그냥 자신들이 좋아하는 싱글몰트를 만들기로 했다. 번스타인은 당시의 결정에 대해 이렇게 덧붙였다. "저희는 캐나다인이니까 캐나다식으로 가보자고 했죠." 그렇게 두 친구는 옥수수와 호밀, 밀 증류를 시작했고, 이는 수상 경력에 빛나는 스틸워터스의 대표작 스토크앤배럴 레드 블렌드(Stalk & Barrel Red Blend)와 블루 블렌드(Blue Blend)의 탄생으로 이어졌다.

증류소 설립 초기에 포티크릭의 존 홀이 이들과 잠시 함께했다는 점도 행운이었다. 이제 10년 차에 접어든 스틸워터스의 성공에 영감을 받아 온타리오주에는 40~50개에 이르는 소규모 증류소가 생겨났다.

캐나다에도 금주법이?

과거 캐나다에서도 지역 차원의 금주운동이 전개되었다. 법률로까지 제정되었지만 얼마 지나지 않아 대부분 주에서 폐지되었다. 금주법이 지속되었던 기간은 1년(퀘벡주, 1918~1919년)에서 13년(노바스코샤주, 1916~1929년)까지 다양하다. 프린스에드워드아일랜드주의 경우 1907년부터 1948년까지 유지되기도 했다. 금주법의 실패는 캐나다 역사상 가장 길었던 대규모 사회운동의 종언을 알렸다.

추천 위스키

콜링우드 더블 배럴드 위스키

COLLINGWOOD
DOUBLE BARRELED WHISKY

콜링우드가 출시한 신제품으로, 기발한 숙성 실험 끝에 탄생한 풍부한 풍미의 위스키다. 숙성에 사용한 배럴은 사탕단풍나무로, 잭대니얼스가 '링컨카운티 공법(Lincoln County Process)'에서 숯으로 만들어 여과에 사용하는 바로 그 나무다. 콜링우드는 배럴을 태우지는 않고 강하게 구워 분해한 후 위스키 원액이 담긴 블렌딩 배트에 그 통널을 넣어 풍미를 우려내는 방식을 사용했다.

40% ABV

울프헤드 위스키

WOLFHEAD WHISKY

울프헤드의 대표 프리미엄 제품으로, 두 번 증류한 5년 숙성 베이스와 12년 숙성 라이 위스키를 혼합해 프렌치 오크에서 숙성했다. 한 모금씩 음미하며 마시기도 좋지만, 캐나다 위스키답게 원하는 음료에 부담 없이 섞어 마셔도 좋을 제품이다. 40% ABV로 병입되었으며, 숙성된 스파이스 향이 풍부하게 느껴진다.

글렌브레턴 아이스 10년

GLEN BRETON ICE 10 YEAR

글렌노라는 작은 증류소지만 다양한 싱글몰트 제품을 보유하고 있으며, 스코틀랜드나 일본에서만 찾아볼 수 있는 30년 숙성 제품도 갖추고 있다. 특정 증류소의 제품을 잘 이해하기 위해서는 중심에 해당하는 10년 제품을 마셔보는 것이 좋다. 2008년 '올해의 혁신상(Innovator of the Year)' 수상작이기도 한 이 제품은 풍부한 몰트 느낌의 끝맛에 체리와 생강, 삼나무와 와인 풍미로 긴 여운을 남긴다.

57.2% ABV

스토크앤배럴 레드 블렌드

STALK & BARREL RED BLEND

스토크앤배럴 레드 블렌드와 블루 블렌드는 진정한 캐나디안 블렌딩(곡물을 각각 개별 증류하고 숙성한 후 블렌딩하는 방식)을 실천하고자 한 번스타인과 스타인의 첫 실험으로 탄생한 핵심 브랜드다. 레드와 블루의 차이는 블렌딩 비율인데, 레드 블렌드는 호밀과 보리 맥아의 비율을 높게 잡고 엄선한 숙성 콘위스키와 블렌딩했다. 흙 내음이 느껴지는 풍부하면서도 강렬한 인상의 제품으로, 버번을 즐기는 친구들과 블라인드 시음을 해보는 것도 재미있는 경험이 될 것이다.

43% ABV

캐나다 위스키 시음 가이드

미국에서 위스키는 원산지나 스타일에 상관없이 알코올 도수 40% ABV 이상이다. 시음을 진행할 위스키는 이러한 사항을 염두에 두고 선정했으며, 스타일별로 분류했다. 가볍고 섬세한 뉘앙스의 위스키는 목록 위쪽에, 숙성 햇수가 길거나 도수가 높고 (나무 향, 훈연 향, 향신료 향 등) 풍미가 무겁고 진한 위스키는 아래쪽에 배치했다. 숙성 햇수가 위스키의 품질을 결정하지는 않는다는 점을 꼭 기억하자.

750밀리리터 제품 기준 가격 가이드 (※ 2019년 미국 시장 기준)

위스키를 가격대별로 나누는 것은 쉽지 않은 일이다. 같은 품질의 위스키라고 가정했을 때, 유명한 대형 증류소는 대량 생산과 효율적인 유통으로 작은 증류소보다 가격을 낮출 수 있다. 해외에서 수입되는 위스키의 경우 운송과 영업비용 등 더 많은 간접비가 발생하며, 이는 가격 상승의 요인이 된다. 가격 분류는 ('초고가'를 제외하고) 미국증류주협회(Distilled Spirits Council of the United States)의 기준을 따랐다. 가격 가이드는 그야말로 일반적인 안내라는 점을 밝힌다. 가격 분류 시 여러 소매업체에 조언을 구했으며, 가격이 위스키의 품질을 좌우하지는 않는다는 사실을 밝힌다.

저가 Value	★★
프리미엄 Premium	★★★
상위 프리미엄 High End Premium	★★★★
슈퍼 프리미엄 Super Premium	★★★★★
초고가 Off the Chart	★★★★★★

캐나다 위스키의 부상

캐나다는 거의 한 세대에 이르는 시간 동안 음료에 타 마시는 싸구려 위스키를 만드는 나라라고 오해를 받아왔다. 그러나 이제 새로운 세대의 블렌더들이 곡물을 각각 증류하고 숙성해 블렌딩하는 캐나다 특유의 방식을 대중에게 선보이며 세계적인 수준의 위스키를 속속 내놓고 있다. 여기에 싱글몰트위스키를 제조하는 소수의 증류소들도 합류해 캐나다 위스키의 지평을 넓혀가고 있다. 캐나다 위스키의 목표는 혀에 충격을 주는 강렬한 풍미가 아닌 편안한 즐거움을 주는 부드러운 풍미다. 이러한 경향 탓에 과거에는 심심하고 단조로운 느낌의 제품이 많았지만, 현재는 소비자가 각자의 입맛을 찾아갈 수 있도록 돕는 대중적이면서도 만족스러운 제품들이 생산되고 있다. 스트레이트나 온더록스로 마셔도, 긴 잔에 음료와 섞어 마셔도 좋다. 어떤 방식으로 마셔도 가격 대비 훌륭한 가치를 발휘할 것이다.

블랙벨벳 리저브 Black Velvet Reserve	★★
크라운로열 노던 하베스트 라이 Crown Royal Northern Harvest Rye	★★★
콜링우드 더블 배럴드 Collingwood Double Barreled	★★★
구더햄앤워츠 4 그레인 Gooderham & Worts 4 Grain	★★★
포티크릭 코퍼 포트 Forty Creek Copper Pot	★★★
J. P. 와이저 18년 J. P. Wiser's 18 Year	★★★

대체 목록

울프헤드 싱글몰트위스키 Wolfhead Single Malt Whisky	★★★
글렌브레턴 레어 싱글몰트 10년 Glen Breton Rare single malt 10 Year	★★★★★
스토크앤배럴 싱글몰트 Stalk & Barrel single malt	★★★★★

○ 아일랜드 킬베간 증류소의 은퇴한 증류기들.

PART 6

아이리시 위스키

아이리시위스키의 이야기는 상실과 부활의 서사다. 스코틀랜드와 미국의 경우, 1970년대 소비자들의 취향 변화를 위스키산업 몰락의 원인으로 꼽을 수 있다. 캐나다의 경우, 같은 기간 기업들이 보인 안이한 대응이 원인이었다. 그러나 아일랜드의 위스키산업은 전 세계 위스키업계가 불황에 빠지기 전부터 내부와 외부에 닥친 강력한 타격으로 이미 무너져 있었다. 20세기 초 아일랜드의 증류소 수는 150여 개에 달했다. 그러나 아일랜드 독립전쟁과 두 번의 세계대전, 미국의 금주법을 거치고 21세기 초가 되었을 때 남은 증류소는 단 세 개뿐이었다. 처음 아일랜드 위스키산업의 약화를 불러온 것들이 통제 불가한 요소였다면 마지막 일격을 날린 것은 아일랜드 스스로가 선택한 요소, 즉 변화에 대한 완고한 거부였다.

한때 아일랜드는 전 세계 위스키 수출 시장 점유율이 60%에 달했던 명실상부한 위스키 챔피언이었다. 그러나 그 점유율은 70년 만에 2%까지 떨어졌다. 큰 추락을 겪은 아이리시위스키는 재기의 발판을 마련하려 애쓰며 이제 다시 조금씩 돌아오고 있다. 예전의 위상을 되찾기까지는 다소 시간이 걸리겠지만, 그 노력이 거둔 초기의 성과들을 보면 다음 행보가 충분히 기대된다.

간략하게 살펴보는 아이리시위스키의 역사

아일랜드는 위스키라는 이야기가 시작된 곳이다. 15~16세기를 거치며 아일랜드섬 전역으로 전파된 위스키는 해협을 건너 스코틀랜드로 그리고 다시 잉글랜드와 웨일스로 퍼져

○ 더블린의 특별구역이었던 리버티의 증류소.

나갔다. 위스키 증류는 아일랜드 전역의 농장에서 흔히 하는 일이었지만, 더블린이라는 도시로 증류소가 집중되며 세계적인 위스키 중심지가 탄생했다.

더블린 스타일의 전성기

1800년대가 시작될 무렵 아일랜드 전역에는 8,000개 이상의 불법 증류소가 있었다고 한다. 1845년 기준으로 합법적 면허를 갖춘 증류소가 94개였던 것을 생각하면 그 차이가 어마어마하다. 이 시기는 포친(poitin)이라는 아일랜드 밀주의 황금기였다. 포친은 보리를 거칠게 증류한 증류주로, 거의 모든 아일랜드 농부가 만들었다. 1850년대에는 필록세라(미국에 서식하던 작은 진딧물의 일종으로 포도나무를 공격함—옮긴이) 창궐로 프랑스의 포도나무들이 말라죽으며 와인과 브랜디 생산량이 급격히 감소했다. 그러자 대륙의 브랜디 애호가들은 대체품을 찾기 시작했다. 이들에게 아이리시위스키는 가장 만족스러운 대체품이었고, 이렇게 인기를 얻은 아이리시위스키의 판매량은 처음에는 스카치위스키를 크게 앞섰다.

이때가 더블린 증류소들의 전성기였다. 증류소들은 대부분 시내 중심부의 골든트라이앵글(Golden Triangle)이라는 지역에 밀집되어 있었다. 이곳에는 증류소뿐 아니라 몰팅 작업장과 양조장도 모여 있었다. 아서 기네스(Arthur Guinness)의 맥주 양조장이 위치한 곳도 골든트라이앵글 지역이었다. 당시 아일랜드 증류소들은 스코틀랜드와 경쟁하고 있었다. 프랑스 시장뿐 아니라 영국 시장 그리고 점점 커지고 있는 미국 시장도 놓칠 수 없었다. 아이리시위스키 생산의 중심에는 탁월한 품질의 대명사로 일컬을 만한 세 증류소가 있었다. 로(Roe), 제임슨(Jameson) 그리고 파워스(Powers)였다.

더블린의 특별구역들

성벽으로 둘러싸인 도시였던 12세기 더브린(Duibh linn, '어두운 조수 웅덩이dark tidal pool'이라는 의미) 외곽에는 여섯 개의 '특별구역(liberty)'이 있었다. 모두 노르만족 통치하의 로마교회가 정한 곳으로, 개별 교회가 중심이 되어 경제적 운영을 맡는 특수한 영토였다. 더블린은 아일랜드의 기독교 개종에서 중심적인 역할을 한 도시였고, 교회는 암흑기에서 중세 시대에 이르기까지 도시의 발전에 결정적인 역할을 했다. 더블린 곳곳에는 여전히 크고 작은 수도원의 흔적이 남아 있다. 수도원은 영혼뿐 아니라 육신을 구하는 역할도 했고, 농업에서 축산업, 양조, 증류에 이르기까지 모든 기술이 수도원을 중심으로 발전하고 전파되었다.

광야의 수도사들

그러다 종교개혁이 한창이던 1543년 잉글랜드의 헨리 8세가 교황과 결별하고 성공회를 국교로 선언하며 수도원의 모든 기능은 갑자기 멈춰버렸다. 헨리 8세는 영국 내의 모든 로마 기독교 수도원을 해체하기로 했다. 당시 인구 50명 중 한 명이 수도회에 속해 있었던 것으로 추정되는데, 갑자기 수많은 수도사가 수도원의 높은 담 밖으로 나와 16세기 농장이라는 낯선 곳으로 이주하게 된 것이다. 수도사들이 유입되며 곧 양봉, 경작, 재배 기술이 빠르게 발달했다. 아일랜드 게일어로 '이시케바하(uisce beatha)'라 불린 '생명의 물'을 만드는 것 또한 일상의 일부로 자리 잡았다. 이 증류주는 곧 위스키라는 술이 되었다.

1700년대 중반 피터 로(Peter Roe)가 더블린의 마지막 특별구역이었던 골든트라이앵글에서 작은 증류소를 열었다. 이 증류소는 당시 기준으로 세계 최대였던 17에이커까지 그 규모를 키웠다. 맥주 양조장 중 최대 규모이자 오늘날까지 유일하게 남아 있는 아서 기네스의 양조장은 1759년 문을 열었다. 스코틀랜드 로우랜드 지역의 유력 가문인 헤이그(Haig), 스타인(Stein) 가문과 친분이 있었던 스코틀랜드 출신의 존 제임슨(John Jameson)이 그 뒤를 이어 1780년에 증류소를 열었다. 그리고 마지막으로 더블린에서 여관을 운영하던 제임스 파워(James Power)가 토머스가에 존스레인 증류소(John's Lane Distillery)

를 열었다. 이렇게 아이리시 포트스틸위스키의 황금기를 위한 무대가 마련되었다.

위스키 열풍은 아일랜드의 다른 지역에서도 불고 있었다. 미들턴 증류소(Midleton Distillery)는 원래 1795년 코크에서 제분소로 설립되었다가 몇 년 후 증류소가 되었다. 아일랜드섬 한가운데 위치한 킬베간 증류소(Kilbeggan Distillery)는 1757년에 설립되었는데, 현재 아일랜드공화국 내에서는 가장 오래된 면허를 가진 것으로 알려져 있다. 북아일랜드의 부시밀스(Bushmills)는 1608년에 왕실의 증류 허가를 받았지만, 상업적인 증류는 그로부터 180년이 지난 후에야 시작했다. 로우랜드 출신 스코틀랜드인과 잉글랜드 농민들이 북아일랜드로 모여들며 얼스터 식민지가 성장하고 벨파스트가 산업 중심지로 변모하자 북아일랜드의 작은 농장들도 앞다투어 소규모 증류소를 차렸다.

아이리시 포트스틸위스키의 유산

오직 아일랜드에서만 찾아볼 수 있는 아이리시 포트스틸위스키라는 분류는 위스키 용어의 혼란을 가중하는 또 다른 요소다. 포트스틸위스키는 두 단계에 걸쳐 발전했으며, 그 바탕에는 스카치위스키와 마찬가지로 잉글랜드에 대한 반감이 있었다.

○ 1880년대 아일랜드 더블린의 로 증류소.

아일랜드의 원조 밀주, 포친

16세기를 지나며 증류는 농장 생활의 당연한 일부가 되었고, 포친은 시골 농부들의 음료로 자리 잡았다. 포친은 '작은 솥'이라는 의미로, 술을 만들던 구리 증류기나 응축기를 부르던 말이다. 포친은 상처를 지지거나 춥고 습한 밤 한기를 몰아내기 위해 마시던 숙성하지 않은 독한 밀주로 시작되었다. 포친의 주원료는 발아한 보리였다. 그러나 스코틀랜드와 미국 식민지에서 그랬듯, 잉글랜드의 통치자들은 세금과 의회법을 이용해 이들 지역의 생산량을 통제하고 잉글랜드의 경쟁자로 성장하는 것을 막으려 했다.

1682년 맥아세(Malt Tax)를 시작으로 영국은 양조용 맥아에 다양한 세금을 도입했다. 스코틀랜드에서는 1725년 맥아 폭동(Malt Riots)이 일어나 하일랜드 지역이 들끓었다. 그러나 아일랜드에서는 맥아세를 막기 위한 단결된 움직임이 나타나지 않았다. 농부와 증류업자들은 포친 제조법을 바꾸는 등 각자도생식으로 과세를 피하는 방법을 택했다. 이들은 100% 발아 보리를 사용하는 대신 대체 곡물이나 다른 재료를 첨가하기 시작했다. 대체 재료는 발아하지 않은 생보리부터 밀, 귀리, 감자, 당밀까지 다양했다. 조잡한 포친에 풍미를 더하기 위해 과일이나 와인, 대패질한 나무, 식물 뿌리, 허브 등을 넣기도 했다. 미국 밀주의 뿌리가 궁금하다면 원조 밀주인 포친을 살펴보면 된다.

포트스틸위스키, 문제를 해결해나가다

중구난방으로 제작되던 조잡한 포친은 시간이 흐르며 포트스틸위스키가 되었다. 포트스틸(pot still), 즉 단식 증류기로

○ 아일랜드 농촌에서 포친을 증류하는 모습.

생산하는 위스키는 많지만, '포트스틸위스키'라는 용어는 아일랜드에서 다른 의미를 지닌다. 포트스틸위스키 탄생의 중심에는 세금에 대한 은밀한 저항이 있다. 맥아세가 도입되자 양조업자와 증류업자들은 맥아에 귀리, 밀, 호밀을 비롯한 다양한 곡물을 혼합해 증류하기 시작했다. 그러나 이러한 추가 곡물들은 증류와 조달, 맛의 관점에서 이런저런 문제점을 드러내기 시작했다. 귀리는 꽤 오래 쓰였지만, 당국이 매시의 무게를 달아 과세하기 시작하자 많은 이가 사용을 줄이거나 아예 빼버렸다. 다른 곡물에 비해 수분함량이 높아 무게 측정 시 불리했기 때문이다. 호밀은 증류할 때 끈끈하게 엉기고 증류기에서 끓어 넘치는 단점이 있었다(이 같은 문제는 오늘날도 마찬가지다). 결국 보리 맥아에 생보리를 어느 정도 첨가하는 것으로 정착되었지만, 증류업자들은 여전히 다른 곡물을 단독 또는 혼합으로 자유롭게 추가해 다양한 증류주를 만들어 냈다.

싱글몰트의 정의

아일랜드와 스코틀랜드에서 싱글몰트는 단일 증류소에서 단식 증류기로 100% 보리 맥아만을 사용해 증류한 위스키를 뜻한다. 유럽연합 국가들을 포함해 이와 유사한 스타일의 위스키를 만드는 국가에서는 이 정의를 따르고 있다. 단 미국에서 '몰트위스키'는 보리 맥아를 51% 이상 사용한 위스키를 뜻하며, '싱글'의 의미는 구체적으로 정의된 바 없다. 일본의 경우 법적으로 정의되어 있지는 않으나 전통에 따라 아일랜드와 스코틀랜드의 정의를 따르고 있다.

아일랜드 위스키업계의 몰락과 분열

사실 어떤 기업도 아무런 분열 없이 한 세기를 버티기는 쉽지 않다. 그 범위를 하나의 산업으로 넓히면 이는 불가능에 가까운 일이 된다. 안타깝게도 아일랜드의 3대 증류소는 20세기를 지나며 모두 힘을 잃고 사라졌다. 그들이 생산했던 위스키 브랜드는 현대의 3대 주류업체(페르노리카, 빔산토리, 쿠에르보)의 소유로 넘어가 이제는 그 이름만 남아 있다. 아이리시위스키가 몰락한 이유는 다양했다.

1. "빌어먹을 놈의 조용한 술" 이니어스 코피가 특허를 출원한 연속식 증류기는 오늘날의 기술 전문가들이 말하는 '파괴적 혁신'을 가져왔다. 이 혁신이 아일랜드 위스키업계에 가져온 변화는 더 파괴적이었다. 이유는 뭘까? 코피의 증류기를 이용하면 저렴한 비용으로 가벼운 풍미의 위스키를 생산할 수 있었다. 이러한 위스키에 다양한 몰트위스키를 섞으면 거의 무한대에 가까운 풍미를 손쉽게 만들어낼 수 있었지만, 더블린의 증류업체들은 이러한 방식을 딱 잘라 거절했다. 그러나 듀어스(Dewar's), 뷰캐넌스(Buchanan's), 조니워커(Johnnie Walker) 등 스코틀랜드의 대형 업체는 연속식 증류를 적극 받아들였다. 이들은 코피 증류기를 활용해 세계 소비자의 입맛에 맞는 블렌디드위스키를 속속 생산해냈고, 결국 아일랜드는 스코틀랜드와의 경쟁에서 뒤처졌다. 더블린 스타일, 즉 아이리시 포트스틸위스키의 열렬한 수호자였던 더블린 증류업자들은 변화를 거부했다.

2. 아일랜드 독립운동과 승리 아일랜드에서 벌어진 부활절 봉기(Easter Uprising)는 1차 세계대전 직전 아일랜드 독립전쟁으로 이어졌다. 1921년 휴전으로 종결된 이 전쟁 끝에 아일랜드자유국(Irish Free State)이 탄생했다. 독립과 함께 아일랜드 대부분 지역이 대영제국에서 벗어났고, 아일랜드는 영국 소유의 수출 시장과 운송 수단에 접근할 수 없게 되었다. 설상가상으로 위스키 제조에 쓰이던 아일랜드의 보리는 전쟁에 투입되었고, 세계시장에 접근할 다른 방법 또한 찾기 어려웠다.

3. 절주운동 절주운동은 1830년대를 시작으로 여러 증류소의 폐쇄를 불러왔지만, 증류 활동 자체를 막지는 못했다. 그러나 한 세기 가깝게 이어진 절주운동은 미국으로 건너가 금주령이라는 결과를 낳았고, 이 시기는 아일랜드의 독립전쟁 시기와 겹쳤다. 해외로 운송 자체도 쉽지 않았지만, 운송을 한다고 해도 이제 판매할 만한 시장이 없었다.

4. 2차 세계대전 2차 세계대전에서 아일랜드는 중립을 선언했지만, 전쟁으로 인한 운송 자원 부족으로 역사상 그 어느 때보다 고립된 처지가 되었다. 그나마 아일랜드에서 가장 산업화된 지역이었던 북아일랜드조차 고통을 겪었다. 1921년 영연방의 일부가 된 북아일랜드는 부시밀스 증류소를 군대의 주둔지로 내주어야 했다. 그리고 그 당시 세계 곳곳의 다른 증류소와 마찬가지로 전쟁에 필요한 공업용 알코올을 증류하는 시설로 전환되었다.

5. 현대적인 포장 방식 미도입 19세기 말 경쟁 지역인 스코틀랜드에서 블렌디드위스키가 등장하면서 배럴에 담긴 위스키 원액이 아닌 병에 담긴 완제품을 판매하는 방식이 도입되었다. 아일랜드에서는 증류한 위스키를 펍이나 중개인, 상인에게 배럴째 벌크로 판매하는 것이 오랜 관행이었다. 이는 생산자의 의도와 상관없이 위스키에 뭔가가 혼입될 가능성을 높였다. 그럼에도 불구하고 (파워스 증류소를 제외한) 아일랜드의 증류업자들은 20세기에 이르기까지 이 방식을 고수했다. 그 결과 한때 최고라는 찬사를 누렸던 아이리시위스키의 명성은 땅에 떨어지고 말았다.

COFFEY
STILL
This is a Coffey Still.
Aeneas Coffey invented it.
He was born in Dublin, and
worked as an excise inspector.
is invention was patented in Dublin
in 1831. This type of still was used
to produce Grain Whiskey

○ 소임을 마치고 은퇴한 원조 코피 증류기. 아마도 우연이겠지만 뒤집힌 모습이다.

피터 로의 유산
위스키(Whiskey)의 'e'

그렇다면 19세기 더블린 위스키 제국 시절 세계 최대의 증류소를 소유했던 피터 로는 어떻게 되었을까? 안타까운 일이지만 오늘날 아일랜드에서 그 이름을 기억하는 이는 거의 없을 것이다.

1831년 코피가 연속식 증류기를 아일랜드에 처음 소개했을 때 전통적인 더블린 증류업자들은 누구랄 것 없이 큰 반감을 드러냈다. 존제임슨앤선(John Jameson and Son, 제임슨의 전 이름)은 〈위스키에 관한 진실(Truths About Whisky)〉이라는 소책자까지 내놓았다. 더블린의 증류업자들은 이 책에서 90페이지에 걸쳐 '조용한 술(silent spirit)', 즉 연속 증류로 저렴하게 대량생산한 밍밍한 위스키를 낱낱이 비판했다.

피터 로의 후손들은 좀 더 적극적인 행동에 나섰다. 빅토리아 시대 사람들은 라벨에 적힌 문구가 브랜드의 진실성을 대변한다고 여겼고, 적절한 용어 사용을 무척 중시하는 경향이 있었다. 로 증류소에서는 모든 배럴을 동원해, 나중에는 모든 병을 동원해 자신들의 메시지를 전하기로 했다. 업계 전체가 위스키를 'whisky'로 표기하는 가운데, 로 증류소는 차별화를 위해 'e'를 넣어 'whiskey'라고 표기하기 시작한 것이다. 아일랜드와 미국에서는 곧 이 표기법이 널리 퍼졌다.

아이리시 포트스틸위스키의 쇠퇴, 나아가 아일랜드 위스키 산업 전체의 몰락은 빠르고도 가파르게 진행되었다. 캐나다 위스키와 스코틀랜드의 블렌디드위스키가 금주법 이후 나타난 전후 세대의 입맛을 사로잡으며, 아이리시 포트스틸위스키의 강하고 스파이시한 풍미는 인기를 잃었다. 킬베간은 1954년 문을 닫았다. 1970년대에 나타난 소비자의 취향 변화로 전 세계 위스키업계가 타격을 입었을 때 아일랜드 위스키 산업은 이미 거의 숨이 넘어가기 직전이었다. 아일랜드 정부는 1966년 아일랜드의 위스키 전통을 보존하고자 시행령을 발표했고, 그나마 남아 있던 제임슨과 파워스, 코크가 합병해 아이리시 디스틸러스 그룹(Irish Distillers Group)이 탄생했다. 부시밀스도 1972년에 이 그룹에 합류했다.

한편 위스키를 벌크로 판매하는 관행은 20세기 후반까지 유지되다가 아이리시 디스틸러스 그룹으로 통합되고, 추후 페르노리카의 인수를 거친 후에야 사라졌다. 1975년에는 제임슨이 공장을 폐쇄했고, 1년 후에는 파워스가, 1979년에는 오펄리의 탈라모어듀(Tullamore DEW)가 뒤를 이었다. 이렇게 기존의 개별 증류소들이 문을 닫은 후에는 코크에 새롭게 건립된 미들턴 증류소의 현대식 시설에서 통합 생산에 들어갔다. 부시밀스 증류소는 앤트림에 그대로 남았다.

1986년에는 프랑스의 대형 주류 기업 페르노리카가 아이리시 디스틸러스 그룹을 인수했다. 그로부터 몇 년 후 부시밀스를 디아지오에 매각하기 전까지 아일랜드의 모든 위스키 생산은 페르노리카의 통제하에 있었다. 2014년에는 디아지오가 부시밀스를 호세쿠엘보에 넘기고 테킬라 브랜드를 넘겨받는 계약이 진행되었다.

1987년에는 오래된 공업용 알코올 공장에 아일랜드의 세 번째 증류소 쿨리(Cooley)가 설립되었다. 이로써 아일랜드는 단 세 개의 증류소로 21세기를 맞이했다.

아이리시위스키란 무엇인가?

아이리시위스키 또한 영연방에 속하는 잉글랜드, 스코틀랜드, 웨일스와 거의 동일한 규정과 법률을 따른다. 위스키와 관련해 아일랜드에서 가장 최근 제정된 주요 법령은 시장이 붕괴하고 있던 1980년에 제정된 아이리시위스키법(Irish Whiskey Act)이다. 이후 유럽연합이 도입한 새로운 규정들도 존재하는데, 일각에서는 너무 제한적이라고 평가하기도 한다.

아이리시위스키는 다음의 규정을 충족해야 한다.

- ◆ 맥아의 효소로 당화한 곡물의 발효액으로 만든다. 필요시 다른 효소를 추가할 수 있다.
- ◆ 아일랜드공화국 또는 북아일랜드에서 만든다.
- ◆ 효모로 발효한다.
- ◆ 원재료의 맛과 향이 보존되도록 94.8% ABV 이하로 증류한다.
- ◆ 아일랜드공화국 또는 북아일랜드 내에 위치한 숙성고에서 최소 3년 이상 숙성한다.

다음은 아이리시위스키 라벨에서 찾아볼 수 있는 몇 가지 용어에 대한 기본적인 설명이다.

1. 그레인위스키(Grain Whiskey) 매시빌에 다양한 곡물이 포함된다. 주로 밀의 비중이 높지만 가끔 옥수수나 보리를 더하기도 한다. 그레인위스키는 대형 연속식 증류기로 생산하며, 알코올 도수 94.8% ABV 이하로 증류한다.

2. 몰트위스키(Malt Whiskey) 스코틀랜드와 마찬가지로 100% 발아 보리만을 사용해 단식 증류기로 증류한다. '전통적인' 아이리시위스키의 증류 횟수에 대해서는 논란이 있지만, 상당수의 싱글몰트는 두 번 증류한다.

3. 포트스틸위스키(Pot Still Whiskey) 발아한 보리와 발아하지 않은 다른 곡물을 혼합해 증류한다. 유럽연합의 새로운 규정은 발아 보리 30% 이상, 발아하지 않은 생보리 30% 이상, 그 외 다른 곡물은 5% 이하로 사용할 수 있다고 정하고 있다. 이 규정이 도입되며 포트스틸위스키의 전성기였던 19세기 제품의 다양한 풍미를 재현하고자 하는 신규 업체들은 많은 제한을 받았다. 19세기 증류업자들은 다양한 개성을 위해 보리 외의 곡물들을 비율 제한 없이 자유롭게 혼합하곤 했기 때문이다. 아이리시위스키라고 하면 흔히 떠올리는 삼중 증류는 아마도 이 19세기 스타일 위스키에서 유래했을 가능성이 높다. 이 시기 생산된 옛 더블린 위스키들은 꽤나 진하고 걸쭉해 음용성을 좋게 하기 위해 세 번째 증류가 필요했기 때문이다.

4. 블렌디드위스키(Blended Whiskey) 그레인위스키와 몰트위스키, 포트스틸위스키 중 두 가지 이상을 혼합하는 스타일이다. 아일랜드와 스코틀랜드, 캐나다에서는 블렌디드위스키를 구성하는 모든 요소가 해당 국가의 위스키 요건을 충족해야 한다고 명시하고 있다. 아메리칸 위스키만이 '블렌디드위스키'의 의미를 다르게 규정한다.

위태로운 명맥을 잇고 있는 큰손들

재탄생을 위해 노력 중인 아이리시위스키는 어색한 과도기를 지나고 있다. 현재 아일랜드에서 만드는 위스키의 95%는 단 세 개의 증류소에서 생산하고 있으며, 이들 증류소는 모두 외국계 기업이 소유하고 있다. 미들턴은 프랑스의 페르노리카, 쿨리는 일본의 빔산토리, 부시밀스는 호세쿠엘보 브랜드를 운영하고 있는 멕시코의 카사쿠엘보(Casa Cuervo) 소속이다. 외국계 기업이 생산한다고 해서 오늘날 우리가 마시는 아이리시위스키의 품질이 뒤처진다고 생각하면 오산이다. 이들 세 기업은 생산에 있어서도, 원액 소싱에 있어서도 누가 앞선다 할 것 없이 뛰어난 역량을 보여주고 있다. 오늘날의 아이리시위스키는 모두 양질의 원료를 사용해 현대적이고 과학적인 공장에서 똑똑하고 열정적인 사람들이 최상의 품질로 제조하고 있다. 한편 1980년대의 위스키산업 침체, 업계 내부의 무기력한 대응, 적절한 홍보의 부족이라는 세 가지 악재가 겹치면서 당시 판매되지 못한 수백만 리터에 달하는 위스키 원액이 아일랜드 곳곳의 숙성고에 보관되어 있다. 이러한 원액은 아이리시위스키의 다음 단계를 기대하게 만드는 요소다. 소규모 신생 업체들이 이 원액을 활용해 21세기 아이리시위스키 부활에 시동을 걸고 있기 때문이다. 이런 움직임은 2000년부터 미국에 나타난 크래프트 위스키 운동과 닮아 있다.

아이리시위스키를 구한 거인, 미들턴

오늘날 우리가 알고 있는 미들턴 증류소는 빅토리아 시대 조상 격이라 할 수 있는 코크의 올드 미들턴(Old Midleton) 증류소 옆에 1979년 설립되었다. 올드 미들턴 증류소 자리에는 현재 제임슨 익스피리언스(Jameson Experience)라는 이름의 방문자 센터가 운영되고 있다. 아일랜드에서 매년 가장 많은 방문객이

○ 미들턴 증류소의 거대한 숙성고 중 한 곳.

○ 아일랜드 코크에 위치한 미들턴 증류소의 현대식 증류 시설.

○ 전시된 제임슨의 위스키 배럴.

찾는 이 명소에서는 기계와 공학에 대한 빅토리아 시대의 지식이 세계를 지배했던 시절을 엿볼 수 있다.

옛 증류소와 같은 부지에 있는 새 미들턴 증류소에서는 오늘날 우리가 마시는 아이리시위스키 대부분을 생산한다. 연간 생산 역량이 6,400만 리터에 달하는 미들턴 증류소는 엄청난 규모를 자랑한다. 증류실에는 그레인위스키 생산을 위한 삼중 증류기와 세 개의 거대한 단식 증류기가 설치되어 있다. 미들턴의 기술자와 과학자, 블렌더들은 소비자가 다시 돌아오기를 기다리며 바로 그곳에서 위스키업계를 지탱해왔다.

제임슨의 재탄생

미들턴 증류소는 풍미와 깊이에 중점을 두고 제임슨을 부활시킨 장본인이기도 하다. 앞서 언급했듯 제임슨을 포트스틸위스키에서 블렌디드위스키로 바꾸기로 한 페르노리카의 결단은 모두의 기억에서 잊혀가던 제임슨을 다시 살려냈다. 제임슨의 고숙성 라인 중 보우스트리트 18년(Bow Street 18 Years)은 그레인위스키와 포트스틸위스키를 블렌드한 제품으로, 지금은 제임슨의 인기 투어 프로그램이 운영되고 있는 더블린의 옛 보우스트리트 증류소에서 숙성했다.

미들턴이 진행하고 있는 또 다른 야심 찬 프로젝트로는 제임슨 캐스크메이트(Jameson Caskmate) 시리즈가 있다. 캐스크메이트는 브루클린 켈소 비어 컴퍼니(KelSo Beer Company) 등과 협업으로 제임슨 위스키를 크래프트 맥주 캐스크에 담아 피니싱한 제품들이다. 스타우트와 IPA 캐스크를 활용한 제품의 경우 제임슨의 단맛을 홉의 쌉쌀한 맛으로 감싸는 느낌이 든다.

존파워(파워스의 전 이름)의 위스키는 어떻게 되었을까? 제임슨은 생존을 위해 1980년대부터 그레인위스키를 섞은 블렌디드위스키로 변신하기는 했지만, 그전까지 존파워와 제임슨은 더블린 스타일의 대표 주자였다. 존파워는 벌크 판매 방식을 버리고 아일랜드 최초로 병입 판매를 도입했지만, 이러한 방식은 아일랜드에서 널리 퍼지지 못했다. 한편 파워스 골드 라벨(Powers Gold Label)은 아일랜드에서 현재도 가장 많이 팔리는 제품이며, 미국에도 꽤 많은 팬을 보유하고 있다.

추천 위스키

파워스 존스레인 싱글포트스틸위스키
POWERS JOHN'S LANE SINGLE POT STILL WHISKEY

아마도 한때 세계 최고의 인기를 누렸던 옛 시절 아이리시 포트스틸위스키와 가장 유사한 제품일 것이다. 스파이시한 풍미가 인상적이며, 입안을 꽉 채우는 묵직함과 쫀득함이 있다. 최소 숙성 햇수가 12년인 이 제품은 한때 더블린이 위스키 세계를 지배했던 이유를 납득하게 해준다.

46% ABV

쿨리 증류소

1987년, 20세기 들어 처음으로 아일랜드에 독립 소유 증류소가 설립되었다. 존 틸링(John Teeling)이 만든 이 증류소는 감자로 공업용 알코올을 증류하던 오래된 공장에 들어섰다. 아일랜드 위스키의 기원과 그 재기 방안을 주제로 박사 논문까지 작성한 틸링은 그야말로 이 일에 적임자였다. 사실 증류는 그의 핏줄에 흐르고 있었다. 증조부인 월터 틸링(Walter Teeling)은 아일랜드 위스키업계가 한창 호황이던 시절 더블린 골든 트라이앵글 지역의 매로우본레인(Marrowbone Lane)에서 자신의 이름을 딴 증류소를 운영했다. 제임슨, 파워스, 로의 증류소와 아주 가까운 거리였다.

존 틸링은 증류소가 위치한 반도의 이름을 따 쿨리라는 이름을 붙였다. 원래의 공장에는 연속식 증류기가 다섯 쌍 있었다. 틸링은 스코틀랜드의 옛 벤네비스(Ben Nevis) 증류소에서 단식 증류기 두 대를 구입해 와서 1989년부터 싱글몰트위스키와 그레인위스키를 생산하기 시작했다. 부시밀스나 미들턴과 달리 쿨리는 삼중 증류가 아닌 이중 증류 방식을 택했다. 아이리시위스키 부활의 초기 단계에서 혁명적인 역할을 한 쿨리는 옛 브랜드에서 영감을 받은 다음의 네 가지 제품을 선보였다.

1. 티어코넬(Tyrconnell) 아이리시 싱글몰트를 특색 있는 배럴로 피니싱한 제품군이다. 피니싱은 스코틀랜드에서는 널리 활용되지만, 아일랜드에서는 드물다.

2. 코네마라(Connemara) 80여 년 만에 다시 등장한 피티드 아이리시 싱글몰트로, 피트 처리를 통해 훈연 풍미를 냈다.

3. 그리노어 싱글그레인(Greenore Single Grain) 아일랜드에서 보기 드문 싱글그레인위스키다. 싱글그레인위스키는 보리와 기타 곡물을 사용해 단일 증류소에서 생산한 위스키를 뜻한다. 그리노어 싱글그레인은 버번 애호가를 겨냥한 제품이다. 킬베간 그레인(Kilbeggan Grain)으로 브랜드를 교체하면서부터는 곡물 비율을 옥수수 96%, 보리 4%로 바꾸었다. 버번 배럴에서 최소 8년 이상 숙성하며, 부드럽고 달콤한 풍미가 특징이다.

4. 킬베간 블렌드(Kilbeggan Blend) 틸링은 쿨리 증류소를 운영하며 킬베간 증류소를 매입해 숙성 시설로 사용했다. 아일랜드에서 최초로 증류 면허를 받은 증류소 중 하나인 킬베간의 역사는 1757년까지 거슬러 올라가며, 1954년에 폐쇄되었다. 킬베간 블렌드는 다른 아이리시 블렌디드위스키와 마찬가지로 그레인위스키와 몰트위스키, 포트스틸위스키 중 두 가지 이상을 혼합하는 스타일이다.

부시밀스

아이리시 포트스틸위스키는 더블린 스타일 위스키라 불렸다. 더블린은 아일랜드 무역의 중심지였고, 이곳에서 유행한 이 스타일은 곧 아일랜드를 대표하는 위스키가 되었다. 한편 부시밀스 증류소는 지금의 북아일랜드가 된 앤트림에 있었고, 아일랜드의 여타 증류소들과는 조금 다른 길을 걸었다. 우선 부시밀스 증류소가 설립되고 본격적인 생산이 시작되기까지는 거의 200년에 가까운 긴 시간이 걸렸다. 부시밀스가 왕실로부터 이시케 바하 생산 면허를 받은 것은 1608년이었다. 그러나 당시 증류는 앤트림 총독이자 증류소의 소유주였던 토머스 필립스(Thomas Philips)의 취미생활일 뿐이었다. 부시밀스는 180년이 지나서야 증류소로서 영업 신고를 내고 상표를 등록했다. 1800년대 중반 맥아세가 확대되며 많은 증류소가 문을 닫거나 레시피를 바꿨지만, 왕실과 친분이 있었던 부시밀스는 다른 곡물을 추가하는 등 레시피를 바꾸지 않고 그대로 살아남았다. 그 덕에 부시밀스 위스키는 싱글몰트로 남게 되었다.

오늘날의 부시밀스는 여러 곡물과 단식 증류기를 조합해 다양한 스타일의 제품을 선보인다. 부시밀스는 포트스틸위스키가 아닌 싱글몰트를 생산한다. 부시밀스의 제품은 삼중 증

추천 위스키

부시밀스 21년 싱글몰트 레어
BUSHMILLS 21 YEAR SINGLE MALT RARE

올로로소 배럴과 버번 배럴의 조합으로 최소 19년간 숙성한 후 마데이라 배럴에 담아 2년 더 숙성했다. 화려하면서도 풍부하고 깊이 있는 풍미를 지녔으며, 특유의 몰트 향과 더불어 건과일, 건포도 노트가 느껴진다.

40% ABV

○ 아일랜드 킬베간에 위치한 킬베간 증류소의 벽돌 굴뚝.

○ 아일랜드 코크에 위치한 미들턴 증류소에서 19세기에 사용하던 증류기.

추천 위스키

레드브레스트 더 루스타우
REDBREAST THE LUSTAU

숙성 기간 미표시 제품이지만 버번 배럴에서 9~12년 숙성한 후 스페인 보데가스 루스타우(Bodegas Lustau)에서 공수한 셰리 배럴에 담아 피니싱했다. 검붉은 과일의 풍미가 치고 나오며 탄탄한 셰리의 영향을 드러낸다.

46% ABV

류로 만든 가벼운 풍미로, 20세기 초 스코틀랜드 로우랜드에서 생산되던 위스키를 연상케 한다. 현재 로우랜드 지역에서는 오켄토션(Auchentoshan)만이 이 스타일을 생산하고 있다.

아이리시 포트스틸위스키

포트스틸위스키는 분명 호불호가 갈리는 스타일이다. 그러나 마냥 가볍고 달콤한 아이리시위스키만 생각했던 사람이라면 깜짝 놀랄 맛인 것만은 분명하다. 발아하지 않은 생보리에서 오는 자연 그대로의 풀내음과 건초 향, 스파이시함은 어느 정도 적응이 필요한 맛이다. 그러나 이 또한 아이리시위스키의 특징이자, 부활을 꿈꾸는 아일랜드 위스키업계의 일부다. 그럼 이제부터 주목할 만한 아이리시 포트스틸위스키를 함께 살펴보자.

레드브레스트(Redbreast)

본딩업체(bonder)였던 W&A 길비(W&A Gilbey)가 판매하는 위스키가 인기를 끈 것은 1880년대 후반이었다. 본딩업체란 증류소에서 위스키 원액을 매입한 후 이를 숙성하고 블렌딩해

위스키 라벨 읽기

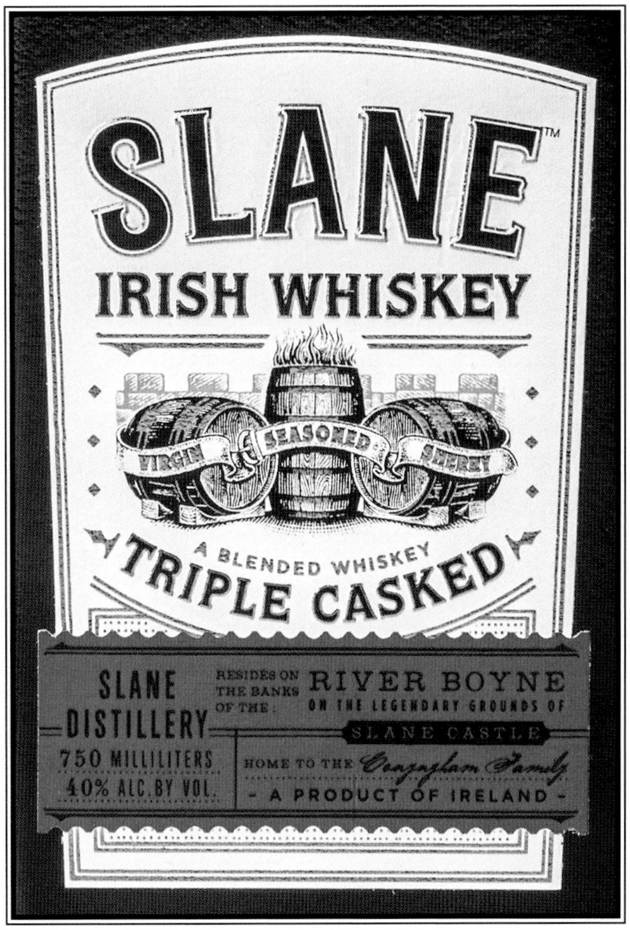

라벨의 서체 디자인도 법적 보호 대상이다. ▶

블렌디드위스키 ▶
A Blended Whiskey
그레인위스키와 몰트위스키, 포트스틸위스키 중 두 가지 이상을 혼합했다.

라벨 덧붙이기 ▶
과거의 낭만을 부르는 디자인에 (도수와 용량 등) 의무적 정보를 표기했다.

◀ **슬레인**
Slane
등록된 브랜드명.

◀ **트리플캐스크**
Triple Casked
위스키 생산방식과 풍미 생성 과정을 홍보하기 위한 마케팅 문구. 이 제품의 경우 새 오크통과 시즈닝한 버번 배럴 그리고 셰리 배럴을 사용했다.

◀ **리버보인River Boyne으로 시작하는 문구**
브랜드 및 캐슬슬레인을 소유한 가족 표시.

◀ **아일랜드산 제품**
Product of Ireland
진품임을 알리는 의무 표기 사항.

위스키 상식

아이리시위스키라고 모두 세 번 증류하는 것은 아니다. 단식 증류의 경우 발효액의 증류 횟수에 따라 증류액의 순도와 도수가 높아지며, 스코틀랜드는 최소 2회 증류를 의무화하고 있다. 3회 차 증류는 도수를 높이고 과일 향 에스테르를 강조하는데, 증류소는 추구하는 스타일에 따라 2회 증류와 3회 증류를 선택적으로 사용한다.

자신의 이름으로 판매하던 업체를 뜻한다. 1887년경에는 길비가 제임슨의 보우스트리트 증류소에서 매입해 판매하는 위스키가 가장 인기 있는 상품으로 자리 잡았다. 길비는 구매한 원액을 최상의 셰리 캐스크에 최소 6년 이상 숙성해 이 위스키를 만들었고, 붉은빛을 띠는 위스키에 레드브레스트(Redbreast)라는 이름을 붙였다. 붉은 가슴털을 지닌 울새(Robin Redbreast)에서 따온 이름이었다. 1912년에는 당시로서는 이례적이었던 12년 숙성 제품으로 출시되기도 했다. 길비는 1986년 레드브레스트 브랜드를 아이리시 디스틸러스 그룹에 매각했다.

레드브레스트의 기본 숙성 라인에 속하는 12년과 15년 제품은 모두 전통적인 스타일로 올로로소 셰리 캐스트에서 숙성한다. 두 제품 모두 과거의 포트스틸위스키가 지녔을 맛을 엿볼 수 있는 훌륭한 예시다.

미첼앤선(Mitchell & Son)

W&A 길비와 경쟁 관계에 있던 또 다른 본딩업체로, 역시 더블린의 특별구역에 있었다. 유명한 와인상이자 소매업자였던 미첼은 제임슨의 보우스트리트 증류소에 빈 배럴을 가져가 위스키 원액을 채워온 후 자신의 지하 저장고에 보관하며 추가적으로 숙성하거나 필요한 경우 수정해 판매했다. 미첼은 위스키 원액을 숙성 햇수에 따라 구분하기 위해 배럴에 빨간색과 녹색, 노란색, 파란색 점을 찍어 분류했는데, 이것이 현재의 제품명이 되었다.

현재는 미들턴 브랜드로 생산되며, 그린스폿(Green Spot)과 옐로스폿(Yellow Spot)은 많은 사랑을 받는 포트스틸위스키로 자리 잡았다.

미들턴 브랜드(Midleton Brands)

20세기에 나타난 위스키 문화의 부활을 목격하고 레드브레스트와 그린스폿을 통해 고전적인 포트스틸위스키의 가능성을 인지한 아이리시 디스틸러스 그룹은 미들턴을 브랜드로 새로운 싱글포트스틸위스키 제품군을 내놓았다. 지금은

추천 위스키

옐로스폿 12년
YELLOW SPOT 12 YEAR

그린스폿과 형제 관계지만 숙성 햇수와 도수가 더 높으며, 버번과 올로로소 셰리, 말라가 와인 배럴의 조합으로 숙성했다. 잘 익은 살구 풍미를 뚫고 나오는 스파이시함이 느껴진다. 그린스폿보다 가격이 조금 더 비싸다.

46% ABV

데어 게일락
DAIR GHAELACH

버번 배럴에서 숙성한 후 킬케니 지역에서 자라는 아일랜드 토종 참나무(Dair ghaelach) 배럴에서 피니싱한 최초의 제품이다. 다른 지역과 마찬가지로 아일랜드도 영국의 해상 지배를 위한 선박 건조용 목재를 공급하느라 삼림 파괴를 겪은 바 있다. 마스터 쿠퍼 제르 버클리(Ger Buckley)는 아일랜드 참나무로 혹스헤드를 만들어냈고, 미들턴은 버번 배럴과 셰리 캐스크에서 숙성한 포트스틸위스키를 결합해 이 아일랜드산 배럴에서 1년 더 숙성해서 놀라운 맛을 이끌어냈다.

58.2% ABV

위스키 상식

미국의 아이리시위스키 소비량은 1997년 30만 상자에서 2017년 400만 상자로 크게 증가했다.

은퇴한 마스터 디스틸러 배리 크로켓(Barry Crockett)은 미들턴 증류소 부지에서 태어난 것으로도 유명한데, 그의 이름을 달고 출시된 제품은 매우 구하기 힘들지만 한 번쯤 찾아 나설 가치가 있는 작품이다.

새로운 물결

아이리시위스키는 현재 부활의 과도기에 있으며, 아일랜드 공화국과 북아일랜드에는 2025년까지 약 40개의 새로운 증류소가 생겨날 것으로 보인다. 일부는 생산설비 가동을 위해 분주히 움직이고 있으며, 틸링(Teeling), 딩글(Dingle), 월시(Walsh), 웨스트코크(West Cork), 탈라모어듀(Tullamore D.E.W.), 피어스 라이언스(Pearse Lyons), 워터포드(Waterford) 등은 이미 가동 중이다. 몇몇은 생산에 착수한 지 몇 년 만에 이미 아일랜드를 넘어 미국으로도 수출하고 있다. 지금부터는 앞날이 유망한 신생 업체들을 함께 살펴보자.

그레이트노던과 틸링(Great Northern and Teeling)

2010년, 존 틸링과 동업자들은 매수 의사를 밝혀온 빔산토리에 쿨리 증류소를 매각하고 두 개의 증류소를 새로 설립했다. 하나는 더블린 북쪽 라우스의 던도크 증류소(Dundalk Distillery) 자리에 2015년 문을 연 그레이트노던 증류소(Great Northern Distillery)다. 그레이트노던의 생산능력은 1,600만 리터로, 포친부터 시작해 그레인, 몰트, 포트스틸, 피티드, 더블몰트, 트리플몰트에 이르기까지 모든 종류의 위스키를 제조할 수 있다. 그레이트노던은 일종의 계약 증류업체로, 다양한 브랜드와 계약을 맺고 위스키를 생산한다. 이는 틸링이 처음 쿨리 증류소를 설립했을 때 세웠던 계획과 유사한 방향이다.

다른 하나는 2015년에 운영을 시작한 새로운 틸링 증류소(Teeling Distillery)다. 이곳의 소유주이자 운영자는 존 틸링의 아들인 스티븐(Stephan)과 잭(Jack)으로, 이들은 더블린 위스키의 위상을 다시금 드높이고 틸링이라는 이름을 미래로 이어가고자 새로운 증류소 건물을 맞춤형으로 건설했다. (새로운 틸

추천 위스키

틸링 포트스틸 아이리시위스키
TEELING POT STILL IRISH WHISKEY

틸링은 2018년 처음으로 소싱이 아닌 자체 제작 위스키를 출시했다. 보리 몰트 50%와 생보리 50%로 만든 이 포트스틸위스키는 새 증류소에서 만든 제품으로, 2015년 증류한 첫 배치를 버번 배럴, 새 오크통, 와인 캐스크 등에 숙성해 6,000병 한정으로 생산했다. 오리건 출신의 마스터 디스틸러 알렉스 차스코(Alex Chasko)는 틸링의 스타일에 맞춘 다회 숙성으로 풍미의 복합성을 극대화했다고 밝혔다.

46% ABV

○ 아일랜드 더블린에 위치한 틸링 위스키 증류소의 마스터 디스틸러 알렉스 차스코.

추천 위스키

나포그캐슬 16년
KNAPPOGUE CASTLE 16 YEAR

가볍고 섬세하며 과일 향이 나는 이 위스키는 버번 배럴에서 14년 숙성 후 셰리 캐스크에서 2년 피니싱한 제품이다. 진하고 풍부하면서도 보디감은 가벼우며, 시트러스와 크림의 풍미가 함께 느껴지는 균형감이 뛰어나다.

46% ABV

링 증류소는 스티븐과 잭의 고조부가 운영했던 매로우본레인 증류소와도 가까운 거리에 있다.)

캐슬브랜즈(Castle Brands)

텍사스의 석유 사업가 마크 에드윈 앤드루스(Mark Edwin Andrews)와 그의 건축가 아내 라본(Lavonne)은 1964년 아일랜드 클레어에 있는 나포그 성(Knappogue Castle)을 구입했다. 그런데 15세기에 건설된 이 성에는 깜짝 선물이 숨어 있었다. 100년 넘게 방치된 이 성의 와인 저장고에 아주 희귀한 아이리시 싱글몰트위스키가 몇 통 남아 있었던 것이다. 이렇게 아이리시 위스키를 처음 접한 앤드루스는 인근 지역의 폐쇄된 증류소에서 싱글몰트를 몇 배럴씩 사들이기 시작했다. 처음에는 이렇게 모은 위스키를 병에 담아 마시며 개인적으로 즐겼다. 그러던 중 그는 세상에서 가장 오래되고 가장 희귀한 아이리시위스키로 알려진 보물을 발견했다. 예전 B. 달리(B. Daly) 증류소에서 1951년에 만든 싱글몰트위스키 한 통이었다(당시에는 오펄리의 탈라모어듀로 알려져 있었다). 1987년, 셰리 캐스크에 담겨 있던 이 위스키는 병에 담겨 36년 숙성 싱글몰트로 출시되었다. 아이리시위스키계의 패피 반 윙클이었다.

앤드루스가 세상을 떠난 후 아들인 마크 에드윈 앤드루스 3세는 미국에서 수입업체 캐슬브랜즈를 설립했다. 예전 그 배럴에 담겨 있던 위스키는 모두 사라졌지만, 캐슬브랜즈는 원액 소싱을 통해 삼중 증류 아이리시 싱글몰트위스키 제품군으로 브랜드를 확장했다. 다양한 숙성 햇수로 출시되며, 전반적으로 과일과 꿀, 비스킷 향이 느껴지는 가벼운 맛이지만 숙성 기간이 길어질수록 더 풍부하고 복합적인 풍미를 낸다.

○ 아일랜드 나포그 성.

추천 위스키

딩글 배치3
DINGLE BATCH NO. 3

배치2의 성공적인 완판에 이어 이 작은 증류소에서 소량으로 생산된 배치3이 미국 시장까지 도달했다. 단식 증류기로 3차까지 증류한 싱글몰트위스키로, 버번과 포트와인 캐스크에서 숙성했다. 1만 3,000병은 46.5% ABV로 출시되었고, 500병은 캐스크스트렝스로 출시되었다. 쉽지는 않겠지만 한번 찾아 나서보자.

추천 위스키

글렌달로그 13년 미즈나라 피니시 싱글몰트
GLENDALOUGH 13 YEAR
MIZUNARA FINISH SINGLE MALT

아이리시위스키 중 최초로 일본의 신갈나무 재질의 미즈나라 캐스크로 피니싱했다. 신갈나무는 귀하고 향이 좋지만, 다른 참나무에 비해 다공성이다. 미즈나라 피니싱이 세계의 많은 소규모 크래프트 증류업체들 사이에 유행처럼 번지고 있는 가운데, 글렌달로그는 꽤나 적절한 활용으로 과일 풍미의 위스키에 고대 사원의 의식을 연상케 하는 풍미를 더했다.

42% ABV

딩글(Dingle)

미국 크래프트 운동의 신생 증류소들과 마찬가지로 딩글 또한 경험보다는 열정이 앞서지만, 이들에게는 아일랜드의 전통에 대한 깊은 존중과 더 많은 지식에 대한 갈증이 있다. "우리가 '부드러운 스카치위스키'나 만들자고 모인 건 아니잖아요?" 헤드 디스틸러 마이클 월시(Michael Walsh)의 말이다.

미국의 신생 업체들과 마찬가지로 위스키가 준비되기를 기다리며 딩글이 판매하는 주력 상품은 진과 보드카다. 그러나 딩글이 내놓은 소량의 위스키는 생산 속도가 따라가지 못할 만큼 빠르게 팔려나가고 있다. 일일 뉴메이크 스피릿 생산량이 캐스크 네 개인 딩글은 스코틀랜드의 에드라우어(Edradour)나 스프링뱅크(Springbank) 같은 탄탄한 소규모 증류소의 장인 정신을 표방한다. 딩글이 처음부터 내세운 자신만의 개성과 아이리시위스키에 대해 지닌 비전은 그 자체로도 박수를 받아 마땅하다.

딩글은 버번, 포트, 셰리, 마데이라, 샴페인, 레드 와인 등 여섯 가지 배럴을 활용한 싱글몰트 제품들을 배치별로 선보일 예정이다. 냉각 여과는 하지 않으며, 배치별로 병입 도수가 다르지만 모두 46% ABV 이상이다.

글렌달로그(Glendalough)

더블린 남쪽 위클로산맥에 위치한 글렌달로그 증류소는 지역의 6세기 수도원에서 차용한 역사적 이미지를 홍보에 적극 활용한다. 글렌달로그의 라벨에 등장하는 성 케빈(St. Kevin)은 6세기의 신화적인 전사 겸 성직자로, 오늘날로 치면 마블의 슈퍼히어로와 같은 인물이다(전해지는 바에 따르면, 성 케빈은 다른 사람들보다 500년이나 앞서 증류법을 배웠다고 한다). 성 케빈은 글렌달로그 증류소의 사람들이 위스키를 생산하고 판매하며 느끼는 큰 즐거움을 상징하기도 한다.

많은 신생 업체와 마찬가지로 글렌달로그도 3대 증류소 중 한 곳에서 원액을 공급받아 '세계 곳곳(주로 미국과 스페인)'에서 공수해온 배럴들로 다양한 피니싱을 시도한다. 꽤나 대담한 이들의 시도는 위스키 마시는 즐거움을 다시 일깨워준다.

○ 아일랜드 오펄리에 위치한 새로운 탈라모어듀 증류소의 증류기.

탈라모어듀(Tullamore D.E.W.)

스코틀랜드의 유서 깊은 가족 소유 증류주 기업 윌리엄그랜트앤선즈(William Grant & Sons)는 꽤나 탁월한 투자 감각을 지니고 있다. 수많은 기업이 생기고 사라지는 위스키업계에서 윌리엄그랜트앤선즈는 진에서 버번에 이르기까지 다양한 고급 증류주에 성공적인 베팅을 이어온 결과 현재까지 굳건히 버텨오고 있다. 이들이 새롭게 매입한 탈라모어듀는 윌리엄그랜트앤선즈의 투자 성공 행진을 새로운 차원으로 끌어올릴 것으로 보인다.

윌리엄그랜트앤선즈는 탈라모어듀를 위해 아일랜드에서 100년 만에 처음으로 계획 설계된 증류소를 신축했다. 여기에 들어간 비용이 2억 달러 이상이니, 그야말로 '올인'이라고 볼 수 있다. 거대한 신규 증류 시설에는 자체 숙성고와 매시룸, 두 개의 증류실(그레인위스키용과 몰트/포트스틸위스키용), 곡물 저장고가 설치되어 있으며 연간 생산 역량은 1,400만 리터에 달한다.

탈라모어듀라는 이름이 주는 혼란을 피하기 위해 잠시 그 역사를 살펴보자. 탈라모어 마을에는 달리(Daly) 가문 소유의 증류소가 있었다. 1892년 문을 연 이 증류소는 더블린 스타일과 유사한 포트스틸위스키를 만들었다. 시간이 흐르며 이곳의 소유권은 증류소에서 마구간지기로 일했던 대니얼 E. 윌리엄스(Daniel E. Williams)에게 넘어갔다. 브랜딩의 가치를 이해했던 대니얼은 증류소에 마을 이름을 붙이고 자기 이름의 약자인 D.E.W.를 끝에 추가했다. 손자인 데즈먼드(Desmond)는 포트스틸위스키와 그레인위스키를 섞은, 오늘날 블렌디드위스키로 알려진 스타일을 만들며 증류소의 유산을 이어갔다. 원래의 탈라모어 증류소는 1950년대에 문을 닫았다.

추천 위스키

탈라모어듀 피닉스 리미티드 에디션

TULLAMORE D.E.W. PHOENIX LIMITED EDITION

탈라모어듀 12년과 마찬가지로 그레인, 몰트, 포트스틸이라는 세 가지 스타일을 블렌딩했으나 포트스틸위스키의 비율이 더 높다. 올로로소 셰리 캐스크에 피니싱해 55% ABV의 높은 도수로 병입했다.

55% ABV

웨스트코크 10년

WEST CORK 10 YEAR

아일랜드 서쪽 대서양 군도에 위치한 웨스트코크 디스틸러스(West Cork Distillers)의 시작은 어설펐다. 평생을 직업 어부로 살아온 두 친구가 또 다른 친구와 함께 2003년 웨스트코크를 설립했다. 첫 싱글몰트 제품은 외부에서 소싱한 원액으로 제조한 것이었지만, 현재는 증류소에서 삼중 증류 방식으로 모든 위스키를 직접 생산한다. 웨스트코크 10년 싱글몰트는 사랑스러운 향으로 부담 없이 마실 수 있으며, 풍부한 여운을 남긴다.

40% ABV

위스키 상식

19세기 후반에는 아일랜드와 미국 모두 선술집 문화가 크게 발달했다. 위스키의 철자에 'e'를 넣는 아일랜드 방식이 미국으로 건너가게 된 것은 선술집을 통해서라고 추정하는 이들도 많다.

추천 위스키

아이리시맨 파운더스 리저브 마르살라 캐스크
THE IRISHMAN FOUNDER'S RESERVE MARSALA CASK

월시가 자체 생산한 제품으로, 싱글몰트 70%와 포트스틸위스키 30%를 혼합해 마르살라 와인 혹스헤드 캐스크에서 1년간 피니싱했다. 풍성한 느낌과 함께 과일 향이 돋보인다.

46% ABV

월시 위스키(Walsh Whiskey)

월시 위스키는 문을 연 지 얼마 되지 않은 신규 업체로 아직 자체 생산 위스키를 시장에 내놓기 전이다. 하지만 이들이 보여주는 혁신적인 사고와 모범적인 경영방식을 보면 헤드 디스틸러인 리사 라이언(Lisa Ryan)이 나아가고자 하는 방향을 짐작할 수 있다. 3,000만 달러를 투자한 월시의 증류소는 보리 생산 지역 한가운데의 200년 된 부지에 자리 잡고 있다. 주변 풍경이 특히 아름다운데, 연간 7만 명 이상의 방문객을 기대하며 개발 당시부터 주변환경을 염두에 두었다.

소유주인 버나드 월시(Bernard Walsh)와 로즈마리 월시(Rosemary Walsh)는 커피와 음료업계의 베테랑으로, 수년간 아이리시 크림리큐어 아이리시맨(The Irishman)을 비롯한 브랜드를 개발해 왔다. 부부는 미들턴에서 소싱한 원액으로 아이리시위스키를 즐기는 이라면 이미 익숙할 두 브랜드, 라이터스티어스(Writer's Tears)와 아이리시맨(The Irishman) 위스키를 제조하기도 했다.

추천 위스키

피어스 라이언스 오리지널 블렌드
PEARSE LYONS ORIGINAL BLEND

숙성 햇수 5년 이상의 싱글몰트 원액들을 매링한 후 그레인위스키와 블렌드해 버번 배럴에서 숙성하고 버번과 버번 스타우트 배럴에서 피니싱했다. 버번 배럴은 모두 올테크에서 공수했다. 그레인위스키 원액은 3대 업체 중 한 곳에서 소싱했으나, 싱글몰트는 모두 자체 생산했다. 시트러스 노트와 너무 달지 않은 초콜릿 향으로 부담 없이 가볍게 즐길 수 있다.

43% ABV

피어스 라이언스(Pearse Lyons)

더블린 시내에 있는 16세기 세인트제임스성당의 창문으로는 로 증류소의 흔적을 볼 수 있다. 한때 아일랜드에서 가장 큰 규모를 자랑했던 증류소 풍차는 날개가 떨어진 채 구리 덮개를 뒤집어쓰고 있다. 노르만족 치하에서 최초로 건립된 성당 중 하나인 세인트제임스성당은 이제 피어스 라이언스 증류소가 되었고, 성당 건물에서는 증류가 이루어진다.

피어스 라이언스는 켄터키 올테크 디스틸링(Alltech Distilling)의 피어스 라이언스가 2011년 설립했다. 다른 신생 업체들과 마찬가지로 피어스 라이언스 또한 자체 생산한 위스키가 숙성되는 동안 3대 업체에서 공수한 원액으로 다양한 캐스크 제품을 선보이며 특수 피니싱 위스키의 강자가 되겠다는 야심을 보여주고 있다.

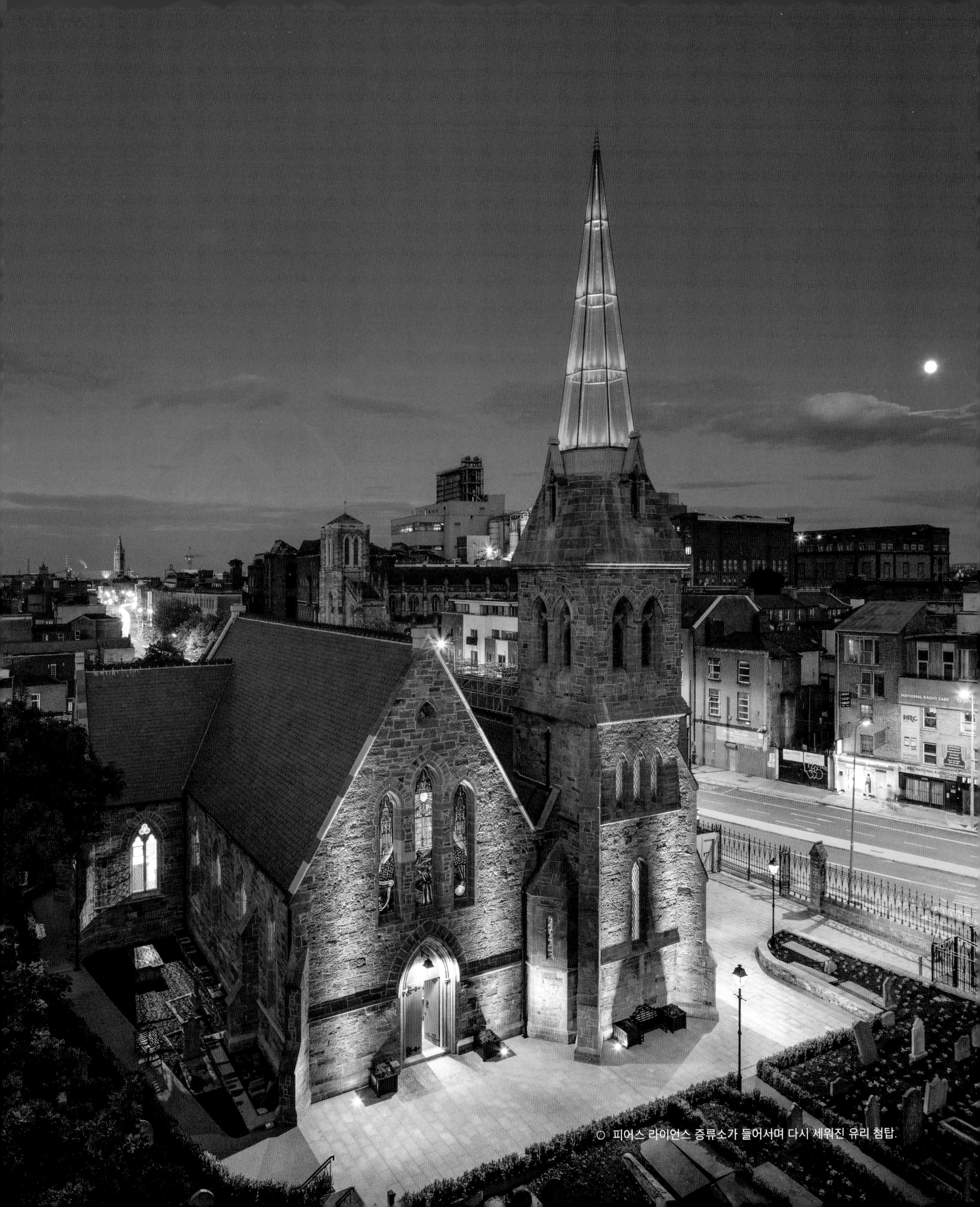

○ 피어스 라이언스 증류소가 들어서며 다시 세워진 유리 첨탑.

아이리시위스키
시음 가이드

미국에서 위스키는 원산지나 스타일에 상관없이 알코올 도수 40% ABV 이상이다. 시음을 진행할 위스키는 이러한 사항을 염두에 두고 선정했으며, 스타일별로 분류했다. 가볍고 섬세한 뉘앙스의 위스키는 목록 위쪽에, 숙성 햇수가 길거나 도수가 높고 (나무 향, 훈연 향, 향신료 향 등) 풍미가 무겁고 진한 위스키는 아래쪽에 배치했다. 숙성 햇수가 위스키의 품질을 결정하지는 않는다는 점을 꼭 기억하자.

750밀리리터 제품 기준 가격 가이드 (※ 2019년 미국 시장 기준)

위스키를 가격대별로 나누는 것은 쉽지 않은 일이다. 같은 품질의 위스키라고 가정했을 때, 유명한 대형 증류소는 대량 생산과 효율적인 유통으로 작은 증류소보다 가격을 낮출 수 있다. 해외에서 수입되는 위스키의 경우 운송과 영업비용 등 더 많은 간접비가 발생하며, 이는 가격 상승의 요인이 된다. 가격 분류는 ('초고가'를 제외하고) 미국증류주협회(Distilled Spirits Council of the United States)의 기준을 따랐다. 가격 가이드는 그야말로 일반적인 안내라는 점을 밝힌다. 가격 분류 시 여러 소매업체에 조언을 구했으며, 가격이 위스키의 품질을 좌우하지는 않는다는 사실을 밝힌다.

저가 Value	★★
프리미엄 Premium	★★★
상위 프리미엄 High End Premium	★★★★
슈퍼 프리미엄 Super Premium	★★★★★
초고가 Off the Chart	★★★★★★

서서히 부활 중인 아이리시위스키

아일랜드는 20세기 들어 몰락하기 전까지 위스키 세계의 지배자였다. 다시 예전의 명성을 조금씩 되찾고 있는 지금, 부시밀스와 미들턴, 쿨리 등 세 개의 증류소가 가장 큰 시장을 점하고 있으며, 다양한 소규모 업체들은 인내심을 가지고 자체 생산 위스키의 숙성을 기다리고 있다. 시음 목록은 현재 출시된 대표적인 스타일 위주로 구성했다. 신규 업체 제품의 경우 3대 증류소의 원액을 활용해 제조했을 가능성이 높다.

제임슨 트리플 디스틸드 ★★
Jameson Triple-Distilled

틸링 싱글그레인 ★★★
Teeling Single Grain

파워스 존스레인 릴리스 싱글포트스틸 ★★★★
Powers John's Lane Release Single Pot Still

나포그캐슬 14년 트윈 우드 ★★★★
Knappogue Castle 14-year Twin Wood

레드브레스트 12년 ★★★★★
Red Breast 12-year

매켄지스 퓨어포트스틸 ★★★
McKenzie's Pure Pot Still
(사실 이 제품은 진짜 '아이리시위스키'는 아니다. 매켄지스는 뉴욕주에 위치한 핑거레이크스 디스틸링Finger Lakes Distilling에서 만드는 유일한 미국산 포트스틸 스타일 위스키다.)

코네마라 피티드 싱글몰트 ★★★★★
Connemara Peated Single Malt

대체 목록

킬베간 그레인위스키 ★★★
Kilbeggan Grain Whiskey

라이터스티어스 포트스틸 블렌디드 ★★★
Writer's Tears Pot Still Blended

딩글 싱글몰트(배치2) ★★★★★
Dingle Single Malt(Batch #2)

티어코넬 10년 셰리 캐스크 ★★★★★
Tyrconnel 10 Year Sherry Cask

미들턴 베리 레어 ★★★★★★
Midleton Very Rare

○ 스코틀랜드 글렌고인 증류소에서 거대한 단식 증류기의 주입구를 닫는 모습

PART 7

스카치 위스키

스코틀랜드는 억압적인 권력자에 저항해 수천 년을 맞서 싸우며 형성된 높은 자부심과 강한 정체성을 지닌 지역이다. 고대 켈트족과 스코트족, 픽트족의 용맹함은 로마의 근위대를 위협했고, 로마 황제 두 명은 무자비하게 이어지는 끊임없는 공격을 막기 위해 방벽까지 세워야 했다. 영국의 군주들은 수 세기에 걸쳐 스코틀랜드를 정복하려 애썼다. 처음에는 군사적 정복을, 나중에는 세금을 통한 통제를 시도했지만, 평소 작은 왕국과 씨족 집단으로 분열되어 싸워대던 스코틀랜드인들은 외부의 위협이 있을 때면 롭 로이 맥그리거(Rob Roy MacGregor), 윌리엄 월리스(William Wallace), 로버트 1세(Robert the Bruce) 등 전설적인 지도자의 깃발 아래 단결해 적을 격퇴했다.

험준한 하일랜드 지역의 협곡과 강가 계곡에서 탄생한 스코틀랜드 위스키는 스코틀랜드인의 불같은 저항정신 그리고 운명을 스스로 개척하려는 고집스러운 열망을 담고 있다. 불멸의 시인 로버트 번스(Robert Burns)는 "오래된 좋은 벗인 스코틀랜드의 술(guid auld scotch drink)"을 마시는 것 자체가 저항 행위라고 표현했다. 이렇게 유구한 반란의 역사를 생각할 때 현재 스카치위스키 브랜드 대부분을 스코틀랜드계가 아닌 회사가 소유하고 있다는 사실은 꽤나 아이러니하다. 스코틀랜드에서 가동 중인 증류소는 117곳이며, 그 수는 지금도 계속 증가하고 있다(미국에서 지난 20년간 크래프트 위스키 붐이 일며 증류소가 갑자기 확 늘기 전까지는 그 어느 나라보다도 많은 숫자였다). 그 117개 중 약 3분의 2는 외국 기업이 소유하고 있으며, 대부분은 잉글랜드나 프랑스계다.

이는 어찌 보면 스카치위스키의 세계적인 성공이 불러온 결과다. 스카치위스키는 많은 이가 원하는, 그리하여 가장 널리 유통되고 모방되는 위스키가 되었다. 스카치위스키를 마신다는 것은 경제적 여유의 상징이기도 했다. 그렇게 스카치위스키는 전 세계적으로 위스키라는 술을 정의하게 되었다. 세계 위스키의 기준은 특정한 매시빌도, 곡물 배합도 아니다. 그 기준은 스코틀랜드 싱글몰트와 블렌디드위스키다.

간략하게 살펴보는 스카치위스키의 역사

위스키가 위스키라는 이름을 얻게 된 데는 스코틀랜드의 역할도 있었다. 라틴 수도사들에게 위스키의 기원은 '생명의 물' 즉 아쿠아 비테(aqua vitae)였다. 이는 마실 수 있는 음료로 알코올을 증류한 최초의 사례였다. 성직자들은 예배에서 이 생명의 물을 개종과 축복의 도구로 활용했다. 생명의 물인 증류주는 유럽 전역으로 퍼지며 각기 다른 형태와 명칭을 가지게 되었다.

- 프랑스에서는 포도를 비롯한 과일을 증류해 만든 '오드비(eau-de-vie)'로 발전했다.
- 발칸 지역에서는 다양한 슬라브계 언어로 '보다(woda, '작은 물'이라는 의미)'라고 불리다가 나중에 보드카로 발전했다.
- 북유럽 지역에서는 아콰비트(aquavit)로 발전했고, 현재도 같은 명칭으로 부른다.
- 아일랜드 게일족은 '생명의 물'을 자신들의 언어로 옮겨 이시케 바하(uisce beatha)라는 이름을 붙였다.
- 스코틀랜드의 켈트족과 게일족은 우쉬크바(usquebeagh)라고 불렀다.
- 잉글랜드가 스코틀랜드와 아일랜드를 상대로 수 세기에 걸친 정복 작전을 벌이면서 이시케 바하와 우쉬크바는 우슈카(whushka)가 되었고, 시간이 흐르며 위스키가 되었다.

증류 기술을 들여온 아일랜드 수도사들

오늘날 우리가 마시는 위스키의 전신은 아일랜드에서 '발명'되었을 가능성이 높다. 그러나 그 시절에는 스코틀랜드라는 구분도, 아일랜드라는 구분도 없었다. 그저 거친 바다에 둘러싸인 바람이 몰아치는 땅덩어리, 거친 해안선 그리고 그곳

추천 위스키

포트샬럿 헤빌리 피티드 아일라 발리

PORT CHARLOTTE HEAVILY PEATED ISLAY BARLEY

은퇴한 마스터 디스틸러 짐 매큐언이 아일라섬의 브룩라디 증류소에서 클래식한 스타일로 만든 작품이다. 40PPM의 헤비 피트지만, 넥이 긴 우아한 모양의 증류기에서 나오는 꽃향기로 첫인상을 보여준다. 보리와 피트는 모두 아일라산으로, 이 위스키에 진정한 프로비넌스(원산지성)을 부여한다.

50% ABV

스프링뱅크 15년

SPRINGBANK 15 YEAR

스프링뱅크는 캠벨타운에 남아 있는 단 두 개의 증류소 중 하나다(지난 100년간 30개의 증류소가 문을 닫았다). 마니아들 사이에 엄청난 인기를 끌고 있는 이 제품은, 바닷가에 위치한 빅토리아 시대풍 증류소에서 만든다. 여기저기 걸려 있는 거미줄부터 앙칼진 고양이, 어디선가 유령이라도 나타날 것 같은 낡은 건물이 분위기를 더한다. 셰리 노트가 강하며, 바다 내음이 느껴지는 이 위스키를 한잔 주문하면, 바텐더도 놀라고, 마시는 사람도 깜짝 놀랄 것이다.

46% ABV

벤리악 큐리오시타스

BENRIACH CURIOSITAS

벤리악 증류소는 1898년에 설립되었다. 스페이사이드에서 만들어진 이 특출 나게 스모키한 위스키는 19세기에서 20세기 초까지 즐겨 사용된 방식으로 보리를 피트 처리한 몇 안 되는 제품이다. 아일라 위스키만큼 강하지는 않은 약품 향으로 피트가 모두 똑같지는 않다는 점을 잘 보여준다. 나무 연기 향과 축축한 흙 내음에 과일 향과 비스킷 향이 어우러진다.

40% ABV

라프로익 10년

LAPHROAIG 10 YEAR

초보자가 쉽게 즐길 수 있는 맛은 아니지만, 헤브리디스 위스키 문화를 가장 잘 보여주는 위스키를 하나 고른다면 바로 이 친근한 라프로익 10년이 될 것이다. 라프로익은 위스키 애호가라는 훈장을 달기 위해 반드시 건너야 할 다리와도 같다. 만약 어느 날 지구에 착륙한 외계인이 "스카치가 무엇인가요?"라고 물으면 라프로익 10년을 한잔 따라주는 것은 어떨까? 약품 향과 피트 향, 과일 향 가득한 그 매끈한 맛에 반한 외계인은 라프로익 병을 촉수로 소중하게 감싸안고 다시 돌아갈지도 모른다.

43% ABV

○ 스코틀랜드의 수도사들.

을 지배하는 여러 씨족만이 존재했을 것이다. 증류를 이 땅에 처음 들여온 것은 아일랜드 수도사들이었다. 드루이드교도들의 땅이었던 서부 해안 외곽 헤브리디스제도에 복음을 전파하라는 교회의 명을 받은 이들이었다. 그렇게 그곳에 정착해 살아가던 가톨릭 수도사들은 16세기 헨리 8세가 성공회를 창설하며 수도원에서 쫓겨났다. 수도원을 나온 수도사들은 떠돌이 치료사로, 박식한 학자로, 동식물을 연구하는 박물학자로 살아갔다. 많은 이가 아일랜드 최북단에서 스코틀랜드 킨타이어반도로 건너갔고, 자이언트코즈웨이에서 아일라섬의 핀라간과 아우터헤브리디스제도로 향했다. 수도사들은 치료제와 발효 허브 그리고 수 세기 전 무어인들에게서 배운 증류 기술을 함께 가져갔다. 그들은 그렇게 가져간 치료제와 기술로 스코틀랜드의 왕들과 씨족 우두머리들에게 환심을 사고 그 가족들을 모시며 자신들이 떠나온 에이레(Eire, 아일랜드의 옛 이름—옮긴이)와 같은 전통을 지닌 농부들과 동화되었다.

스코틀랜드 문헌상 위스키에 대한 최초의 언급은 1494년의 "여덟 볼(스코틀랜드의 중량 단위—옮긴이)의 몰트로 아쿠아 비테를 만드는" 존 코어(Jon Cor) 수사에게 세금을 부과했다는 기록이다(최초 기록이 세금 기록이라는 점은 크게 놀랍지 않다). 다소 지루한 연구 끝에 알아낸 바에 따르면, 여덟 볼의 몰트로 만들 수 있는 위스키는 약 800갤런으로, 결코 적은 양이 아니다. 아마도 우리의 수도사께서는 꽤나 큰 사업을 운영하고 있었던 것으로 보인다. 그리고 그 사업은 하루아침에 만들어진 것이 아니었다.

그리고 다시, 과세자들

위스키에 대한 소비세는 1644년부터 존재했다. 그러나 1725년 영국이 가혹한 맥아세를 도입하면서 글래스고와 에든버러에서는 폭동이 일어났다. 하일랜드 지역의 언덕에서는 수천 명이 쏟아져나와 시위를 벌였고, 과세와 폭동은 이후의 변화에도 큰 영향을 끼쳤다. 맥아세 도입 전까지 스코틀랜드의 하일랜드 지역 농장에서는 발아한 보리를 증류해 흔히 밀주를 만들었다. 우쉬크바를 만드는 것은 당연한 생득권이었다.

맥아세 도입 이후 불법 증류는 급증했다. 하일랜드인들은 위스키 제조법을 바꿀 생각이 없었다. 그들은 질 낮은 다른 곡물을 섞지 않겠다며 100% 발아 보리만을 고집했다. 맥아세와 자코뱅 반란은 하일랜드인과 로우랜드 농민들의 차이를 극명하게 드러냈다. 하일랜드인들은 원래도 로우랜드 증류소의 위스키 품질이 떨어진다고 깔보는 경향이 있었다. 얼마 지나지 않아 추가적인 세금이 부과되며 하일랜드의 위스키 생산은 더 어려워졌고, 궁지에 몰린 밀주 생산자와 밀수꾼들은 하일랜드의 협곡을 떠나 서쪽 해안과 섬으로 향했다. 수백 년 전 그들의 위스키가 시작된 바로 그곳이었다.

바닷가로 이동하며 해상 접근권을 확보하고 왕의 징세관도 피할 수 있게 된 증류업자들은 생산을 이어가며 판매와 유통 방법을 찾았다. 곳곳에서 증류소 영업이 시작되었다. 1790년에는 북부 하일랜드의 발블레어(Balblair)에, 1794년에는 오반(Oban)에, 1810년에는 주라섬(Isle of Jura)에, 1819년에는 클라이넬리시(Clynelish)에 증류소가 생겨났다. 아일라섬의 유명한 '남쪽 해안' 증류소들인 아드벡(Ardbeg), 라가불린(Lagavulin), 라프로익은 모두 1815년에서 1816년 사이 비슷한 시기에 등장했다.

오랜 세월 이어진 가혹한 세금 정책 끝에 마침내 숨통이 트이는 순간이 왔다. 1823년 정부가 소비세법을 개정하며 밀주 제조 단속은 강화하는 대신 합법적 증류는 장려한 것이다. 법 개정 당시 스코틀랜드에는 약 1만 4,000개의 불법 증류소가 존재했다. 법이 개정되며 합법적인 증류소는 더 유리한 조건에서 위스키를 생산해 적절한 수익을 올리고 품질을 개선할 수 있게 되었다. 20년 만에 1만 4,000개의 증류소는 200개 미만으로 추려졌고, 이렇게 세계 진출을 위한 발판이 마련되었다.

○ 어두운 밤 협곡에서 우쉬크바를 증류하는 모습.

추천 위스키

아벨라워 16년
ABERLOUR 16 YEAR

아벨라워 16년은 스코틀랜드 내륙에서 생산된 '헤비 몰트' 중 하나다. 아벨라워의 위스키는 피트 향이 감도는 아벨라워강('재잘대는 개천')의 물로 만든다. 절반 정도 라우터링한 매시를 낮은 증류기에 증류해 셰리 캐스크와 버번 배럴에서 숙성한 제품으로, 과일 향과 꽃향기가 가득하다. 시바스브러더스의 블렌딩 디렉터 샌디 히슬롭(Sandy Hyslop)이 블렌딩 팀과 함께 내놓은 작품이다.

40% ABV

피트 몬스터 바이 컴퍼스박스
PEAT MONSTER BY COMPASS BOX

이제 공식적으로 '블렌디드몰트'로 표기되는 스타일로, 그레인위스키를 제외하고 세 가지 또는 네 가지 싱글몰트위스키로만 블렌드했다. 컴퍼스박스의 창립자인 존 글레이저(John Glaser)는 이 블렌딩을 통해 스모키함과 과일 향의 균형을 찾았다. (티처Teacher의 피티드 아드모어를 비롯한) 몰트위스키만으로 창조한 이 탁월한 위스키는 거친 하일랜드 몰트위스키를 다듬어 균형을 맞추려 했던 어셔의 시도(195쪽 참고)를 현대적인 방법으로 실행에 옮긴 성공적인 작품이다.

46% ABV

스카치위스키의 부상

1830년, 이니어스 코피는 자신이 발명한 연속식 증류기에 특허를 냈다. 코피 증류기는 한동안 이어진 연속식 증류 혁신의 마지막 고리로, 막 성장하고 있던 위스키산업을 뒤집어놓을 중요한 발명품이었다. 코피 증류기를 사용하면 값비싼 몰트를 적게 쓰면서도 많은 양의 증류주를 뽑아낼 수 있었다. 대신 단식 증류기에서 얻을 수 있는 풍부한 특성은 기대할 수 없었다. 연속식 증류 반대파는 아무 특성이 없는 이 증류주를 '조용한 술'이라고 비하했다. 그러나 연속식 증류기는 곡물이든 트리클(treacle, 설탕의 정제 과정에서 만들어지는 시럽으로, 당밀과 유사하다—옮긴이)이든 원료를 넣기만 하면 단식 증류와는 비교도 할 수 없는 양의 증류주를 뚝딱 생산해냈다. 연속식 증류기가 당시 위스키 제조에 미친 영향은 오늘날 인터넷이 우리 생활에 미친 영향에 버금갈 정도다. 연속 증류로 생산된 밍밍하고 조용한 술은 '떠들썩한' 하일랜드 몰트위스키와 만나 오늘날 우리가 아는 블렌디드스카치가 되었다. 기본 원소로 금을 만들고자 했던 옛 연금술사들이 알면 뿌듯해할 만한 소식이 아닐 수 없다.

○ 이니어스 코피.

○ 앤드루 어셔.

새로운 연금술사들

스카치위스키를 제대로 이해하기 위해서는 스코틀랜드의 전체 위스키 생산량 중 싱글몰트는 극히 일부에 불과하다는 점을 알아야 한다. 스코틀랜드 위스키업계 전체는 물론 개별 몰트위스키 증류소의 이윤 폭 또한 블렌디드위스키의 수출과 판매량이 좌우한다. 대략적인 추산에 따르면, 스코틀랜드에서 출하되는 위스키의 약 90%가 블렌디드위스키다.

1860년대 앤드루 어셔(Andrew Usher)와 그 동생인 존 어셔(John Usher)는 스코틀랜드에서 현대적인 형태의 '배팅(vatting)'과 블렌딩을 시작했다. 북부에 도로와 철도가 놓이며 하일랜드 몰트위스키가 로우랜드로 안정적으로 공급된 것은 1823년 소비세법 이후였다. 이렇게 공급된 하일랜드 위스키는 로우랜드에서 배팅을 거쳐 병입 후 재판매되거나 수출되기도 했다. 거칠고 숙성되지 않은 몰트위스키의 변덕스러운 특성들을 잘 다듬고 안정화할 방법을 찾으며 현재 우리가 아는 위스키 산업의 문이 열렸다.

스카치위스키 5대 생산지별 특징이라는 오해

잘못된 정보가 인터넷에 한번 퍼지기 시작하면 바로잡기가 매우 어렵다. 그중 하나가 바로 '스카치위스키 5대 생산지'에 대한 정보다. 인터넷에는 스카치위스키 생산지별로 맛과 스타일을 단순화해 정의하는 정보가 만연하다. 이러한 정보는 1980~1990년대 위스키업체들의 홍보 전략으로 처음 퍼지기 시작했다. 스카치위스키 업체들은 스코틀랜드를 잘 모르는 외국의 소비자들에게 당시로서는 생소했던 싱글몰트를 홍보하기 위해 특정 지역과 연결해 브랜딩하는 방식을 택했다. 그렇게 로우랜드, 하일랜드, 캠벨타운, 스페이사이드, 아일라라는 5대 스카치 생산 지역이 탄생했다(당시 캠벨타운에는 단 두 개의 증류소만 남아 있었다).

그러나 위스키 생산자들에게 5대 생산지 이야기를 물어보면 그게 얼마나 터무니없는 분류인지 알 수 있다. 상사나 홍보 담당자가 없는 데서 넌지시 물어보면 대부분 어이없다는 반응을 보이거나 심한 경우 바닥에 침을 탁 뱉을 수도 있다. 증류 담당자들이 볼 때 자신의 증류소에서 생산되는 위스키는 지역 전체와 특정 스타일을 공유하기는커녕 길 건너 증류소나 강 위쪽 증류소와도 확연히 다르다. 스페이사이드에도 피트 위스키가 있고, 아일라에도 피트를 쓰지 않은 위스키가 있다는 점은 이 오해에 대한 또 다른 반박이 될 수 있다. 게다가 딘스톤이 만드는 위스키와 하일랜드 파크가 만드는 위스키를 모두 '하일랜드 스타일'로 뭉뚱그리는 것은 마스티프와 푸들을 똑같이 보는 것과 다름없는 일이다.

○ 증류업자, 승마인, 멋쟁이였던 제임스 뷰캐넌.

시간이 흐르며 존 워커(John Walker)나 제임스 뷰캐넌(James Buchanan) 같은 주류 상인들의 저장고에는 하일랜드산 위스키가 점점 더 많이 들어찼고, 어느 순간 위스키 재고량은 프랑스나 스페인에서 들여온 와인과 브랜디보다도 많아졌다. 그러던 1864년 또 한 번의 놀라운 발견이 이루어졌다. 윌리엄 샌더슨(William Sanderson)이라는 상인이 셰리 오크통에 숙성하면 위스키의 맛이 더 좋아진다는 사실을 깨달은 것이다(샌더슨은 배트 69를 만든 장본인이기도 하다). 얼마 지나지 않아 셰리 운송용 오크통에 위스키를 숙성하는 것이 일반화되었다. 많은 주류업체가 거대한 오크통에 실어온 셰리를 다른 곳에 옮겨 담은 후 그 통에 하일랜드산 새 위스키를 담아 숙성하기 시작했다.

워커, 뷰캐넌, 어셔 같은 블렌더들의 명성이 높아지며 사업 또한 크게 성장했다. 이들은 공동으로 노스브리티시 증류소(North British Distillery)를 설립했다. 코피 연속 증류기로 블렌디드위스키 제조에 쓰일 그레인위스키를 안정적으로 생산하기 위해서였다. 한편 필록세라가 프랑스의 포도밭을 휩쓸며 와인과 브랜디 생산량이 급감했고, 스코틀랜드와 아일랜드 증류업체들은 브랜디의 자리를 차지하기 위해 군비경쟁에 버금가는 치열한 경쟁을 벌였다.

로우랜드의 그레인위스키 증류업자들은 스코틀랜드 최초의 대형 증류 기업인 디스틸러스 컴퍼니를 설립했다. 이들의 블렌딩 파트너인 뷰캐넌과 워커, 듀어, 어셔 그리고 나중에 합류한 피터 맥키(Peter Mackie)는 아일랜드 위스키업계가 거부한 코피 증류기를 받아들였다. 이들은 톡 쏘는 강렬함과 스모키함, 진한 과일 향 등을 특징으로 하는 하일랜드산 몰트위스키를 가볍고 부드러운, 거의 밍밍한 로우랜드산 그레인위스키와 블렌딩했다. 블렌더들은 몰트와 그레인을 적절히 섞어 원하는 풍미를 유연하게 구현하며 특정한 지역, 도시, 국가에 맞는 위스키를 만들어냈다. 가볍고 우아한 풍미에서 스파이시하고 진한 풍미, 스모키하고 풀 향이 나는 풍미까지 모두 자유자재로 구현할 수 있었다. 블렌더들은 팔레트 위 다양한 색깔처럼 펼쳐진 맛을 조합해 고객의 요구에 맞는 풍미를 캔버스 위에 그려냈다.

추천 위스키

피그스노즈 블렌디드 스카치위스키
PIG'S NOSE
BLENDED SCOTCH WHISKY

업체의 홍보에 따르면, "돼지의 코처럼 부드러운 위스키"를 표방한다. 돌려 따는 뚜껑을 보고 그저 그런 위스키로 오해하면 안 된다. 전체적으로 과일 향이 나면서 풍미가 잘 구성된 위스키로, 가벼운 스모키함이 기저에 깔린다. 상대적으로 덜 알려진 가성비의 보물이 아닐까 싶다. 온더록스로 즐기기에도 좋고 롭 로이(Rob Roy, 스카치위스키를 사용하는 칵테일—옮긴이) 제조용으로도 훌륭하다.

40% ABV

맥캘란 12년 더블 캐스크
MACALLAN 12-YEAR
DOUBLE CASK

맥캘란은 싱글몰트 카테고리에서 인기 위스키를 만드는 유서 깊은 증류소다. 스카치를 즐기지 않는 사람이라도 맥캘란이라면 한 번쯤 이름을 들어보았거나 조금 마셔봤을 가능성이 높다. 맥캘란이 새롭게 내놓은 12년 제품들은 업계 최고 수준의 배럴 숙성 프로그램으로, 셰리가 담겼던 아메리칸 오크와 유럽 오크를 함께 활용한 숙성 기술을 유감없이 보여준다. 따뜻하면서도 진한 느낌에 건포도와 꿀이 느껴지는 맛으로, 한 번 맛보면 평생 기억에 남을 것이다.

40% ABV

듀어스 12년 블렌디드 스카치
DEWAR'S 12 YEAR
BLENDED SCOTCH

토미 듀어(Tommy Dewar)가 20세기 후반 아버지의 위스키가 겪게 될 일을 알았다면, 통탄을 금치 못했을 것이다. 한때 높은 명성을 자랑했던 듀어스의 위스키는 '조용한 술'의 비중이 점점 높아지며 밍밍해졌고, 어느 순간 거슬리는 금속성 맛을 내기 시작했다. 다행히도 1998년 바카디가 브랜드를 인수하면서 꽤 많은 돈을 투자해 듀어스 위스키의 품질을 몇 단계 올려놓았다. 그렇게 출시한 12년 숙성 제품은 마침내 토미 듀어의 옛 정신을 어느 정도 되찾은 듯 보인다. 홈 바에 갖춰두고 매일 홀짝홀짝 마시기에 좋은 술이다.

40% ABV

블랙불 블렌디드 스카치위스키, 12년
BLACK BULL
BLENDED SCOTCH WHISKY, 12 YEAR

독립병입업체 던컨 테일러는 주로 최상의 싱글몰트 배럴을 찾아낸 후 바로 병입해 판매한다. 그러나 이 제품에는 블렌딩 기술을 발휘했다. 입안을 꽉 채우는 풍부한 느낌을 주는 이 블렌디드스카치의 몰트위스키 비율은 50%로, 숙성 햇수 표기 제품 중에는 가장 높은 비율이다. 훈연 향과 잘 익은 과일 향을 자랑하며, 싱글몰트 대용으로 마시기에도 좋다. 잔에 큰 얼음 한 덩어리를 넣고 온더록스로 마시며 서서히 드러나는 미묘한 풍미를 즐겨보자.

50% ABV

스카치맨과 스트라이딩맨

○ 토미 듀어.

토미 듀어는 위스키 판매를 위해 해외에서 활동한 첫 세일즈맨이었다. 그는 아버지인 존 듀어의 위스키를 홍보하기 위해 만든 광고에 체크무늬 킬트와 스포란(sporran, 킬트를 입을 때 벨트에 다는 작은 가죽 주머니—옮긴이), 재킷까지 갖춰 입은 스카치맨 이미지를 사용했다. 그의 논리는 간단했다. 소비자, 이 경우 주로 잉글랜드 사람들에게 스코틀랜드 위스키와 연결 지을 만한 구체적인 이미지를 주기 위해서였다. 게다가 빅토리아 시대에는 여왕의 영향으로 스코틀랜드의 인기가 높았다. 언제나 시장에 빠르게 반응했던 토미는 '스코틀랜드산 위스키'를 '스카치위스키'로 바꿨다. 이로 인해 '스카치'와 '스코틀랜드'는 일종의 브랜드가 되었다.

현재는 조니워커가 세계에서 가장 많이 팔리는 스카치위스키 브랜드지만, 조니워커의 상징인 '스트라이딩맨(Striding Man, '걸어가는 남자'라는 의미—옮긴이)'도 원래는 듀어스의 광고에 대응하기 위해 1908년 등장한 것이었다. 스트라이딩맨이 인기를 끈 것은 나중에 가서였다. 토미가 가벼운 발걸음으로 소프트슈 댄스를 즐기며 뉴욕에서 첫 사무실을 꾸리고 있던 20세기 초, 미국에서는 새로운 식품의약품법이 통과되며 위스키를 밀봉한 유리병에 병입해 판매해야 한다는 규정이 도입되었다. 토미에게 위스키 병 앞뒤로 붙는 라벨은 작은 광고판이나 다름없었다. 스카치맨 이미지를 사용한 광고는 강렬한 인상으로 20세기 내내 듀어스라는 브랜드를 각인했고, 그 인기는 1950~60년대에 정점을 찍었다. 스카치맨 광고로 성공을 거둔 토미는 '듀어주의(Dewarism)'의 일환으로 "광고하지 않으면 고착화된다"고 말하며 늘 광고의 중요성을 강조했다.

○ 듀어스의 스카치맨이 등장하는 광고, 1907년경.

위스키 호수 사태

1970년대 미국과 세계 소비자의 취향이 바뀌면서 스카치위스키의 판매량이 정체되더니 급감하기 시작했다. 그러면서 스코틀랜드에서 '위스키 호수(whisky loch)' 사태가 발생했다. 판매가 부진해 숙성고에 쌓인 위스키 양이 호수를 채울 만큼 많다는 의미였다. 아직 다른 세계의 시장이 형성되기 전이다 보니 여전히 주요 수출 대상국은 미국과 영국이었다. 프랑스와 인도, 남미에도 블렌디드위스키를 수출하기는 했지만, 미국과 영국에 비하면 그야말로 새 발의 피였다. 결국 애석하게도 1980년대에는 리틀밀(Littlemill), 글렌우기(Glenugie), 캄부스(Cambus), 임페리얼(Imperial), 포트엘런(Port Ellen), 브로라(Brora) 등 수많은 증류소가 문을 닫았다.

캘리포니아 와인, 스카치위스키를 구하다

1980년대의 와인 애호가들은 스카치위스키가 나아갈 길을 열어주었다. 사람들은 더 이상 폴 마송(Paul Masson)이나 마테우스(Mateus) 같은 개성 없는 대량생산 와인을 찾지 않았다. 와인 소비자들은 나파밸리산 카베르네, 소노마의 진판델과 그르나슈, 호주의 시라즈, 오리건 윌라메트밸리의 피노누아를 즐겼다. 특정 포도밭에서 재배된 특정한 품종의 와인을 마시는 것이 사회적 지위를 상징하는 일이 되었다. 이 현상은 스코틀랜드 싱글몰트위스키에서도 똑같이 나타났고, 이는 2000년대 위스키 붐의 예고편이 되었다.

단일 증류소에서 생산하는 몰트위스키는 20세기 전반까지 대중에게 생소한 개념이었다. 그러다 1963년 글렌피딕(Glenfiddich)이 자사 숙성고의 '올 몰트' 위스키를 미국에 처음으로 수출했다. 그러자 다른 증류소들도 서서히 미국이라는 큰 시장에 '퓨어몰트' 제품들을 내놓기 시작했다. 1960년대 말에는 글렌리벳과 맥캘란, 라프로익이 뒤를 이었다. 이들이 내놓은 제품에는 공통점이 있었다. 모두 구체적인 생산 장소와 그에 관련된 독특한 서사를 담아 어디서 온지 모르는 기성 블렌디드위스키와 차별화했다는 점이다. 새로운 세대의 애주가들은 그냥 스코틀랜드라는 정보로는 만족하지 않았다. 그들은 보리와 물에 관한 이야기부터 숙성고의 위치에 이르기까지 온갖 구체적인 정보를 속속들이 알고 싶어 했다.

몰트위스키의 역할

블렌더들은 블렌디드위스키를 만들 때 기준점으로 사용하는 몰트위스키를 중심에 두고 풍미를 구성한다. 이렇게 쓰이는 몰트위스키는 일종의 지문(fingerprint)이 된다. 듀어스의 경우 에버펠디(Aberfeldy)의 과일 향과 크라이겔라키(Craigellachie)의 유황 향과 육류 느낌을 중심에 두며, 시바스의 경우 스트라스아일라(Strathisla)가 지문이 된다. 조니워커는 블랙라벨에 카듀, 모틀락(Mortlach), 라가불린의 원액을 사용한다. 블렌디드위스키 대부분은 정해진 레시피를 기반으로 기본 풍미가 되는 지문 원액에 다른 몰트위스키나 다양한 증류소의 그레인위스키를 추가해가며 원하는 풍미 프로필로 제조한다.

○ 아일라섬의 모습. 멀리 주라산이 보인다.

BUNNAHABHAIN
DISTILLERY
1 MILE

스카치위스키란 무엇인가?

다른 위스키와 마찬가지로 스카치위스키도 원산지와 생산방법을 바탕으로 정의된다.

관련 규정을 정하고 집행하는 스카치위스키협회에 따르면, 스카치위스키로 인정받기 위해서는 방대한 규정을 준수해야 한다. 가장 최근의 협회 규정은 2009년에 개정되었는데, '퓨어몰트(pure malt)'와 '배티드몰트(vatted malt)'를 정식 분류 용어에서 삭제하며 논란이 되었다(배티드몰트는 스카치위스키의 시작부터 존재해온 용어였다). 이들 용어는 왠지 모호한 '블렌디드몰트(blended malt)'라는 용어로 대체되었다. 용어의 교체를 촉발한 것은 이른바 카듀 논란이었다. 카듀 증류소가 자사 싱글몰트에 다른 증류소의 싱글몰트를 섞어 카듀 브랜드를 붙인 '퓨어몰트' 제품을 내놓아 문제가 되었다.

스카치위스키는 다음의 규정을 충족해야 한다.

- ◆ 스코틀랜드에서 증류해야 하며 오직 물과 맥아, 통곡물 상태의 기타 곡물만을 원료로 한다.
  - ◇ 매싱과 발효를 포함해 증류 이전의 모든 과정은 같은 증류소에서 이루어져야 한다.
  - ◇ 보리의 발아 과정에서 만들어진 효소만을 사용해야 하며, 증류소에서 효소를 추가할 수 없다.
  - ◇ 발효는 증류소에서 효모만 사용해 진행해야 한다.
- ◆ 증류액이 사용된 원료와 제조 방식으로부터 생성된 향미를 보존할 수 있도록 알코올 도수 94.8% 이하로 증류해야 한다.
- ◆ 다음의 방식으로 숙성해야 한다.
  - ◇ 700리터 미만의 오크통에서 숙성해야 한다.
  - ◇ 스코틀랜드에서 숙성해야 한다.
  - ◇ 3년 이상 숙성해야 한다.
  - ◇ 보세 창고 또는 기타 허가된 장소에서 숙성해야 한다.
- ◆ 사용된 원료와 제조 방식, 숙성 방식으로부터 생성된 색상과 향미를 잃지 않아야 한다.
- ◆ 다음을 제외한 첨가물은 금지한다.
  - ◇ 물
  - ◇ 캐러멜 색소
- ◆ 알코올 도수가 40% ABV 이상이어야 한다.

라벨 탐색하기

대부분 소비자는 뭔가를 구매할 때 라벨의 내용을 참고한다. 위스키는 더더욱 그렇다. 많은 이에게 위스키는 여전히 다른 나라에서 생산된 도수가 높은 이국적인 술일 뿐이다. 토미 듀어는 라벨에 스카치맨 이미지를 넣어 스코틀랜드를 홍보했다. 피터 로는 코피 증류기로 만든 '조용한 술'과 차별화하고자 위스키의 표준 표기였던 'whisky'에 'e'를 붙여 'whiskey'라고 적어넣었다. 조니워커는 특유의 각진 병에 사선 모양으로 라벨을 붙였다. 실용적인 목적에서 시작되었지만 확실히 다른 제품과의 차별화를 도운 측면이 있다. 더 글렌리벳(The Glenlivet)은 스페이강을 따라 나중에 생겨난 '다른' 글렌리벳 증류소들과 구분하기 위해 법정 다툼 끝에 '더(The)'를 붙일 권리를 얻어냈다. 이들은 모두 라벨이 구매에 미치는 영향을 알고 있었다.

스코틀랜드는 아쉽게도 여전히 위스키 제조에 대한 투명성이 부족한 편이다. 그러나 스카치위스키협회가 정한 다음의 다섯 가지 유형을 이해하면 스카치위스키 라벨을 탐색하는 데 어느 정도 도움이 될 것이다.

1. 싱글그레인 스카치위스키(Single Grain Scotch Whisky) 스코틀랜드에 있는 일곱 개의 그레인 증류소 중 한 곳에서 생산된 것으로, 다양한 곡물을 혼합한 매시를 연속 증류기로 증류해 만든다. 주원료는 밀이나 옥수수며, 보리는 부차적으로 소량만 추가하는 경우가 많다. 색과 맛이 연한 편이다.

2. 싱글몰트 스카치위스키(Single Malt Scotch Whisky) 지난 50년간 스코틀랜드의 고급 위스키로 자리 잡았다. 단일 증류소에서 단식 증류기를 이용해 발아한 보리로만 만든다. 원산지가 단일하다는 점 때문에 더 귀한 대접을 받고 있으며, 전 세계의 많은 신규 위스키 제조업체들이 가장 큰 영감을 받고 모방하려 하는 스타일이다.

3. 블렌디드 스카치위스키(Blended Scotch Whisky) 한 종류 이상의 그레인위스키와 한 종류 이상의 몰트위스키를 혼합한 것이다. '스카치위스키'라고 했을 때 사람들이 떠올리는 것은 대개 블렌디드 스카치위스키에 속한다.

4. 블렌디드 몰트스카치위스키(Blended Malt Scotch Whisky) 그레인위스키를 섞지 않고 각각 다른 증류소에서 만든 몰트위스키끼리만 혼합하면 싱글몰트만으로는 얻기 힘든 풍미를 얻을 수 있다. 예전에는 '배티드(vatted)'라고 불렸는데, 과거 주류 창고업체나 본딩업체, 블렌딩업체에 모인 싱글몰트들이 서로 혼합(vatted)되며 탄생했다.

5. 블렌디드 그레인 스카치위스키(Blended Grain Scotch Whisky) 다섯 가지 유형 중 가장 찾아보기 힘든 스타일로, 몰트위스키 없이 서로 다른 증류소에서 만든 싱글그레인위스키만을 혼합해 만든다.

스코틀랜드는 이 다섯 가지 유형의 위스키를 통해 그 어떤 생산지보다 다양한 풍미의 위스키를 선보인다. 스카치위스키가 내는 풍미는 가볍고 섬세한 꽃향기부터 타는 듯 강한 피트 향과 훈연 향, 향신료 향까지 매우 다채롭다. 이처럼 다양한 위스키를 생산하는 탄탄한 증류소들이 곳곳에 존재하는 위스키 생산지는 스코틀랜드뿐이다.

위스키 라벨 읽기

18년18 year
숙성 햇수 표시
(가장 어린 원액의 숙성 햇수).

아녹AnCnoc
등록된 브랜드명.

비냉각 여과 Non-Chill Filtered
풍미를 위해 지방을 그대로 남겨둠.

자연 색상 Natural Colour
캐러멜 색소 무첨가.

녹듀 증류소 Knockdhu Distillery
위스키가 만들어진 곳에 대한
추가적인 정보로, 홍보를 위해 표기.

750ml
내용물의 액체 부피.

하일랜드Highland
법적 표시 의무는 없으며,
홍보 목적의 지역 표기.

싱글Single
병에 담긴 모든 원액이
단일 증류소에서 생산됨.

몰트Malt
모든 원액이
보리 몰트로 제조됨.

스카치Scotch
모든 원액이
스코틀랜드에서
생산, 숙성, 병입됨.

위스키Whisky
위스키의 법적 정의를
충족함.

46% ABV
알코올 도수
(프루프 숫자의 절반).

구성의 예술, 블렌딩

위스키를 처음 접하는 이들은 '블렌드'라는 단어를 본능적으로 외면하려는 경향이 있다. 블렌디드위스키는 아버지 세대가 마시던 술이라는 생각에서다. 그러나 이는 사실과 다르다. 지금 잔에 담긴 위스키가 싱글배럴이나 싱글캐스크가 아니라면 그것도 블렌딩한 위스키다. 싱글몰트를 좋아하는가? 그것도 블렌딩한 위스키다. 가장 비싼 버번도 블렌딩한 위스키고, 숙성 햇수를 밝힌 위스키도 밝히지 않은 위스키도 모두 블렌딩한 위스키다. 일본 위스키를 좋아하는가? 일본 위스키 증류소의 풍미 위계질서 가장 꼭대기에 누가 있는지 아는가? 바로 블렌딩을 하는 블렌더다. '블렌드'라는 단어에 대한 오해는 현대 위스키 문화에서 사라지지 않고 있는 가장 끈질긴 낙인 중 하나다.

블렌딩이 잘못된 길을 가기 시작한 것은 많은 위스키업체가 품질보다 이윤을 중시하게 된 20세기 중반부터다. 기업은 20세기 중반 블렌더들에게 불가능한 주문을 했다. 제대로 된 식재료도 없이 음식을 만들어야 하는 요리사처럼 블렌더들도 점점 줄어드는 자원을 가지고 더 많은 일을 해야만 했다. 이는 몰트위스키보다 저렴한 그레인위스키의 비율을 높이고, 프루프를 떨어뜨리고, 가능하면 어린 원액을 사용하는 일을 뜻했다. 블렌더들은 진퇴양난에 빠졌다. 증류소에서 가장 핵심적인 일을 수행하던 블렌더의 위상은 한순간에 땅에 떨어지고, 이들은 어느새 지저분한 작업복 차림으로 구석진 연구실에서 일하는 화학자 취급을 받았다.

다행히 지금은 많은 것이 달라졌다. 전문 블렌더들은 이질적인 맛과 풍미를 모아 하나의 통일된 전체를 만들어내는 장인이자 연금술사 역할을 하고 있다. 현대의 블렌더들은 실험실과 비슷한 환경에서 일하고 때로 장비를 사용하기도 하지만 이들이 가장 크게 의존하는 단 하나의 도구는 역시 코다. 우리가 마시는 위스키 병 속의 액체를 가장 마지막까지 다듬고 매만지는 사람도 바로 블렌더다.

○ 스코틀랜드 아일라섬에 있는 브룩라디 증류소의 블렌딩 작업실.

○ 스코틀랜드 아일라섬의 브룩라디 증류소에 있는 스피릿 세이프에서 증류액이 커팅되고 있는 모습.

위스키 제조의 특별한 조연, 피트

이탄(泥炭)이라고도 하는 피트는 자연과 시간, 중력 등의 힘으로 인해 땅속 깊은 곳에서 부식된 유기물(나뭇잎, 나무, 양치식물, 관목 등)의 혼합물이다. 피트는 지하수면이 지표면에 가까운 곳, 비가 올 때 빗물이 많이 모이는 늪이나 습지, 물웅덩이 등 습한 지역에 주로 생성된다. 발견되는 곳은 주로 북반구로, 피트는 수 세기 동안 난방이나 증기기관용 연료로 사용되어왔다. 스카치위스키의 재료인 보리의 몰팅 작업에도 활용하게 된 것은 위스키 애호가들로서는 감사한 일이다. 피트가 위스키 제조에서 특별한 역할을 하는 것은 구성 성분 중 모든 유기물에서 자연적으로 발생하는 향미 분자의 일종인 페놀 덕분이다. 페놀은 열을 가하면 쉽게 산화하는데, 분해를 통해 연기와는 상관없는 더 풍부한 향미를 만들어낸다.

○ 늪지에 생성된 피트.

스카치위스키는 모두 스모키하다는 오해

모든 스카치위스키가 스모키했던 시절도 있었다. 19세기 때의 얘기다. 그러다 연속식 증류기가 발명되며 조금 달달한 풍미의 스카치위스키가 등장했다. 이후 몰팅 작업의 연료로 석탄이 피트를 대체하게 되면서 스모키함은 조금 더 줄어들었다. 그다음에는 증류소들이 자체적인 몰팅플로어를 없애고 소비자들의 취향 변화에 맞춰 전문 몰팅업체에 특정 PPM(페놀 함량을 나타내는 단위로 스모키함의 척도가 됨)의 맥아를 주문하기 시작했다. 그런 후에는 위스키 제조에 마케팅의 개입이 커지기 시작하며 소비자의 취향에 맞춰 스모키함의 강도를 더 낮췄다.

스카치위스키 중 스모키한 제품의 비율이 어느 정도인지 가늠해보고 싶다면 다음과 같이 해보자. 우선 머릿속으로 시계 모양을 그린다. 그리고 몰트위스키 증류소를 모두 떠올려본 다음 피트 향이 약한 것에서 강한 것 순으로 시계방향으로 배열해보자. 아마도 시작점인 12시에는 글렌킨치(Glenkinchie), 토마틴(Tomatin) 등 피트 향이 전혀 없는 증류소가, 그리고 한 바퀴 돌아 12시 직전 부근에는 강렬한 피트의 대명사 아드벡(Ardbeg)이 오게 될 것이다. 이렇게 늘어놓은 증류소의 위스키들을 하나하나 마시다 보면 스모키함이나 피트 향이 느껴지는 것은 9시나 9시 30분에 있는 제품들부터다. 이는 몰트위스키 증류소 중 4분의 3이 언피티드 위스키를 생산한다는 의미다. 스카치위스키에서 느껴지는 후끈함이나 향신료 향을 스모키함이나 피트 향으로 착각하는 경우도 있다.

냉각 여과

곡물은 담금 과정을 거쳐 용해되며 지방을 방출하고 위스키에 풍미를 더한다. 문제는 위스키와 같은 액체에 섞인 지방은 미관상 썩 좋지 않다는 점이다. 알코올 도수 46% ABV 미만의 위스키가 병입되면 대개는 지방이 혼탁 현상을 일으킨다. 차가운 병에 있던 위스키를 유리잔에 따르면 이 현상을 볼 수 있다. 음료를 조금 섞거나 얼음 조각을 넣어도 뿌연 안개 같은 것이 생기는 것을 볼 수 있다. 시중에 나와 있는 위스키 대부분은 46% ABV 미만으로 병입되며, 일반적으로 법정 최저 도수인 40% ABV 근처인 경우가 많다. 주류업체들은 위스키가 뿌옇게 되는 현상을 막기 위해 온도를 낮춰 응고된 지방을 걸러내는 냉각 여과를 도입하기 시작했다. 이러한 방식의 활용은 특히 2차 세계대전 이후 본격화되었다. 냉각 여과를 하는 이유는 두 가지다. 첫째는 미관상의 이유로, 맑고 투명한 위스키를 만들기 위해서다. 둘째는 많은 이가 싫어하거나 불쾌하게 여기는 강한 풍미 중 일부를 제거하기 위해서다. 20세기 중반, 미국인의 입맛이 가벼운 풍미의 캐나다 위스키에 길들여지자, 스카치위스키 블렌더들은 피트 향 나는 보리의 진한 풍미를 무디게 하기 위해 냉각 여과를 강화했다. 결론적으로 냉각 여과는 소비자의 요구에 맞춰 등장한 측면이 있다.

캐러멜 색소 사용

캐러멜 색소 첨가를 금지하는 위스키는 미국의 스트레이트 버번이 유일하다. 그 외 국가의 경우 이를 금지하는 구체적인 규정이 없거나 제한적으로 허용한다. 스코틀랜드가 대표적이다. 버번은 증류 후 내부를 태운 새 오크통에 처음으로 주입되는 위스키다. 따라서 색과 풍미 대부분을 오크통으로부터 받는다. 극한의 온도를 견디고 배럴 안에서 보내는 시간이 길수록 버번은 더 진한 색과 풍미를 얻는다. 다른 국가에서는 대개 새 위스키의 첫 숙성에 버번이나 와인, 포트와인, 셰리 등 다른 주류에 쓰였던 오크통을 사용한다. 이렇게 중고 배럴에서 숙성을 마친 원액들을 블렌딩 탱크에 쏟아놓고 보면 모두 색깔이 다를 수밖에 없는데, 풍미를 희생하지 않고 배치별로 색깔을 맞추는 것은 사실상 불가능한 일이다. 이런 이유로 스카치위스키협회는 E150a라는 캐러멜 색소 사용을 허용하고 있다. 협회가 색소 사용을 허용한 이유는 무엇일까? 소비자들이 외관상의 일관성을 품질과 동일시했기 때문이다. 그렇다면 캐러멜 색소가 풍미에 영향을 주지는 않을까? 예상했겠지만 색소가 풍미에 주는 영향은 수많은 위스키 관련 블로그에서 논쟁이 끊이지 않는 주제다.

독립병입업체

독립병입업체의 기원은 스코틀랜드 위스키산업 초창기 하일랜드의 증류소와 로우랜드의 블렌더를 연결하던 중개업자까지 거슬러 올라간다. 독립병입업체는 스코틀랜드 위스키 산업에서 독특한 위치를 차지하고 있다. 현재의 독립병입자들은 최종제품을 직접 소비자에게 판매한다는 점에서 다르지만, 그 점을 제외한 여러 면에서 이들은 여전히 중개인이라고 볼 수 있다. 시그나토리, 던컨 테일러, 더글라스 랭(Douglas Laing), 카덴헤드(Cadenhead) 같은 전통의 병입업체와 싱글캐스크네이션(Single Cask Nation) 같은 신생 업체의 차이는 무엇일까? 바로 전자는 스코틀랜드의 숙성고에 저장되어 있는 수많은 배럴 중 특정한 원액을 선택해 사용할 수 있고, 이를 바로 병입해 판매하거나 필요한 경우 추가적으로 숙성할 역량을 갖추고 있다는 점이다. 독립병입업체들은 라벨 상단에 자신들의 이름을 표기하며, 증류소와 캐스크에 대한 정보는 그 아래에 적는다. 위스키 원액의 소유권이 실제 그들에게 있고, 브랜드명을 정할 권리도 그들에게 있기 때문이다. 자체 병입을 거의 하지 않는 잘 알려지지 않은 증류소의 캐스크 제품을 성공적으로 선보일 때 독립병입업체의 가치는 올라간다(앞서 언급한 것처럼 대부분 몰트위스키는 블렌딩업체에 벌크로 판매된다). 그러므로 독립병입업체는 유명한 증류소와 알려지지 않은 증

○ 스카치몰트위스키 소사이어티 창고에서 쿨일라 증류소의 캐스크를 옮기고 있는 모습.

스카치몰트위스키 소사이어티

스카치몰트위스키 소사이어티는 1970년대에 에든버러에 사는 친구 몇 명이 모여 아는 증류소에서 위스키 원액 한 통을 함께 공수해와 즐기면서 시작되었다. 점점 많은 회원이 합류하자 이 모임은 1983년 스카치몰트위스키 소사이어티(THE SCOTCH MALT WHISKY SOCIETY, SMWS)라는 이름으로 공식화되었고, 현재는 다양한 독립병입 제품을 선보이고 있다.

스카치몰트위스키 소사이어티는 제품 라벨에 증류소의 이름을 표기하지 않는 것으로 유명하다. 대신 라벨에는 숫자로 된 코드와 창의적인 시음 노트가 들어간다. 증류소에는 첫 병입 순서에 따라 1~133까지의 숫자가 부여된다. 마침표로 구분한 두 번째 숫자는 해당 증류소의 몇 번째 캐스트에 담겨 있던 제품인지를 나타낸다. 예를 들어, 02.18이라고 쓰인 병에 담긴 위스키는 2번 증류소의 18번째 캐스크에 담겨 있던 원액이다.

○ 스카치몰트위스키 소사이어티의 선반에 진열된 제품들. 새로운 라벨이 붙어 있다.

고든앤맥파일

고든앤맥파일(Gordon & MacPhail)은 일반적인 독립병입업체와는 조금 다른 방식으로 운영되는데, 이는 업계와의 오랜 친분을 바탕으로 하는 것일 가능성이 높다. 고든앤맥파일은 개별 증류소와 '채우기 주문(fill order)' 형식으로 계약을 맺고, 자신들이 가져간 배럴에 미숙성 증류액을 담아와 숙성고에서 자체적으로 숙성한다. 그 결과 고든앤맥파일은 스코틀랜드에서 가장 오래되고 가장 덜 알려진 숙성 몰트위스키를 가장 폭넓게 보유한 병입업체가 되었다.

류소의 숙성 원액을 잘 확보해 그 과정을 투명하게 관리함으로써 소비자에게 더 큰 신임을 얻을 수 있다. 독립병입업체들은 대부분 냉각 여과나 색소 첨가 등 추가적인 가공을 하지 않으며, 일반적으로 캐스크스트렝스의 위스키를 선보인다.

몰트 제조

위스키 세계에서 몰트는 당분을 추출하기 위해 부분적으로 발아시킨 곡물을 뜻한다. 몰트는 크게 담금, 말리기, 가마 건조라는 세 단계를 거쳐 만들어진다. 몰트 만들기는 모든 몰트위스키 제조의 첫 단계다.

담금(steeping) 담금 단계에서는 봄철의 비 내리는 주기와 비슷하게 2~3일에 한 번씩 일정하게 보리를 물에 담갔다 빼기를 반복한다. 이렇게 하면 곡물의 포자에 있는 단백질이 활성화해 전분이 당으로 전환하기 시작한다. 이 당이 연료가 되어 보리껍질을 뚫고 작은 싹이 돋아난다. 발효와 증류에는 당이 필요하지만, 모든 것을 망치지 않으려면 중간에 당 전환을 지연해야 한다.

말리기(drying) 전통적인 몰트 제조 방식에서는 담금 과정을 거쳐 축축한 보리를 넓고 서늘한 콘크리트 바닥에 6~12인치 두께로 펼쳐두고 따뜻하게 해 자연스럽게 말린다. 이렇게 건조가 진행되는 3~5일 동안 발아의 속도가 느려진다. 싹이 곡물 길이만큼 자란 후에는 가마로 옮긴다.

가마 건조(kilning) 가마는 대개 몰팅플로어 위에 있는 넓은 공간이다. 바닥에 구멍이 듬성듬성 뚫린 이 가마에서 최종적인 건조를 마무리한다. 이를 위해 아래쪽 화덕에서 열을 가하는데, 이때 피트를 연료로 사용하기도 한다. 이 단계에 도달한 곡물은 발아를 완전히 멈추고 곡물의 당분이 노출된다. 지난 100년간 몰팅플로어는 점차 자취를 감추었고, 이제는 더 효율적인 방식을 사용하는 증류소가 많다. 대부분 기대되는 결과는 비슷하다.

○ 스코틀랜드 스페이사이드의 발베니 증류소에서 삽으로 몰트를 뒤집는 모습.

추천 위스키

딘스톤 오가닉 15년
DEANSTON ORGANIC 15 YEAR

유기농 인증을 받은 스코틀랜드산 보리로만 만들었으며, 버번 배럴로만 숙성한 한정판 제품이다. 꿀의 여운이 길게 남는다.

46.3% ABV

주목할 스카치위스키 증류소들

부나하벤 증류소

1883년 설립된 부나하벤 증류소(Bunnahabhain Distillery)는 아일라섬 위쪽 부나하벤만 해안에 홀로 서 있는 크고 아름다운 빅토리아식 건물이다. 부나하벤만 건너편으로는 주라산이 마주하고 있다. 증류소가 처음 생겼던 당시 아일라섬은 하일랜드 위스키에 부과되는 소비세를 피하기 위한 피난처였다. 당시에는 부나하벤의 위스키에서도 다른 아일라 위스키와 마찬가지로 피트 향이 났고, 페이머스그라우스(Famous Grouse), 커티삭(Cutty Sark) 그리고 나중에는 블랙보틀(Black Bottle) 등 유명한 블렌디드위스키의 시그니처 몰트로 쓰였다. 부나하벤 또한 아일라섬의 다른 증류소들과 마찬가지로 1980년대 침체기를 겪으며 문을 닫았지만, 다행스럽게도 2년 만에 다시 싱글몰트로 돌아왔다.

부나하벤의 위스키는 스카치위스키 5대 산지별 특징의 무의미함을 잘 보여준다. 아일라 위스키지만 피트나 스모키함이 전혀 없기 때문이다(있어도 1~2PPM 정도다). 부나하벤의 팬들이 말하는 '버니(Bunny, 부나하벤의 애칭)'의 특별함은 견과류와 베리류 과일 향 그리고 섬 특유의 독특한 향미다. 부나하벤을 맛본 위스키 초심자는 복잡 미묘한 스카치위스키의 세계와 긴 사랑에 빠지게 될 것이다.

아벨라워 증류소

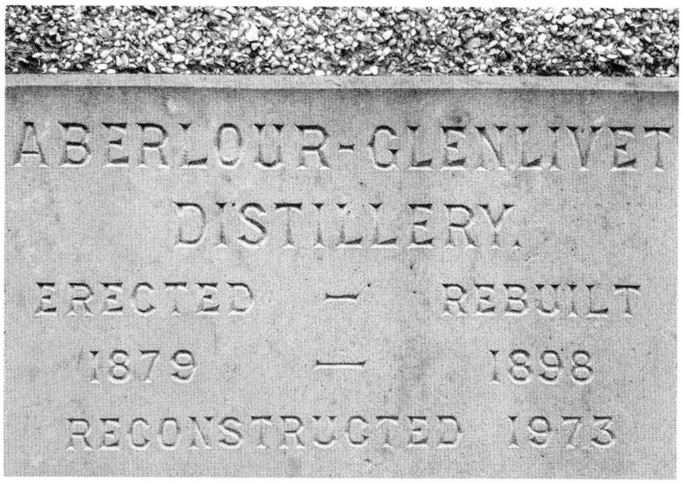

○ 건물의 재건 날짜를 보여주는 아벨라워 증류소의 머릿돌.

아벨라워 증류소는 라워(Lour) 개천이 흐르는 마을 찰스타운에 자리하고 있다. 1898년 화재로 소실되고 다시 지어진 아벨라워 증류소는 전형적인 빅토리아식 건물이다. 빽빽한 숲으로 둘러싸인 이 아담한 증류소의 오래된 석재 창고와 가마로 쓰이던 건물의 파고다 루프는 운치를 더한다.

아벨라워의 차별점은 숙성 과정에 있다. 아벨라워는 버번 배럴에서 숙성 후 셰리 배럴에서 피니싱하는 기존 방식을 따르지 않는다. 대신 숙성고에 버번 배럴과 셰리 배럴을 나란히 놓고 각각의 배럴에서 따로 숙성해 그 원액을 블렌딩하는 더블캐스크 숙성 방식을 사용한다. 그 결과물은 바닐린과 코코넛의 가벼운 풍미와 검붉은 베리류 과일의 진한 풍미를 결합한 적당한 보디감의 싱글몰트 라인업이다.

글렌피딕과 발베니 증류소

글렌피딕(Glenfiddich)과 발베니(Balvenie)는 싱글몰트의 대명사다. 칵테일에 잘 어울리는 몽키숄더 블렌디드몰트(Monkey Shoulder Blended Malt)와 어디서나 찾을 수 있는 그랜츠 블렌디드 스카치(Grant's Blended Scotch) 또한 매우 잘 알려진 제품이다. 이 모든 브랜드는 스코틀랜드의 얼마 남지 않은 가족경영 기업 윌리엄그랜트앤선즈가 소유하고 있다. 발베니 증류소는 클래식한 셰리 피니싱이 주는 풍성함을 사랑하는 애호가들에게 보석 같은 증류소다. 더프타운의 완만한 언덕에 위치한 발베니와 글렌피딕 증류소에 가보면 긴 석재 더니지 숙성고와 파고다 루프를 감싸는 익은 보리 냄새가 느껴진다.

이 두 증류소에는 각각 수많은 장인이 투입한 노력의 결과물을 최종적으로 책임지는 마스터 블렌더가 있다. 발베니에서 이 역할을 맡고 있는 인물은 데이비드 스튜어트(David Stewart)다. 발베니의 모든 병에는 1962년부터 이 일을 해온 스튜어트의 서명이 들어가 있다. 스튜어트는 1983년 발베니 클래식(Balvenie Classic)으로 최초의 더블캐스크 피니싱 스카치위스키를 선보였으며, 2010년에는 최초의 '툰(tun)' 시리즈인 툰 1401(Tun 1401)을 내놓기도 했다. (스튜어트는 2023년에 은퇴했으며, 현재 발베니의 명예 홍보대사로 활동하고 있다—편집자)

글렌피딕에서 이 역할을 맡고 있는 인물은 브라이언 킨스먼(Brian Kinsman)이다. 그는 몰트 마스터와 마스터 블렌더라는 두 가지 직책을 수행하며 상대적으로 젊은 나이에 시험대에 올랐다. 킨스먼은 글렌피딕의 싱글몰트 생산 총괄은 물론, 윌리엄그랜트의 위스키 제국에서 생산하는 모든 위스키의 풍미에 관해서도 실질적인 최종 결정권을 쥐고 있다. 윌리엄그랜트앤선즈는 현재 스코틀랜드의 글렌피딕, 키닌비(Kininvie), 거번(Girvan), 알리사베이(Ailsa Bay), 미국의 허드슨 버번(Hudson Bourbon, 투틸타운 스피리츠Tuhilltown Spirits), 아일랜드의 탈라모어듀 등 주요 위스키 산지 세 곳에 여러 개의 증류소를 소유하고 있다.

○ 윌리엄그랜트앤선즈의 전 마스터 블렌더인 데이비드 스튜어트가 스코틀랜드 스페이사이드의 발베니 증류소에서 캐스크를 시향하는 모습.

○ 글렌피딕의 블렌딩 작업실에서 작업에 몰두 중인 윌리엄그랜트앤선즈의 마스터 블렌더 브라이언 킨스먼.

스페인식 솔레라 시스템

솔레라는 18세기경부터 스페인에서 셰리를 숙성할 때 사용해온 시스템이다. 글렌피딕과 발베니는 각자의 방식으로 응용한 솔레라 시스템을 숙성에 적용하고 있다. 솔레라는 가장 최근에 만든 셰리부터 가장 오래 숙성한 셰리까지 비율에 맞춰 부분적으로 블렌딩하는 시스템이다.

배럴이 피라미드 모양으로 쌓여 있는 모습을 떠올려보자. 가장 밑에 있는 배럴을 '솔레라(solera)'라고 부른다. 솔레라에는 가장 오래 숙성해 가장 복합적인 풍미를 지닌 술이 담겨 있다. 병입은 이 솔레라 통에서만 이루어지는데, 전체가 아닌 일부만 빼내는 방식을 사용한다. 병입으로 비워진 공간은 위쪽 통인 '크리아데라(criadera)'에 있던 어리고 덜 복합적인 원액들을 한 단계씩 아래로 이동시켜 정확한 비율로 채운다. 새 와인의 주입은 피라미드 최상단의 '소브레타블라(sobretabla)'를 통해서만 이루어진다. 그러므로 이 통에는 늘 가장 어린 와인이 반쯤 채워져 있다. 이렇듯 솔레라 시스템에서는 와인이 아래층으로 이동하며, 맨 아래층에 있는 가장 오래 숙성된 증류주나 와인은 늘 솔레라 시스템 전체의 DNA를 담게 된다.

스튜어트의 '툰' 시리즈는 하나의 솔레라 용기에서 여러 캐스크의 원액을 결합해 같은 배치 넘버로 묶는 방식이다. 글렌피딕식 솔레라는 결합 용기에 채워진 원액을 절반까지만 병입하고 새로운 위스키를 채워넣는 시스템이다. 원액 결합에 사용하는 나무 재질의 솔레라 배트(solera vat)는 오랜 기간 사용으로 나무 풍미를 모두 잃고 중성화된 것으로, 안에 담긴 원

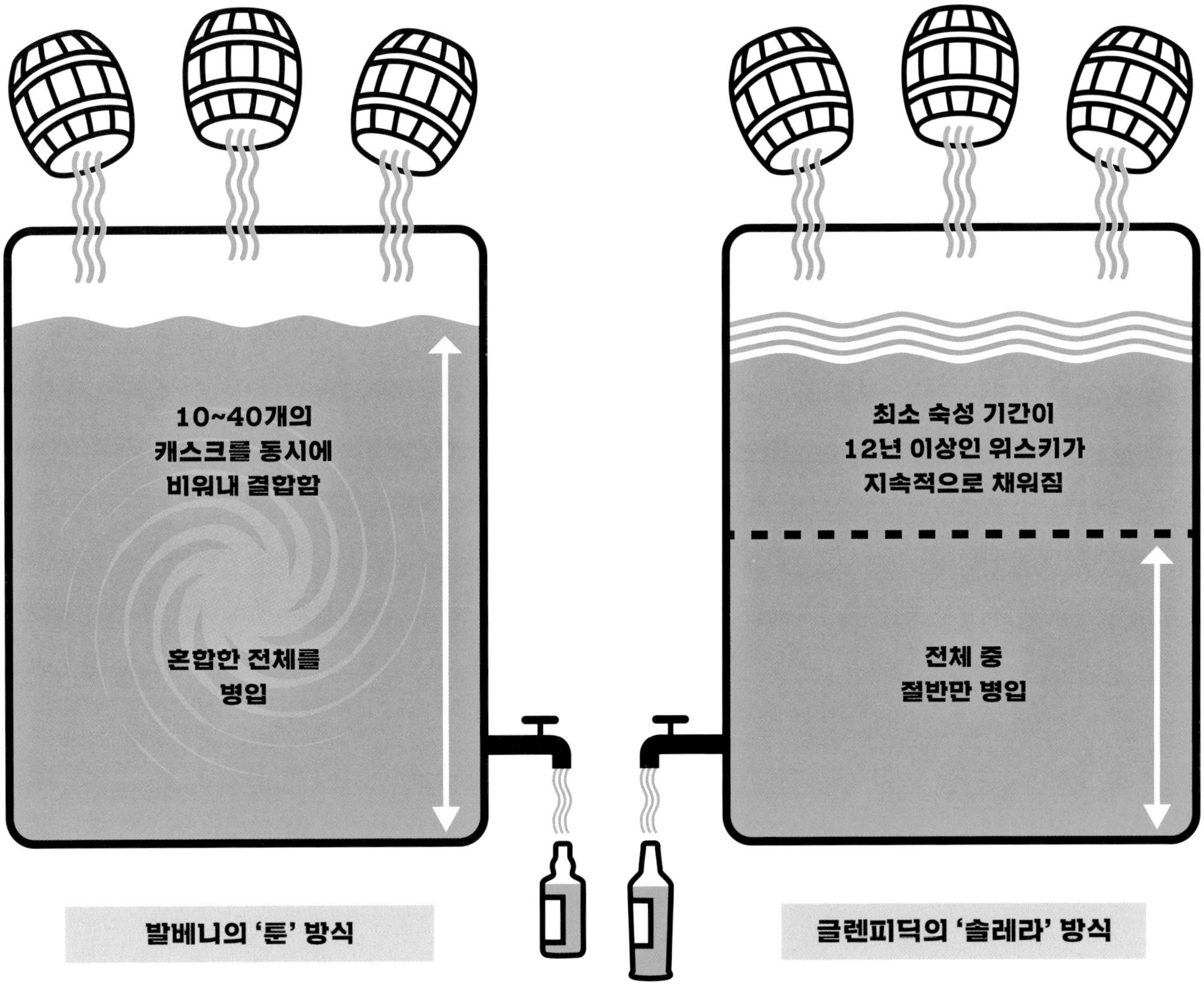

○ 발베니의 '툰' vs. 글렌피딕의 '솔레라' 배트

추천 위스키

글렌파클라스 12년
GLENFARCLAS 12 YEAR

글렌파클라스 12년은 스코틀랜드 최고의 전천후 100% 셰리 캐스크 위스키라고 할 수 있다. 적어도 가장 사랑받는 위스키 중 하나인 것은 확실하다. 유명세가 지나치지도 않고 가격도 훌륭해 25년 숙성 제품도 합리적인 가격에 구입할 수 있다. 스코틀랜드의 역사를 고스란히 담고 있는 전통의 맛이다.

43% ABV

액의 풍미에 영향을 주지 않는다. 솔레라 배트의 용량은 스카치위스키협회가 정한 비숙성 용기 규정에 따라 700리터 이상이며, 최소 숙성 햇수를 넘긴 원액만 추가할 수 있다. 예를 들어 12년 숙성 글렌피딕을 제조하는 솔레라 배트에는 숙성기간이 12년 미만인 위스키는 혼합할 수 없다. 그러므로 솔레라 배트는 추가 숙성에 사용되는 것이 아니라는 의미다. 글렌피딕 솔레라 배트는 어떤 경우에도 절반 이상 비워내지 않기 때문에 현재도 모든 병에 1998년 처음 만들어진 오리지널 원액이 미량 섞여 있다.

글렌파클라스 증류소

현재 스코틀랜드에서 운영 중인 몰트 증류소는 110곳 이상이다. 그중 대다수를 외국 기업이 소유하고 있으며, 스코틀랜드 소유의 증류소는 32개 남짓이다. 바로 여기에 글렌파클라스(Glenfarclas)의 특별함이 있다. 글렌파클라스는 스코틀랜드 소유일 뿐 아니라 무려 6대에 걸쳐 같은 가문이 운영해온 증류소다. 이곳은 전통적인 위스키 제조 방식을 지켜가고 있으며, 그 매력으로 매년 새로운 팬을 끌어들이고 있다.

글렌파클라스는 모든 위스키를 셰리 오크통에서 숙성하는 몇 안 되는 증류소다. 물론 셰리 숙성에 아메리칸 오크를 사용하기 시작하며 셰리 오크통의 정의는 예전과 달라졌지만, 검붉은 과일과 무화과, 대추야자를 떠올리게 하는 그 진하고 쫀득한 풍미 프로필은 여전히 셰리 오크에서만 나올 수 있다. 또한 글렌파클라스는 모든 증류기를 직화로 가열하는 마지막 증류소 중 하나다. 직화 방식을 사용하면 발효액이 캐러멜화를 일으키며 깊이를 더한다고 한다.

1970년, 존 그랜트(John Grant, 현재의 영업이사인 조지 그랜트George Grant의 아버지)는 큰 위험을 감수하는 결정을 내렸다. 위스키 호수 사태로 증류소들이 속속 문을 닫고 남아 있는 증류소들도 블렌딩업체와 수출업자들의 주문 감소로 생산량을 줄이고 있던 시기에 정반대의 길을 가기로 한 것이다. 당시 위스키업계의 상황은 최악이었지만 그랜트는 반드시 반등이 올 거라 믿었고, 생산량을 두 배로 늘렸다. 그 결과 현재는 이 증류소 한 곳에서만 무려 7만 통에 이르는 100% 셰리 캐스크 위스키가 숙성되고 있다. 글렌파클라스가 자랑하는 패밀리 캐스크(Family Cask) 시리즈는 약 60년간 생산하고 숙성한 800개 이상의 캐스크 원액을 선별해 병입한 것으로, 사용된 원액 중에는 조지 그랜트가 태어나기 전 제조된 것도 있다.

○ 잠겨 있는 글렌파클라스 증류소의 4번 보세 창고

스카치위스키 시음 가이드

미국에서 위스키는 원산지나 스타일에 상관없이 알코올 도수 40% ABV 이상이다. 시음을 진행할 위스키는 이러한 사항을 염두에 두고 선정했으며, 스타일별로 분류했다. 가볍고 섬세한 뉘앙스의 위스키는 목록 위쪽에, 숙성 햇수가 길거나 도수가 높고 (나무 향, 훈연 향, 향신료 향 등) 풍미가 무겁고 진한 위스키는 아래쪽에 배치했다. 숙성 햇수가 위스키의 품질을 결정하지는 않는다는 점을 꼭 기억하자.

750밀리리터 제품 기준 가격 가이드 (※ 2019년 미국 시장 기준)

위스키를 가격대별로 나누는 것은 쉽지 않은 일이다. 같은 품질의 위스키라고 가정했을 때, 유명한 대형 증류소는 대량 생산과 효율적인 유통으로 작은 증류소보다 가격을 낮출 수 있다. 해외에서 수입되는 위스키의 경우 운송과 영업비용 등 더 많은 간접비가 발생하며, 이는 가격 상승의 요인이 된다. 가격 분류는 ('초고가'를 제외하고) 미국증류주협회(Distilled Spirits Council of the United States)의 기준을 따랐다. 가격 가이드는 그야말로 일반적인 안내라는 점을 밝힌다. 가격 분류 시 여러 소매업체에 조언을 구했으며, 가격이 위스키의 품질을 좌우하지는 않는다는 사실을 밝힌다.

저가 Value	★★
프리미엄 Premium	★★★
상위 프리미엄 High End Premium	★★★★
슈퍼 프리미엄 Super Premium	★★★★★
초고가 Off the Chart	★★★★★★

1 스카치 싱글몰트 버번 캐스크 비교

한 조사에 따르면, 스코틀랜드에서 숙성 중인 위스키의 93~95%가 버번 통에 담겨 있다. 버번 캐스크의 경우 바닐라가 주요 풍미가 되는 것은 맞지만, 아래 소개한 버번 숙성 몰트위스키들은 분명 각각 다른 맛과 향을 보여준다. 늘 기억하자. 5대 산지별 특성이 아닌 증류소별 프로비넌스가 중요하다.

글렌모렌지 오리지널 10년 ★★★
Glenmorangie Original 10 Year

글렌로티스 빈티지 ★★★★
Glenrothes Vintage

딘스톤 12년 ★★★★
Deanston 12 Year

발블레어 12년 ★★★★★
Balblair 12 Year

브룩라디 '더 클래식 라디' ★★★
Bruichladdich 'The Classic Laddie'

글렌알라키 '캐스크스트렝스' ★★★★
Glenallachie 'Cask Strength' 10 Year

2 스카치 싱글몰트 셰리 폭탄들

전형적인 스카치위스키 스타일로 여겨졌던 100% 셰리 오크통 위스키는 셰리 오크통 가격이 천정부지로 치솟은 이후 찾아보기 어려워졌다. 그러나 몇몇 증류소는 여전히 이 스타일을 고수하고 있다. 다음 목록은 100% 셰리 숙성 스타일을 보여주는 대표 제품들이다. 미국산과 유럽산 오크통을 함께 쓰고 있지만, 모두 셰리의 첫 숙성에 사용한 통이라는 점은 동일하다.

맥캘란 12년 ★★★★
Macallan 12 Year

글렌고인 18년 ★★★★★★
Glengoyne 18 Year

글렌드로낙 15년 ★★★★★★
Glendronach 15 Year

글렌파클라스 12년 ★★★★
Glenfarclas 12 Year

달모어 킹 알렉산더 ★★★★★★
Dalmore King Alexander

글렌파클라스 패밀리 시리즈 ★★★★★★
Glenfarclas Family Series

3 스카치 싱글몰트 스모키 대결

스모키함 또한 스카치위스키의 표준 스타일이었다. 그러나 증류소가 현대화되고 맥아 제조에 쓰이던 피트가 더 효율적인 다른 연료로 대체된 지금은 꼭 그렇지만은 않다. 오늘날의 증류소들은 시장 선호도에 따라 피트 사용을 결정하며, 사용 지역 또한 아일라섬이나 섬 지역에만 국한되지도 않는다. 아래 목록의 제품들을 하나씩 시음하다 보면 몰트의 페놀 함량에 따른 차이와 더불어 나무와 시간의 영향으로 나타나는 풍미 차이를 경험할 수 있다.

아드모어 트래디셔널 피티드 캐스크 ★★★★
Ardmore Traditional Peated Cask

벤리악 큐리오시타스(피티드) ★★★★★
BenRiach Curiositas(Peated)

탈리스커 10년 ★★★
Talisker 10 Year

하일랜드 파크 10년 ★★★★★★
Highland Park 18 Year

킬호만 마키어 베이 ★★★★★★
Kilchomen Machir Bay

포트샬럿 10년 ★★★★★
Port Charlotte 10 Year

라가불린 16년 ★★★★★
Lagavulin 16 Year

옥토모어 8.2 ★★★★★★
Octomore 8.2

4 스카치위스키: 이게 블렌디드라고?

블렌디드위스키는 분명 논쟁적인 카테고리다. 재미를 더하기 위해서 친구들과 함께 눈을 가리고 시음하는 것도 추천한다. 친구들에게는 그냥 스카치위스키라고만 밝히고 다른 정보는 공개하지 않은 채 시음을 진행해보자. '블렌드'라는 단어가 주는 고정관념을 벗어나면 완전히 새로운 세상이 열릴 것이다. 아래 목록은 모두 몰트위스키로만 블렌딩하거나 그레인위스키보다 몰트위스키의 비율이 높은 제품으로만 구성했다. 블렌디드위스키는 아무래도 더 편하게 즐길 수 있으며, 온더록스나 칵테일용으로 가장 좋다.

쉽딥(블렌디드몰트) ★★★
Sheep Dip(blended malt)

그레이트킹스트리트 글래스고 블렌드(블렌드) ★★★
Great King Street Glasgow Blend(blend)

몽키숄더(블렌디드몰트) ★★★
Monkey Shoulder(blended malt)

블랙불 12년(블렌드) ★★★★
Black Bull 12 Year(blend)

5 독립병입 위스키

독립병입 위스키를 시도하는 것은 수영장의 수심이 깊은 쪽으로 이동하는 것과 같다. 대개 일반 위스키보다 비싸기 때문이다. 각각의 제품은 독립병입업체가 구매한 단일 캐스크의 원액을 병입한 것으로, 업체의 이름을 달고 한 번씩만 생산된다. 독립병입 위스키는 잘 알려지지 않은 증류소의 위스키나 가장 좋아하는 증류소 제품의 싱글캐스크 버전을 찾기에 좋은 선택이다. 이러한 제품은 대부분 캐스크스트렝스로 병입되며, 냉각 여과를 거치지 않는다. 일부 소매업체는 자체적인 배럴 셀렉션을 가지고 있기도 하다. 원하는 증류소를 고른 후 다음 목록에 있는 업체 중 어느 곳이든 골라 독립병입 위스키의 세계를 탐험해보자. 모두 좋은 출발점이 되어줄 것이다.

몰트 트러스트 Malt Trust

고든앤맥파일 Gordon & MacPhail

싱글캐스크네이션 Single Cask Nation

시그나토리 Signatory

던 베건 Dun Bheagan

카덴헤드 Cadenhead's

○ 산토리의 야마자키 증류소 숙성고에서 위스키 원액 샘플을 채취하는 모습.

PART 8

일본 위스키

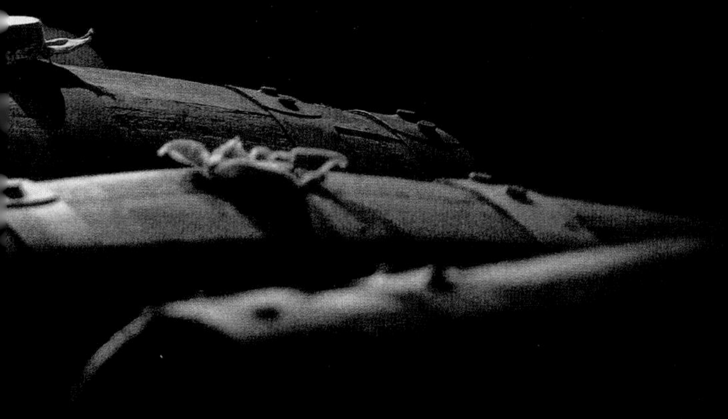

21세기 초 위스키 붐이 막 시작되던 때만 해도 일본 위스키는 소비자의 관심 밖에 있었다. 미국 시장에서 활동하던 몇몇 브랜드 홍보대사들은 예전 메이택 광고에 나오던 가전제품 수리공처럼 아무도 찾지 않는 "세상에서 가장 외로운 사람" 신세였다.

그러던 2015년 한 저명한 위스키 평론가 겸 작가가 야마자키 셰리 캐스크 2013을 세계 최고의 위스키로 선정하며 일본 위스키에 대한 관심이 폭발했다. 하루 전까지만 해도 극소수만 알고 즐기던 일본 위스키에 갑자기 위스키 세계의 관심이 쇄도했다. 미국의 버번 생산자들이 그랬듯 일본의 위스키 생산자들도 이 폭발적인 인기를 전혀 예상하지 못했다. 미국의 버번과 일본의 위스키는 어느새 위스키업계를 이끄는 쌍두마차가 되어 있었다.

간략하게 살펴보는 일본 위스키의 역사

일본에 위스키가 최초로 전파된 계기는 썩 유쾌하지는 않았다. 군사적 사건을 통해 전해졌기 때문이다. 1853년, 미국의 밀러드 필모어(Millard Fillmore) 대통령은 매슈 페리(Matthew Perry)

○ 미국의 매슈 페리 제독과 일본 막부의 만남.

제독을 일본에 파견했다. 일본 막부에 개항과 통상을 요구하기 위해서였다. 미국은 개방이 어렵다면 근해의 포경선이 필요시 피난할 수 있도록 항구를 열어달라고 요청했다. 페리 제독은 막부를 설득하기 위해 증기 군함 네 척을 이끌고 일본을 두 차례 방문했다. 페리 제독은 처음 에도만을 통과하며 쩌렁쩌렁한 공포탄을 요란하게 쏘아댔다.

그가 이끌고 온 함선에는 럼, 브랜디, 위스키 등 다양한 교역 물품이 실려 있었다. 이러한 술은 아마도 뜨거운 태양 아래 긴 항해를 거치며 강렬하고 달콤한 풍미로 숙성되었을 것이다. 페리의 등장과 뒤이은 개항 이후 일본은 여러 서구 국가와 새로운 조약을 체결했고, 폐쇄적이었던 일본 문화에 외국 문물이 유입되기 시작했다. 영국과 네덜란드 상인들이 가져온 물건 중에는 스카치위스키가 있었다. 스카치위스키의 진한 풍미는 당시 일본 부유층의 마음을 사로잡았고, 이렇게 일본의 스카치위스키 사랑은 시작되었다.

그리고 75년 후, 선구안을 지닌 두 남성과 비범한 한 여성으로 인해 일본 위스키산업이 탄생했다. 위스키산업이 막 생겨나던 시기 이들의 교류는 오늘날의 일본 위스키 세계를 구축하는 데 중요한 역할을 했다.

비즈니스의 선구자

양조와 상업을 업으로 삼는 가문에서 태어난 토리이 신지로(鳥井信治郎)는 의약품 도매업자의 견습생으로 일을 시작했다. 그곳에서 그는 다양한 성분의 조제와 혼합, 배합법을 익혔다.

1899년 토리이는 오사카에 스페인산 와인을 비롯한 수입 주류를 판매하는 토리이 상점을 개업했다. 사업은 순탄하게 흘러갔지만, 토리이는 수입 위스키의 맛이 너무 거칠다고 생각했다. 그는 수입해온 주류의 맛을 교정해 판매하기보다는 일본인의 입맛에 맞는 술을 직접 만들고 싶었다. 그 시도의 일환으로 내놓은 첫 번째 상품 아카타마 포트와인은 큰 성공을

추천 위스키

히비키 하모니
HIBIKI HARMONY

야마자키의 소유주인 빔산토리는 미국 시장에서 거둔 성공적인 결과로 생산과 마케팅을 한 단계 끌어올렸다. 히비키 하모니는 숙성 햇수 미표기 제품이지만, 산토리가 지닌 블렌딩 전문성을 유감없이 보여준다. 모난 데 없이 부드럽고 우아한 과일 향이 느껴지는 가운데 마시는 내내 화사한 꽃내음이 올라온다.

43% ABV

요이치 싱글몰트
YOICHI SINGLE MALT

약간의 피트 향과 기분 좋은 스모키함을 특징으로 하는 이 제품은 다케츠루가 스코틀랜드에서 견습생으로 일하던 시절부터 꿈꿨던 바로 그 몰트위스키다. 스모키함의 이면에는 직화식 증류로 가볍게 캐러멜화된 몰트의 과일 향과 약간의 짠내가 어우러진다.

45% ABV

위스키 상식

야마자키는 오크통 제작소에서 통을 제작할 때 특수한 기계를 사용해 수직이 아닌 수평 방식으로 제작한다.

위스키 라벨 읽기

닛카 위스키 프롬 더 배럴
Nikka Whisky from the Barrel
'프롬 더 배럴'은 등록된 상표다. 원액은 매링 작업을 거쳐 제품으로 만드는데, 매링 용기로 옮겨지기 전 블렌더가 맛보는 '배럴에서 막 꺼낸' 그대로의 위스키 맛를 보여주겠다는 의미다.

750ml
미국 시장에서 판매되는 표준 용량.

본사 주소

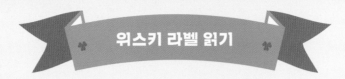

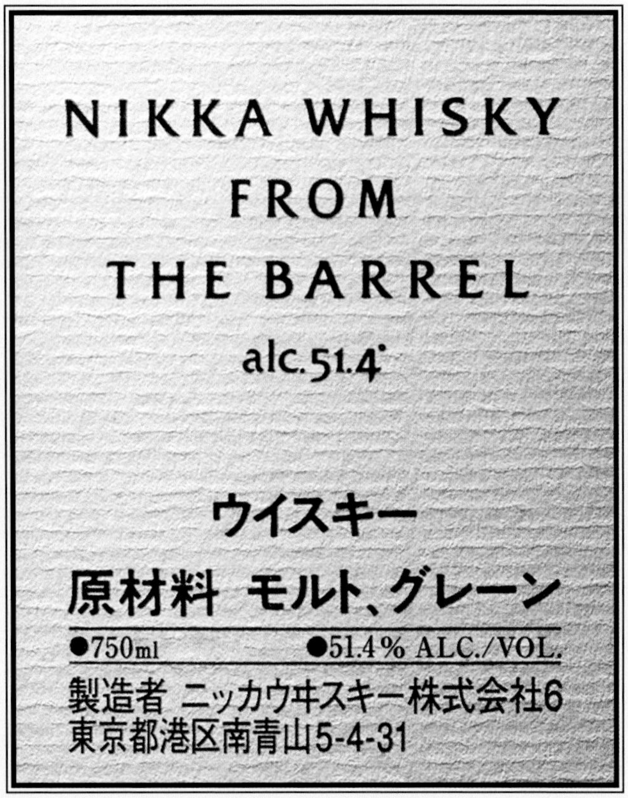

알코올 도수
51.4% ABV.

위스키 원재료
몰트, 곡물

생산자
닛카 위스키 KK.

위스키 상식

20세기 초 포르테우스(Porteus)사와 보비(Boby)사가 제작한 곡물 분쇄기는 너무 튼튼한 나머지 고장이 나지 않아서 이 두 회사는 결국 폐업을 하고 말았다. 현재까지 스코틀랜드 증류소들의 소중한 자산으로 몇 대가 남아 있다.

일본 위스키에 대한 끝없는 갈증

일본 위스키에 새롭게 열광한 미국 시장은 산토리에 남아 있던 숙성 위스키 제품을 모조리 흡수했다. 야마자키 싱글몰트 12년과 18년 그리고 같은 숙성 햇수의 하쿠슈 제품들이 몇 년 전부터 주류 판매점 선반에서 자취를 감추었다. 그러자 미국 위스키 애호가들은 블렌디드위스키인 히비키 12년, 17년, 21년 제품으로 몰려가 또다시 모두 마셔 없앴다.

닛카는 오랜 기다림 끝에 미국 조세 상거래국의 까다로운 절차를 통과하고 2012년부터 미국의 상점과 바에서 판매를 시작했다. 그리고 얼마 지나지 않아 미국인들은 닛카의 숙성 햇수 표기 싱글몰트인 요이치와 미야기쿄의 재고를 모두 소비해버렸다. 숙성 햇수 표기 여부와 상관없이 닛카의 퓨어몰트(Pure Malt) 시리즈도 모두 동났다. 다행히도 닛카 코피 그레인(Coffey Grain)과 코피 몰트(Coffey Malt) 그리고 2018년 출시되어 〈위스키 애드버킷(Whiskey Advocate)〉에서 올해의 위스키로 선정된 닛카 프롬 더 배럴(Nikka From the Barrel)이 그 공백을 메우고 있다.

일본 위스키가 이렇게 품귀 현상에 시달리는 이유는 무엇일까? 일본 문화에서 위스키는 미국의 와인이나 맥주와 비슷한 자리를 차지하고 있다. 일본에서는 편한 자리에서 격식 있는 모임까지 다양한 자리에서 위스키를 즐긴다.

다른 점이 있다면 희석한 형태라는 점이다. 일본인들은 물, 주스, 차 등 다른 음료에 위스키를 섞어서 즐긴다. 자판기에서는 바로 마실 수 있는 캔 형태의 하이볼 음료도 흔히 볼 수 있다. 그 결과 가쿠빈(Kakubin), 토리스(Torys), 닛카 블랙(Nikka Black) 등 일본의 모든 편의점에서 쉽게 찾아볼 수 있는 블렌디드위스키가 위스키산업을 이끈다. 숙성 햇수를 표기하는 고숙성 싱글몰트와 블렌디드몰트는 증류소 전체 생산량의 극히 일부만을 차지한다. 그런데 위스키 붐이 빠르게 일며 이런 고숙성 제품이 모두 소진되어버렸고, 좋은 위스키를 만드는 데는 시간이 걸릴 수밖에 없기 때문에 품귀 현상이 발생한 것이다.

○ 미국 시장에서 일본 위스키 열풍은 계속되고 있다.

거뒀고, 현재도 판매되고 있다.
토리이는 이를 발판 삼아 더 큰 목표를 세웠다. 일본인의 입맛에 딱 맞는, 가벼운 과일 향의 섬세하고 균형 잡힌 위스키를 만들어보기로 한 것이다.

두 명의 파트너

1차 세계대전이 발발하기 전, 세츠 주조라는 작은 주류 회사에서 두 젊은이가 위스키에 대한 대화를 시작했다. 둘 중 연장자로 회사의 경영 지분을 가지고 있었던 이와이 키치로(岩井喜一郎)는 젊은 다케츠루 마사타카(竹鶴政孝)를 채용해 멘토로서 기반을 닦아주었다.
두 사람은 일본에서 최초로 서구식 교육을 받은 세대에 속하기도 했다. 스카치위스키 제조 기술에 관심이 많았던 둘은 일본에서 스코틀랜드식 진짜 위스키를 만들어보자는 계획을 세웠다. 계획을 세운 지 얼마 되지 않아 이들은 그렇게 하려면 누군가 스코틀랜드에 가서 직접 공정을 배워와야 한다는 사실을 깨달았다. 생물학과 화학을 전공하고 고등학교에서 발효식품 제조 자격증을 딴 다케츠루는 이 임무의 적임자였다. 이와이는 세츠 주조의 경영진과 함께 자금을 마련해 다케츠루를 스코틀랜드에 견습생으로 보냈다.

예술가로서의 과학자

스코틀랜드에 도착한 다케츠루는 글래스고대학교에서 유학하며 지역 양조장에서 견습 생활을 시작했다. 그는 롱몬(Longmorn)에서 몰트 제조법을 배우고 보네스(Bo'ness)에서 코피 증류기 조작법을 배우는가 하면 헤이즐번(Hazelburn)에서 블렌딩을 배우기도 했다.
그렇게 다케츠루는 위스키 제조 기술과 제조 과학에 대한 교육을 받은 최초의 일본인이 되었다. 그는 스코틀랜드에서 생활하는 동안 멘토인 이와이에게 성실하게 소식을 전하며 다양한 증류법과 장비에 대한 정보, 각종 도안을 담은 상세한 보고서를 일본으로 발송했다.

○ 닛카 위스키를 설립한 다케츠루 마사타카.

한편 다케츠루가 위스키 제조 훈련을 받기 위해 스코틀랜드에서 숙소를 구하던 중 운명 같은 사건이 일어났다. 그가 구한 숙소는 빅토리아 시대 저택을 개조해 만든 글래스고 외곽의 하숙집이었다. 이 하숙집은 남편을 잃은 지 얼마 되지 않은 로비나 코완(Robina Cowan)이라는 여성이 운영했는데, 그녀에게는 리타(Rita)라는 애칭으로 부르는 딸, 제시 로버타(Jesse Roberta)가 있었다. 리타 역시 1차 세계대전에서 약혼자를 잃으며 어머니와 같은 아픔을 겪었다.

다케츠루의 뮤즈

다케츠루와 리타는 사랑에 빠져 결혼을 하고 1920년 혼인 신고를 했다. 전해지는 바에 따르면 양가 모두 상대를 탐탁지 않게 생각했다고 한다.
같은 해 11월 다케츠루는 스코틀랜드 출신의 새신부와 함께 일본으로 돌아왔다. 그런데 그가 떠나 있던 사이 일본 경제는 불황을 겪었고, 세츠 주조에는 스카치위스키에 대한 관심도 생산을 시도할 역량도 남아 있지 않았다.

리타는 일본인의 전통 복장과 태도에 적응해가며 다케츠루의 아내 역할을 충실히 수행해갔다. 그녀는 일본의 부유층 자녀들에게 영어를 가르치는 일을 하기도 했다.

운명 같은 파트너십

토리이 신지로의 사업 또한 이 시기 큰 변화를 겪었다. 토리이 상점에서 코토부키야로 이름을 바꾼 그의 새 회사는 맥주와 사케, 주정강화 와인, 브랜디 그리고 토리스 블렌디드 위스키(Torys Blended Whisky)의 초기 버전 등 다양한 주류를 판매했다. 경기 침체에도 위스키에 대한 그의 열정은 꺾이지 않았고, 그는 위스키 전용 증류소를 만들겠다는 계획을 밀고 나갔다.

그러나 열정은 있었지만, 증류소를 설립하고 운영하기 위한 지식이 부족했다. 그는 글래스고대학의 한 교수에게 편지를 보냈다. 토리이는 일본으로 이주할 의향이 있는 스코틀랜드 위스키 기술자를 찾는다며, 일본인 노동자의 몇 배에 달하는 급여를 줄 의향이 있다고 밝혔다. 교수는 토리이에게 자신의 제자였던 일본인이 적임자라며, 그가 이미 일본으로 돌아갔다는 답신을 보냈다. 그 인물은 바로 다케츠루 마사타카였다.

○ 산토리의 설립자인 토리이 신지로.

토리이는 스코틀랜드 기술자에게 주려고 했던 수준의 급여를 다케츠루에게 제안했다. 토리이와 다케츠루는 일본에서 위스키를 만들겠다는 공동의 목표를 가지고 10년간 고용계약을 맺었다.

서로 다른 비전

그러나 둘은 얼마 지나지 않아 서로의 비전이 다르다는 사실을 깨달았다. 증류소 건립 위치에 대해 이야기를 나누는 과정에서 첫 번째 차이가 드러났다. 다케츠루는 스카치위스키의 비결이 숙성이 이루어지는 곳의 기후라고 굳게 믿고 있었다. 그는 이 믿음을 바탕으로 일본 열도 최북단의 홋카이도가 증류소 건립을 위한 최적의 장소라고 주장했다.

토리이의 의견은 달랐다. 그는 성공을 위해서는 코토부키야의 기존 위치는 물론 교통과 시장, 수자원에의 접근성을 고려해야 한다고 강조했다. 토리이는 일본의 다도를 정립한 센노 리큐가 500년 전 다이안(待庵)이라는 다실을 만든 야마자키에 증류소를 세우자고 했다. 결국 스코틀랜드의 한 연구소에 수질분석까지 의뢰한 결과 토리이가 승리했다. 그렇게 교토 외곽의 언덕 위에 야마자키 증류소가 건립되었다. 세 강이 만나는 삼각주에 위치한 이곳의 미세기후와 습도는 위스키 숙성에 이상적이었다.

이후 벌어진 일이 두 남자의 운명을 결정했다. 둘의 대립은 추후 기업 간의 대결로 이어졌을 뿐 아니라 일본 위스키의 스타일을 놓고 벌이는 경쟁으로도 이어졌다. 다케츠루와 토리이가 추구하는 스타일은 둘 다 매력적이었지만 정반대였다. 다케츠루는 묵직한 무게감과 진하고 스모키한 풍미를 지닌 스카치위스키를 추구했다. 반면 토리이는 가볍고 섬세하며 꽃향기가 나는, 일본인의 입맛에 맞춘 위스키를 추구했다. 이번에는 다케츠루가 이겼다. 그렇게 1929년 야마자키 증류소의 첫 위스키 시로후다(Shirofuda)가 출시되었다.

결국, 각자의 길을 걷다

아쉽게도 시로후다는 좋은 성과를 내지 못했고, 생산에 대한 통제권은 다시 토리이에게 넘어갔다. 토리이는 증류소에서 마스터 디스틸러 겸 마스터 블렌더 역할을 했다. 이 시기 회사의 이름은 산토리로 바뀌었고, 다케츠루는 산토리의 양조 부문으로 자리를 옮겨 근무하게 되었다. 다케츠루는 더 이상 위스키 생산 담당이 아니었지만, 토리이는 그에게 약속한 급여를 지급하며 신의를 지켰다. 다케츠루는 브루마스터이자 브랜디 디스틸러로 근무하며 증류 공정에 대한 이해를 더욱 높였다.

고용계약이 종결되며 다케츠루는 아내 리타와 함께 오랜 꿈을 실현하기 위한 여정에 나섰다. 리타는 영어 교사로 일하며 쌓은 인맥으로 투자자들을 섭외했다. 부부는 1934년 삿포로 외곽의 요이치라는 작은 어촌으로 이주해 대일본과즙주식회사(大日本果汁株式会社)를 설립했다. 이것이 지금의 닛카다.

한편 토리이 또한 위스키에 대한 자신의 비전을 완성하기 위해 노력했고, 10년 후 일본인의 입맛에 맞춘 가쿠빈이라는 제품을 내놓았다. 블렌디드위스키인 가쿠빈은 현재도 일본 시장에서 큰 차이로 부동의 판매 1위를 지키고 있다.

그러나 이 둘의 뛰어난 재능과 꿈에 대한 집념, 이들이 추구했던 뚜렷하게 상반되는 위스키 스타일에 대해서는 80년이라는 세월이 흐른 후에야 세계에 알려졌다. 이와이 키치로의 경우에는 그보다 더 오랜 세월이 걸렸다.

일본 위스키란 무엇인가?

상업과 비즈니스에 대한 일본의 접근방식은 서양의 방식과 근본적으로 다르다. 그 둘을 이 책에서 섣불리 비교하려다가는 지나친 단순화의 오류에 빠질 위험이 있다. 한 가지 분명한 것은 '존중', '명예', '전통', '성실성', '신의'라는 단어를 빼놓고는 "일본 위스키란 무엇인가?"라는 질문에 답할 수 없다는 사실이다.

위스키에 대한 접근법을 따지자면 일본은 스코틀랜드의 영향을 받았다. 보리 위주의 매시도 생산방식도 모두 다케츠루가 스코틀랜드에서 배워온 것에 기반을 두고 있다. 그러나 사실 앞서 나열한 특성들을 미덕으로 삼는 일본 사회에서 위스키는 명확한 정의나 규정보다는 생산자의 재량에 따라 결정되었다.

지난 20년간 일본은 특유의 장인정신으로 다시금 전 세계를 깜짝 놀라게 한 제품을 선보였다. 그러나 이제는 라벨 표기나 소비자 신뢰 측면에서 외부의 영향을 받아들이고 "일본 위스키란 무엇인가?"라는 질문에 명확히 답할 수 있도록 제조 방식과 공정을 명문화해야 한다는 목소리가 높아지고 있다. 향후 몇 년간 일본 위스키업계가 머리를 맞대고 그 정의를 구체화한다면 아마도 명확한 답을 얻을 수 있을 것이다(2021년, 새로운 일본 위스키 규정이 도입되어 이제는 일본 위스키에 대한 명문화된 정의가 존재한다—옮긴이).

추천 위스키

닛카 프롬 더 배럴
NIKKA FROM THE BARREL

닛카의 블렌더들이 혁신을 추구하며 비밀리에 진행한 실험 끝에 탄생한 높은 도수의 블렌디드위스키다. 위스키 원액들을 중고 배럴에 혼합한 후 3~6개월간 결합해 복합적인 풍미의 조화를 이루어냈다. 사각형의 납작한 병 모양은 '작은 위스키 한 조각'처럼 보인다. 닛카 제품군 중 가장 대담하다고도 할 수 있는 이 제품은 높은 도수가 오히려 미묘한 풍미의 층을 끌어올리는 느낌을 주며, 원숙한 숙성이 제품의 품질과 장점을 어떻게 끌어올리는지 잘 보여준다. 2018년 미국 시장에 선보인 후 〈위스키 애드버킷〉에서 '올해의 위스키'로 선정되었다.

51.4% ABV

야마자키 12년/18년 싱글몰트
YAMAZAKI
12 YEAR AND 18 YEAR SINGLE MALTS

두 제품 모두 품귀 현상을 겪고 있다. 야마자키 싱글몰트는 1980년대 토리이의 아들이자 마스터 블렌더였던 사지 케이조(佐治敬三)의 혁신적인 시도 끝에 탄생한 제품으로, 과일 향과 우아함, 일본 미즈나라 오크통 풍미라는 일본 위스키의 삼박자를 모두 갖추고 있다. 야마자키 12년은 마치 강아지와 함께 바닥을 뒹구는 것 같은 즐거움을 주며, 18년은 행복의 눈물을 흘리게 한다.

43% ABV

이와이 트래디션
IWAI TRADITION

이와이 트래디션은 몰트가 중심이 되는 위스키다. 매시빌의 90% 이상이 발아한 보리이며, 그 외에 옥수수와 호밀이 소량 들어간다. 보리 중 일부는 피트로 건조하는데, 가벼운 처리로 피트 향이 존재감을 뽐내기보다는 다른 풍미의 밑바탕이 되어준다. 이 제품의 주요 특징은 일본 블렌더들의 뛰어난 솜씨를 다시 한번 유감없이 보여준다. 버번, 셰리, 와인, 새 프렌치 오크를 활용해 복합 숙성했으며, 다즙한 과일 향의 부드럽고 우아한 풍미는 언뜻 위스키가 아닌 다른 술로 느껴지기까지 한다.

40% ABV

다케츠루 퓨어몰트 무연산
TAKETSURU PURE MALT NAS
(NO AGE STATEMENT)

닛카는 요이치 증류소와 미야기쿄 증류소의 싱글몰트를 블렌딩한 제품에 '퓨어몰트'라는 용어를 사용한다. 두 증류소의 원액이 크게 다르지는 않지만, 조금 더 느리게 증류한 미야기쿄의 위스키는 비교적 부드러운 과일 향을 내며, 요이치의 위스키는 섬세한 피트 향과 풍부함을 특징으로 한다. 부드러운 몰트 느낌과 가벼운 과일 향이 혀 뒷부분에 스치는 스모키함과 좋은 균형을 이루며 놀랍도록 복합적인 풍미를 보여준다.

43% ABV

○ 닛카의 요이치 증류소에서 직화식 증류기를 조절하는 모습.

변화 관리를 통한 품질 추구, 카이젠

'카이젠(改善, 개선)'은 미국의 W. 에드워즈 데밍(W. Edwards Demming)의 품질관리 원칙을 바탕에 둔 '지속적 개선'의 철학으로, 적시생산(Just In Time, JIT) 방법론에 기반을 두고 있다. 적시생산 방법론은 특정 제품에 대한 시장의 수요를 해당 제품 생산을 위한 자재 주문과 연결해 전 공정에서 가장 비용이 많이 드는 부분, 즉 재고를 줄이자는 생각에 기반하고 있다. 이 방법론하에서는 제조, 배송, 판매, 홍보 등 모든 것이 하나로 조화롭게 연결되어 각각의 공정이 다른 공정에 대한 내재적 인식을 가지고 기능한다.

카이젠은 구매나 생산, 판매를 결정적으로 바꿔놓는 거대한 깨달음이나 변화를 추구하지 않는다. 카이젠이 추구하는 것은 작은 변화다. 업무 흐름의 개선에서 일선 작업자의 단순 업무 개선까지 모두가 매일 하는 일에서 변화를 꾀한다. 카이젠이 일본의 제조업과 문화 그리고 위스키 제조에 미친 영향에 주목할 필요가 있다.

카이젠은 기준과 표준을 개발하고, 개선이 필요한 부분에는 사실을 기반으로 적절한 조치를 취하며, 공장 작업자에서 본사 경영진까지 모두를 그 과정에 참여시킴으로써 일하는 방법을 개선하는 것을 목표로 한다. 작업자는 자신에게 주어진 업무만 하고 변화의 도입은 오직 경영진의 몫이었던 헨리 포드의 '조립 라인' 방식과 완전히 다른 접근이다.

카이젠이 위스키 제조에 미친 영향에 대해 이야기하며 야마자키와 닛카의 관계자들은 모두 마케팅 부서와의 긴밀한 협업을 강조했다. 각 부서에 기업의 실행 계획에 대한 적절한 정보가 주어지고, 모두가 이를 바탕으로 품질 향상을 추구한다는 점에서 이것은 카이젠의 대표적인 사례다. 카이젠의 수평적인 구조에서는 오랜 시간에 걸쳐 제조 공정의 다른 부분을 모두 익힌 끝에 그 위치에 오른 마스터 블렌더가 전체적인 관리자의 역할을 한다.

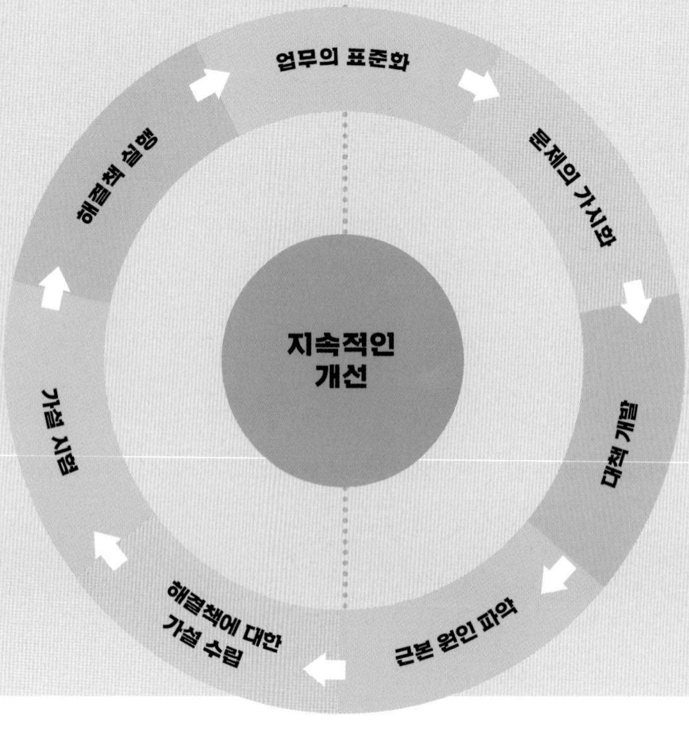

산토리의 야마자키 증류소

야마자키 증류소 건물 외부의 거대한 은퇴 증류기 옆에는 실물 크기의 동상 두 개가 서 있다. 지금의 산토리를 있게 한 두 사람, 토리이 신지로와 그의 아들 사지 케이조다. 토리이는 노인이 된 모습으로 위스키 잔을 들고 미래를 바라보고 있고, 후계자였던 아들 사지도 아버지와 같은 지점을 바라보고 있다. 두 사람은 모두 산토리의 마스터 블렌더였고, 지금은 사지의 아들이 그 직함을 물려받았다. 95년이라는 긴 역사에서 마스터 블렌더는 오직 그 세 명뿐이다.

중앙 증류실에 들어가면 마치 사원에 들어선 것 같은 느낌이 든다. 유려한 모습의 증류기들이 양쪽에 여섯 대씩 늘어서 있는데, 통로를 중심으로 각기 다른 모양을 한 라인암이 벽을 향해 뻗어 있다. 반짝이는 구리로 제작된 열두 대의 증류기는 여섯 가지 페어링 조합으로 구성되어 있다. 이는 산토리만의 방식으로, 이 조합을 통해 무수히 다양한 스타일을 생산할 수 있다.

산토리의 수석 블렌더
후쿠요 신지가 말하는 일본 위스키

후쿠요 신지(福輿伸二)는 산토리의 하쿠슈 증류소에서 8년 동안 근무한 후 블렌더로 임명되었다. 그는 스코틀랜드 헤리엇와트대학교에서 공부하고 모리슨 보모어(Morrison Bowmore)에서 부연구원으로 근무했으며, 2002년에는 산토리의 수석 블렌더가 되었다.

일본 위스키에 대해 "일본 위스키에서 중요한 것은 세 가지다. 첫째, 물이다. 맑고 깨끗하며 부드럽고 섬세한 물이 우아한 위스키를 만든다. 둘째, 자연이다. 더위와 추위, 습함과 건조함을 오가는 역동적인 변화가 더 깊은 복합성을 이끌어내며, 부드러우면서도 강렬한 위스키를 만든다. 셋째, 사람이다. 사람이 모든 세부사항을 정밀하게 조정해 모든 공정에 영향을

추천 위스키

이치로스 몰트 앤 그레인
ICHIRO'S MALT & GRAIN

아쿠토 이치로의 작품으로, 하뉴 증류소와 치치부 증류소에서 만든 재패니즈 몰트위스키에 3~5년 숙성의 스코틀랜드 싱글몰트와 캐나다 라이위스키, 버번, 아이리시위스키를 블렌딩한 제품이다. 각각의 배럴은 더니지에서 개별 숙성 후 블렌딩했다. 코를 채우는 달달한 과일 향에 혀 가운데에 닿는 느낌은 가볍고 우아하며, 여운에서는 열기가 올라온다.

46% ABV

하쿠슈
HAKUSHU

하쿠슈는 일본 남알프스 지역에 위치한 야마자키의 자매 증류소로, 가볍고 우아한 피트 표현에 산토리 스타일의 과일 향과 대담함을 함께 지닌 위스키를 생산한다. 숙성 햇수 표기 제품은 현재 구하기 쉽지 않다.

46% ABV

위스키 상식

일본의 위스키 생산 전통에는 20세기 중반 일본에서 증류소를 운영했던 두 글로벌 거대기업 하이람워커와 시그램의 효율성과 제조 문화가 영향을 주었다.

○ 야마자키 숙성고에서 배럴을 옮기는 모습.

미친다."

블렌더 양성에 대해 "블렌딩 팀은 서로 조화롭게 협력하며 일하려 하지만, 처음에는 수석 블렌더의 레시피와 기록에 의존할 수밖에 없다. 블렌더가 되기 위해서는 다른 생산공정에 대한 경험이 있어야 하며, 사내 시음 패널로 추천받아야 한다. 산토리는 자체적인 후각 훈련 프로그램을 개발해 시행하고 있으며, 훈련을 받는 동안 매해 2만 개가 넘는 샘플을 시음한다. 3년 후에도 블렌더가 되겠다는 열의가 변치 않으면 블렌더가 된다."

블렌더의 기술에 대해 "블렌더는 어딘가 다른 것을 찾아내야 한다(비슷비슷한 샘플들을 놓고 이취를 찾아내는 것은 노란 꽃이 가득한 꽃밭에서 빨간 꽃을 찾는 것과 같다). 블렌더는 120개의 잔에 담긴 샘플을 하나하나 평가해 채점하고 모든 샘플의 용도를 찾아야 한다. 지금 사용할지 나중에 사용할지, 더 숙성할지, 또는 특별한 제품 제작을 위해 사용할지 결정하는 것이다. 블렌더들은 20~25% ABV에서 탑노트와 미들노트, 베이스노트를 빠르게 스캔한다. 처음 향을 맡고 탑노트를 찾다 보면 마치 구글 지도를 확대해 들어가고 있는 것 같은 느낌이 든다."

다케츠루와 리타의 유산

다케츠루와 리타 부부가 스카치위스키 제조라는 비전을 실현하기 위해 선택한 홋카이도 요이치는 사과 재배 지역에 위치한 소박한 어촌이었다. 닛카가 최초로 건립한 증류소의 위치는 일본 위스키 역사에서 중요한 요소지만, 다케츠루와 리타 부부의 삶에 대한 이야기 또한 빼놓을 수 없다. 두 사람의 삶 이야기는 부부가 함께 살고 일했던 원 증류소 부지에 조성된 박물관에서도 살펴볼 수 있다. 부부의 이야기에는 두 사람이 함께한 여정과 리타가 다케츠루에게 준 영감의 기록이 담겨 있다.

예전으로 치면 리타는 다케츠루에게 영감을 준 뮤즈였지만, 리타는 단순히 다케츠루의 아내가 아니라 사업의 동반자이기도 했다. 그녀는 일본에 사는 동안 단 두 차례만 스코틀랜드를 방문했다. 일본 도착 직후였던 1925년과 이후 1931년이었다. 그 외 리타는 늘 다케츠루의 곁을 지켰다. 그녀는 일본에서 아내들이 전통적으로 수행하던 역할과 태도를 받아들였고, 일본 문화에서 아내의 가장 중요한 덕목으로 여기는 남편에 대한 절대적인 지지 또한 끝까지 지켰다.

리타는 다케츠루가 센다이의 미야기쿄에 두 번째 증류소를 건립하기 전인 1961년 세상을 떠났다. 미야기쿄는 산으로 둘

○ 일본 홋카이도 요이치에서 다케츠루와 리타 부부.

러싸인 고지대로, 토탄층 아래로 흐르는 맑은 지하수와 산지 특유의 신선한 청정 공기를 두루 갖춘 지역이었다. 게다가 증류소를 끼고 흐르는 두 개의 강이 주는 최적의 습도로 요이치 증류소보다 가볍고 부드러운 몰트를 생산할 수 있는 환경이었다. 다케츠루는 1969년 이곳 미야기쿄 증류소에 스코틀랜드산 코피 증류기를 설치했다.

다케츠루는 1979년 여든다섯의 나이로 세상을 떠났다. 자녀가 없었던 다케츠루와 리타는 1943년 아버지를 잃은 조카 다케시를 양아들로 입양했다. 다케츠루의 사망 후 회사를 이어받은 다케시는 닛카를 현재의 규모로 키워냈다. 다케시는 2015년 세상을 떠났으며, 닛카는 현재 아사히 맥주의 계열사가 되었다.

닛카의 요이치 증류소

닛카의 요이치 증류소 단지는 3층을 넘지 않는 단순하고 아름다운 석조건물로 이루어져 있다. 건물의 배치가 널찍하고 모든 것이 인간적 척도를 벗어나지 않는 편안한 규모다. 눈에 띄는 장식도 전혀 없으며, 다케츠루가 만든 단순한 상징 문장조차도 정문에 걸려 있지 않다. 증류소 부지에서 가장 큰 부분을 차지하는 증류기들은 다케츠루의 설계에 따라 다양한 모양과 라인암 각도로 단순하고도 목적 중심적으로 설치되어 있다. 각 증류기의 넥 윗부분에는 기하학적인 모양의 종이가 붙어 있는데, 성공과 화합을 기원하는 일본 토속 신토 신앙의 부적이다.

이 특별한 증류기 안에서 마법이 일어나고 있음을 보여주는 힌트는 바로 아래쪽에 설치된 석탄 화로다. 이곳에서는 안전모를 쓴 담당자들이 긴 막대를 들고 10분마다 한 번씩 화로 내부를 살피며 불을 뒤척이거나 석탄 투입을 조절해가며 일정한 온도를 유지한다. 이러한 노력으로 증류기 내부의 발효액은 단식 증류라는 섬세한 작업이 이루어지는 동안 일관성을 유지한다. 이 증류기들은 1934년 다케츠루가 설계한 그대로 여전히 작동 중이며, 전 세계 위스키업계에 남아 있는 몇 안 되는 직화식 증류기다.

요이치 증류소는 위스키 제조 시 재료의 현지 조달에 크게 집착하지 않는다. 홋카이도는 물론 일본 전역에서 증류에 쓸 만한 보리를 찾는 게 점점 더 어려워지고 있기도 하다. 닛카는 그보다는 다양성에 가치를 둔다. 닛카가 중시하는 것은 다양한 제조 방식에서 나오는 무한한 잠재력, 전통과 혁신 사이의 긴장이 만들어내는 다양한 가능성이다. 이와 관련해 닛카의 수석 블렌더 사쿠마 타다시(佐久間正)는 "전통 없는 혁신은 허황된 생각일 뿐"이라고 말한다.

닛카의 수석 블렌더 사쿠마 타다시가 말하는 일본 위스키

전통에 대해 "처음에는 다케츠루가 지녔던 원래의 비전과 풍미 프로필에 집중했다. 그때는 모든 스카치위스키에 피트 향이 있다고 생각했고, 일본 위스키 또한 당연히 그래야 한다고 생각했다. 그러다 아일라섬을 방문하며 꼭 그렇지만은 않다는 사실을 깨달았고, 전통과 혁신의 균형을 찾을 방법을 다양하게 고민하기 시작했다."

일관성에 대해 "우리는 현재까지 생산한 모든 위스키에 대한 기록을 보유하고 있고, 모든 제품에는 제조 공식이 있다. 위스키가 어떻게 완성될지는 아무도 모르지만, 경험을 토대로 숙성 과정에서 변화를 읽어내거나 예측해볼 수는 있다. 카이젠 방식은 블렌딩 측면보다는 생산 측면에서 더 많이 활용되고 있다. 기존 제품은 일관성을 유지하는 게 중요한데, 카이젠 방식이 그 일관성과 충돌할 수도 있기 때문이다."

블렌딩 과정에 대해 우선은 몰트위스키를 겐슈(原酒, 원주)라고

○ 닛카 숙성고에서 숙성 중인 위스키 배럴들.

○ 일본 홋카이도에 있는 닛카의 요이치 증류소.

NIKKA WHISKY
NIKKA WHISKY
NIKKA WHISKY
NIKKA WHISKY
NIKKA WHISKY

추천 위스키

닛카 코피 그레인
NIKKA COFFEY GRAIN

현재 세계에 단 세 대 남은 코피 증류기를 사용해 미야기쿄에서 만든 인기 위스키로, 옥수수를 주원료로 하고 있어 버번 애호가들이 즐기기에도 좋다. 도수가 낮지는 않지만, 우아하고 달콤한 과일 향이 멋진 개성을 더한다.

43% ABV

다케츠루 퓨어 몰트 17년
TAKETSURU PURE MALT 17 YEAR

긴 겨울과 서늘한 여름을 거치며 서서히 스며든 나무 향 사이로 피트의 미묘한 느낌이 배어난다. 입안에서 느껴지는 풍부함과 깊고 복합적인 과일의 향, 숙성에서 오는 가죽의 풍미가 즐거움을 준다.

43% ABV

위스키 상식

증류 담당자는 스피릿 세이프에서 젖은 종이상자 냄새나 쿰쿰한 단 냄새를 기준으로 '후류'를 커팅한다.

하는 큰 풍미 블록으로 묶는다. 대략적인 풍미로 분류된 이 블록들이 퍼즐의 조각이 된다. 예를 들어 나무와 바닐라 풍미가 강한 블록, 피트 향과 짭짤함이 느껴지는 블록, 달달한 셰리 풍미가 강한 블록 등이 있을 수 있다. 이렇게 퍼즐 조각을 만들면 퍼즐 맞추기를 시작할 수 있다.

블렌딩 팀의 집중력 유지에 대해 "모든 블렌더는 매년 위스키 결산이라고 하는 과정에 참여한다. 3개월에 걸친 결산에서는 모든 완제품을 다시 익히고, 숙성 햇수, 캐스크 종류, 발효 방식, 효모 종류 등 위스키의 풍미에 변화를 주는 모든 요인을 다시 숙지한다."

최종 결과에 대해 "같은 제품이어도 제조 공식이 다를 수 있다. 예를 들어, 가벼운 피트 향이 들어간 몰트를 활용하는 방식은 모두 다를 수 있다. 블렌딩을 해야 하는데 찾고 있는 요소가 다 떨어졌을 수도 있다. 두 블렌더가 같은 목표를 두고 서로 다른 접근방식을 취할 수도 있다. 결과물이 엄격한 기준을 충족한다는 전제하에, 닛카는 같은 최종 목표를 두고 블렌더들이 각자의 접근법을 개발하는 것을 권장한다."

아쿠토 이치로와 치치부 증류소

일본의 블렌더 아쿠토 이치로(肥土伊知郎)는 이치로스 몰트(Ichiro's Malt)를 선보이며 미국 시장에 돌풍을 일으켰다. 이치로스 몰트는 한정된 범위 안에서 약 3년간 숙성한 싱글몰트를 블렌딩해 만든다.

아쿠토 이치로의 이야기는 1625년부터 사케를 만들어온 가문의 역사에서 이어진다. 1940년에는 이치로의 조부가 하뉴 증류소를 설립했다. 하뉴 증류소의 위스키는 서양의 영향을 받기 전 일본의 모습을 연상케 하는 알록달록한 가부키 분장과 일본어 문자로 장식된 라벨로 유명했다.

그러나 안타깝게도 1980~1990년대에는 일본을 비롯한 전 세계 위스키 시장이 침체를 겪었고, 하뉴 증류소도 2000년에 생산을 중단해야 했다. 자산을 넘겨받은 새 소유주는 증류를 계속할 생각이 없었다. 이치로는 증류소 자산에 속해 있던 오크통 400개 분량의 위스키 원액을 다시 인수했다. 그리고 바로 여기에서 위스키 수집가들을 감탄시킨 이치로스 몰트 카드 시리즈가 탄생했다.

처음에는 네 개의 배럴만 블렌딩해 병입한 후 트럼프 카드의 네 가지 문양인 다이아몬드(Diamonds), 클로버(Clubs), 스페이드(Spades), 하트(Hearts)라는 이름으로 내놓았다. 점차 수요가 증가했고, 이치로는 2004년을 시작으로 9년 동안 배럴 속 몰트 위스키를 선별하고 숙성하고 블렌딩해 54종의 제품으로 담아냈다. 각 제품의 라벨에는 하트 2부터 스페이드 1 그리고 두 개의 조커까지 트럼프 카드 그림이 담겼다. 이치로의 카드 시리즈는 수집과 거래를 거쳐 여러 블로그에 소개되더니 이제는 구하기 힘든 유니콘 같은 존재가 되어버렸다. 아쉽지만 미국 시장에서는 출시되지 않았다.

치치부에 있는 이치로의 새로운 증류소는 2008년 가동을 시작했다. 품질에 중점을 둔 소규모 증류소로 2,000리터 용량의 1차 증류기(wash still)와 단식 증류기가 한 대씩 있다. 치치부 증류소의 싱글몰트는 역사가 긴 다른 증류소에 비해 혁신을 마음껏 시도할 수 있다는 장점이 있다. 이에 관해 이치로는 이렇게 말한다. "저희는 여전히 치치부만의 개성이 무엇인지 배워가고 있습니다. 진화하고 있죠. 전통에서 배우되 앞으로 나아가려 합니다."

위스키 세계는 지금 치치부 증류소의 다섯 개 숙성고에 보관된 6,000개의 오크통을 주목하며 이치로의 새로운 움직임을 기대하고 있다.

추천 위스키

치치부, 더 퍼스트

CHICHIBU, THE FIRST

미국 한정으로 출시된 제품으로, 치치부 증류소에서 생산하고 미즈나라 오크통에서 숙성했다. 바삭거리는 얇은 페이스트리 반죽의 느낌 뒤에는 풍부하고 사랑스러운 감촉이 입안을 채우고 따스한 견과류 향으로 마무리된다. 알코올 도수는 61% ABV로 상당히 높지만, 아쿠토 이치로의 우아한 블렌딩 기술로 부드럽게 느껴진다.

○ 일본 치치부 증류소의 아쿠토 이치로.

미국에서 희귀한 세계 위스키를 찾기 어려운 이유

유럽의 위스키 판매 체계는 아시아의 휴대폰 판매 체계가 그렇듯 미국에 비해 더 편리하게 다듬어져 있다. 미국에서는 금주법 이후 제조, 도매, 소매라는 엄격한 3단계 주류 유통 시스템이 도입되며 위스키를 비롯한 증류주 구매 방법이 거추장스러워졌지만, 유럽에는 이런 복잡한 시스템이 없다. 또한 유럽과 아시아에는 1979년 미국이 미터법을 잠시 시도했다가 취소했을 때 임의로 정한 750밀리리터라는 표준 용량이 존재하지 않는다. 당시의 시도로 미국에서는 술 한 병을 세는 단위였던 '피프스(fifth, ⅕ 미국 갤런을 의미하며 약 757밀리리터다—옮긴이)'가 사라졌지만, 우유는 여전히 쿼트(quart) 단위로 판매되고 있다.

미국을 제외한 세계 주류 시장에서는 700밀리리터가 표준 용량이기 때문에 미국 시장에 들어오기 위해서는 별도의 비용을 들여 750밀리리터 병을 추가로 제작해야 한다. 거기에 미국 조세 상거래국의 라벨 승인 또한 별도로 받아야 한다. 그렇기 때문에 생산량이 적거나 판매하고자 하는 위스키의 양이 400배럴 정도로 한정된 경우에는 유럽과 아시아 시장에서 판매가 원활히 이루어지면 굳이 미국 시장에 출시할 이유가 없다. 그 결과 안타깝게도 미국인들은 다른 나라에 비해 다양한 세계 위스키를 즐길 기회를 누리지 못한다.

이와이 키치로와 마르스 신슈 증류소

그럼 다케츠루 마사타카를 처음 위스키의 세계로 이끌고 그의 스코틀랜드 유학을 도왔던 이와이 키치로는 어떻게 되었을까? 이와이는 다케츠루가 토리이와 함께 야마자키를 설립하기 위해 떠난 후에도 꽤 오랫동안 세츠 주조에 남았다. 스코틀랜드 시절 다케츠루가 이와이에게 보낸 보고서는 '일본 위스키 매뉴얼'의 기초가 되었고, 다케츠루는 일본 위스키의 아버지라 불렸다.

이와이는 1949년 가고시마에서 증류 면허를 받았다. 그는 혼보 가문이 운영하는 혼보 주조에서 고문으로 일했고, 혼보 주조는 마르스 신슈 증류소를 열고 이와이가 전달한 다케츠루의 보고서를 참고해 1950년대부터 위스키 생산을 시작했다. 1980년대에는 마르스 신슈 증류소를 현재 위치인 나가노현 남부의 산악지대로 옮겼다. 서늘한 기후로 숙성 속도를 늦추고 부드러운 풍미를 장기적으로 발달시키기 위한 선택이었다. 현재 마르스 신슈는 혼보 주조 소속으로 운영되고 있다.

그 외의 일본 위스키

일본의 양대 증류소인 닛카와 산토리는 해외 수요의 갑작스러운 증가로 숙성된 위스키 원액의 부족에 시달렸다. 판매량만큼 채우기에는 확보된 재고의 양이 부족했기 때문이다.

그러자 마르스 신슈와 화이트 오크(에이가시마)를 비롯한 증류소들이 시장에 뛰어들어 그 공백을 메우기 시작했다. 이들 증류소 입장에서는 일본 내에서 수년간 활동해온 끝에 마침내 미국 시장에 진출할 길이 열린 것이다.

조금 다른 '위스키'도 여럿 등장했다. 쌀을 증류한 제품으로, 서양의 관점에서 보자면 전통적인 위스키라고 볼 수는 없다. 그러나 미국 주류 · 담배 · 조세 · 상거래국(TTB)은 곡물로 만든 증류주를 위스키로 보고 있으며, 여기에는 쌀도 포함된다. 쌀을 이용한 증류주는 사실 위스키라기보다는 일본에서 예로부터 생산해온 쇼추(소주)라는 술이다.
쇼추는 위스키와 비슷한 공정으로 생산되지만 한 가지 중요한 차이점이 있다. 바로 '코지(누룩의 일종—옮긴이)'의 사용이다. 대부분 위스키 생산에서는 몰팅 과정에서 전분을 자연적으로 당화하는 보리 몰트(또는 호밀 몰트 등의 곡물 몰트)를 효모 발효의 매개로 활용한다. 그러나 쌀에는 몰팅을 위해 필요한 효소가 부족하며, 그 때문에 곰팡이의 일종인 코지를 사용해 발효를 위한 당분을 만드는 것이다.
쇼추는 꽤나 맛있는 술이다. 위스키보다 알코올 도수가 낮으며 과일 향이 난다. 일부 숙성 제품도 있으나 대개 숙성 없이 마시며, 구리가 아닌 스테인리스 증류기로 제조한다. 마지막으로 일본 쌀은 품질 면에서 세계 최고로 꼽히고 있다는 점도 알아두자.

추천 위스키

마르스 고마가타케 리미티드 에디션 2018
MARS KOMAGATAKE LIMITED EDITION 2018

고마가타케 라인업은 모두 숙성 햇수 3년 이상의 싱글몰트로 구성된다. 가벼운 피트감과 혀 중간에서 느껴지는 자두 맛, 견과류와 꽃 향으로 일본 스타일 위스키에 입문하기 좋은 제품이다.

48% ABV

오이시
OHISHI

이 쇼추 스타일 위스키의 원료가 되는 쌀 중 30%는 비단잉어 농법을 쓰는 논에서 유기농으로 재배된다. 숙성은 브랜디 오크통이나 셰리 오크통으로 진행한다(브랜디의 원산지는 알려지지 않았다). 알코올 도수는 다양하지만 43% ABV 내외다.

위스키 상식

미즈나라로 널리 알려진 신갈나무는 주로 일본에서 자라며 위스키의 피니싱용 배럴 제작에 사용된다. 락톤 성분이 풍부해 은은한 샌달우드 향과 코코넛 향을 만들어낸다.

일본 위스키 시음 가이드

미국에서 위스키는 원산지나 스타일에 상관없이 알코올 도수 40% ABV 이상이다. 시음을 진행할 위스키는 이러한 사항을 염두에 두고 선정했으며, 스타일별로 분류했다. 가볍고 섬세한 뉘앙스의 위스키는 목록 위쪽에, 숙성 햇수가 길거나 도수가 높고 (나무 향, 훈연 향, 향신료 향 등) 풍미가 무겁고 진한 위스키는 아래쪽에 배치했다. 숙성 햇수가 위스키의 품질을 결정하지는 않는다는 점을 꼭 기억하자.

750밀리리터 제품 기준 가격 가이드 (※ 2019년 미국 시장 기준)

위스키를 가격대별로 나누는 것은 쉽지 않은 일이다. 같은 품질의 위스키라고 가정했을 때, 유명한 대형 증류소는 대량 생산과 효율적인 유통으로 작은 증류소보다 가격을 낮출 수 있다. 해외에서 수입되는 위스키의 경우 운송과 영업비용 등 더 많은 간접비가 발생하며, 이는 가격 상승의 요인이 된다. 가격 분류는 ('초고가'를 제외하고) 미국증류주협회(Distilled Spirits Council of the United States)의 기준을 따랐다. 가격 가이드는 그야말로 일반적인 안내라는 점을 밝힌다. 가격 분류 시 여러 소매업체에 조언을 구했으며, 가격이 위스키의 품질을 좌우하지는 않는다는 사실을 밝힌다.

저가 Value	★★
프리미엄 Premium	★★★
상위 프리미엄 High End Premium	★★★★
슈퍼 프리미엄 Super Premium	★★★★★
초고가 Off the Chart	★★★★★★

미국 시장을 휩쓴 일본 위스키

일본에서 위스키가 생산된 지는 90년이 넘었지만, 미국 시장에는 약 10년 전에야 등장하기 시작했다. 그리고 그 짧은 시간 동안 미국은 일본 위스키를 모두 동내버렸다. 과거 주류 소매점 선반에서 먼지만 뒤집어쓰고 있던 야마자키와 히비키 제품들은 갑자기 수백 달러를 호가하는 유니콘 위스키가 되더니, 인터넷에서 수천 달러에 거래되고 있다. 그러나 이러한 현상 덕에 일본 위스키가 새로운 시장에 진출할 수 있었고, 소비자들은 몰트, 블렌디드, 쌀 위스키 등 일본 특유의 가벼운 과일 향이 나는 우아한 증류주를 다양하게 즐기게 되었다.

산토리 토키 ★★★
Suntory Toki

마르스 이와이 트래디션 ★★★
Mars Iwai Tradition

닛카 코피 몰트 ★★★★
Nikka Coffey Malt

화이트 오크 아카시 ★★★
White Oak Akashi

후카노 ★★★★★
Fukano

닛카 다케츠루 퓨어몰트 ★★★★
Nikka Taketsuru Pure Malt NAS

대체 목록

히비키 하모니 ★★★★
Hibiki Harmony

고마가타케 ★★★★★
Komagatake

이치로스 몰트 앤 그레인 ★★★★★
Ichiro's Malt & Grain

야마자키 18 ★★★★★★
Yamazaki 18

○ 인도 우타르 프라데시주에서 곡물을 수확하는 모습.

PART 9

세계의 위스키

펜데린(Penderyn), 암룻(Amrut), 카발란(Kavalan), 아르모리크(Armorik), 브렌(Brenne), 라이젯바우어(Reisetbauer). 초심자에게는 생소하겠지만, 위스키에 관심을 가지고 공부해온 사람이라면 어디선가 들어본 이름일 것이다.

놀랍게도 모두 전통적인 위스키 생산 지역, 즉 미국이나 캐나다, 스코틀랜드, 일본, 아일랜드에서 만들어진 브랜드가 아니다. 앞서 나열한 위스키는 웨일스와 인도, 대만, 프랑스, 오스트리아에서 생산된다. 그리고 지금도 곡물로 연금술을 펼쳐 보려는 더 많은 국가가 위스키 생산 대열에 속속 합류하고 있다. 미국의 버번을 비롯한 위스키 붐이 이러한 추세에 박차를 가한 것도 사실이지만, 각 브랜드와 국가, 지역에는 저마다 위스키 기원에 대한 나름의 서사가 존재한다. 그 기원이 비교적 자세히 남아 있는 국가도 있고, 그렇지 않은 국가도 있다. 이들 브랜드 중 일부는 세계시장과 미국 시장에 진출하기 위해 복잡한 법률과 규정의 미로 속에서 고군분투하고 있다. 공통점이 있다면 모두 자신들의 위스키를 사랑해줄 팬을 찾고 있다는 사실이다.

이들 위스키는 모두 스코틀랜드 위스키를 대부로 삼고 있다. 대다수가 보리를 원료로 단식 증류기에서 두 번 증류한 몰트 위스키나 그와 유사한 제품을 만든다. 현재 미국 시장에서는 버번이 최고의 인기를 누리고 있지만, 다양한 곡물의 배합 비율을 규정한 매시빌은 다른 나라에서의 생산을 막는 장애물이 되고 있다. 미국 외 국가에서 생산하는 경우 버번이라는 명칭을 사용할 수 없는 관련 법규도 또 다른 장애물이다. 물론 세계의 신생 증류소들이 스코틀랜드의 공정을 모방했다고 해서 이를 스카치라고 볼 수 있는 것은 절대 아니다. 각각의 위스키는 소비자의 선택을 받기 위해 자신만의 개성으로 분투하는 경쟁자라고 볼 수 있다.

추천 위스키

펜데린 마데이라
PENDERYN MADEIRA

펜데린의 핵심 제품으로, 생산공정의 우아함과 더불어 퍼스트필 버번 오크통과 마데이라 오크통에서 뽑아낸 풍부한 과일 향을 자랑한다. 깔끔한 맛을 내며, 멜론과 파인애플을 비롯한 과일 노트가 느껴진다.

43% ABV

웨일스: 펜데린의 위스키

웨일스는 영국에 속해 있다. 그러나 잉글랜드와 같은 그레이트브리튼섬의 동쪽에 위치한 웨일스에는 1902년 웰시 위스키 디스틸러스 컴퍼니(Welsh Whisky Distillery Company)가 문을 닫은 후 100년 넘게 증류소가 존재하지 않았다. 이 시기는 스코틀랜드와 아일랜드의 위스키 붐이 절정에 달했던 때다. 지역 대부분이 농촌인 데다 제철과 광업이 유일한 산업 기반이었던 웨일스로서는 두 지역과 경쟁하는 것이 불가능했을 것이다. 그러나 한 가지 흥미로운 기록이 있다. 1700년대 중반 에번 윌리엄스(Evan Williams)라는 한 웨일스 젊은이가 펨브룩셔에 있던 자신의 증류소를 정리하고 미국으로 건너가 켄터키에서 위스키를 만들었다는 기록이다.

1990년대, 일군의 투자자들이 나타나 웨일스의 '위스키(wysgi)' 전통을 되살리고자 웰시 위스키 컴퍼니(Welsh Whisky Company, LTD)를 설립했다. 이들은 위스키 신생국 증류소에서 활발하게 활동해온 짐 스완(Jim Swan)을 영입했다(안타깝게도 그는 2017년 세상을 떠났다). 스완은 125년 동안 위스키업계에 컨설팅을 제공해온 스코틀랜드의 연구 및 분석 기업 태틀록 앤톰슨(Tatlock & Thomson)의 운영 파트너이자 위스키와 나무의 상호작용에 대한 최고의 권위자 중 한 명이었다. 스완은 웰시 위스키 컴퍼니가 설립한 펜데린 증류소에서 마스터 블렌더로 활동하며 풍미의 방향을 설정해갔다. 창립자인 알룬 모건(Alun Morgan)과 브라이언 모건(Brian Morgan) 형제는 숙성에 관련된 모든 것을 스완에게 일임했다. 스완은 펜데린의 위스키를 버펄로트레이스 오크통에서 숙성한 후 마데이라 오크통에서 피니싱했다. 숙성용 오크통은 모두 손수 선택했다. 모건 형제는 증류소를 투자 회사에 매각했고, 이 회사는 현재 여성으로만 구성된 증류팀을 만들어 단식 증류로서는 가장 높은 프루프의 위스키를 생산하며 증류소 운영을 이어가고 있다.

프랑스:
오드비에서 이시케 바하로

프랑스는 다양한 농산물을 생산하는 농업 국가다. 프랑스는 와인과 브랜디 생산에 필요한 포도 외에도 시드르(cider, 사과즙을 발효한 술—옮긴이)와 칼바도스(calvados, 사과를 원료로 한 브랜디—옮긴이) 생산을 위한 사과를 재배할 뿐 아니라 유럽연합 내에서 옥수수, 밀, 보리, 귀리를 가장 많이 재배하는 국가기도 하다. 실제로 스코틀랜드로 향하는 프랑스산 보리의 양이 영국 전체 공급량을 합한 것보다 많을 수도 있다.

이런 사실을 고려하면 프랑스에서도 자연스럽게 위스키 증류가 시작되었을 법하지만, 위스키 생산은 비교적 최근에 들어서야 이루어졌다. 프랑스에서는 50개에 가까운 증류소가 이미 운영되고 있거나 운영을 준비하고 있다. 프랑스가 브랜디라는 전통적인 증류주를 포기할 리는 없으나, 많은 업체가 증류실과 숙성고에 곡물 증류를 위한 공간을 마련하고 있다. 다음은 프랑스와 위스키에 대한 몇 가지 놀랍고도 재미있는 사실이다.

- 프랑스는 세계에서 블렌디드 스카치위스키를 가장 많이 소비하는 국가로, 발렌타인과 시바스, 조니워커가 가장 큰 부분을 차지한다.
- 한 조사에 따르면 프랑스의 12개월 위스키 소비량은 무려 1,300만 상자로, 같은 기간 미국의 소비량인 700만 상자와 비교하면 놀라운 수치다.
- 프랑스에서 가장 많이 팔리는 싱글몰트 스카치위스키는 아벨라워이며, 2위는 글렌리벳이다.
- 프랑스에서 판매되는 주류 중 30%가 증류주다.
- 2017년 프랑스에서는 프랑스 위스키가 100만 병 이상 팔렸다.
- 2016년 1월에는 프랑스 위스키에 대한 정의와 규제 확립, 위조 방지, 프랑스 위스키 진흥을 목적으로 프랑스위스키연맹(Federation du Whisky de France)이 창설되었다.

그렇다면 프랑스에서 위스키가 생산되기까지 왜 이렇게 오랜 시간이 걸린 것일까? 이에 대해서는 의견이 분분하지만, 프랑스가 1800년대 중반 필록세라 사태를 극복하고 위스키 제조를 다시 고려하기 시작했을 때 이미 스코틀랜드 그리고 한동안 아일랜드가 시장을 지배하는 강자로 자리 잡고 있었기 때문일 것이라 보는 의견이 많다. 또한 프랑스에는 페르노리카(발렌타인, 시바스, 글렌리벳, 아벨라워 소유), 라마르티니케즈(La Martiniquaise)(글렌모레이, 커티삭 블렌드 소유), 모엣 헤네시(Moët Hennessy)(글렌모렌지, 아드벡 소유) 등 대형 주류 기업이 다수 존재한다. 이들 기업이 프랑스 내에서 위스키를 사실상 독점적으로 공급하고 있고, 이미 좋은 위스키를 내놓는 유명 브랜드가 포화상태인 가운데 프랑스인들은 굳이 자체적으로 위스키를 만들어보자는 생각을 하지 않았다.

추천 위스키

아르모리크 셰리 캐스크
ARMORIK SHERRY CASK

셰리 오크통에서 100% 숙성한 싱글몰트 제품으로, 진하고 다크한 감미로운 풍미에 여름 정원에 열린 과일의 신선함을 강조한다.

46% ABV

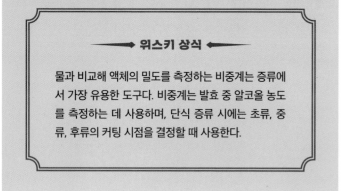

레무아송 오가닉 싱글몰트
LES MOISSONS
ORGANIC SINGLE MALT

도멘 데 오트 글라세 증류소 부지의 여러 구역에서 재배한 보리를 원료로 하며, 솔레라 시스템을 활용해 배팅했다. 연한 색깔에 특징적인 과일 향과 함께 곡물 특징이 느껴지며, 클로티드 크림과 조화를 이룬 비스킷 노트와 함께 아주 약한 초콜릿 향이 난다.

44.8% ABV

위스키 상식

물과 비교해 액체의 밀도를 측정하는 비중계는 증류에서 가장 유용한 도구다. 비중계는 발효 중 알코올 농도를 측정하는 데 사용하며, 단식 증류 시에는 초류, 중류, 후류의 커팅 시점을 결정할 때 사용한다.

그러나 속속 생기고 있는 증류소와 브랜드 중 눈길을 끄는 곳들도 있다. 이들은 프랑스의 오랜 증류 전통으로 축적된 '노하우'를 바탕으로 새로운 도전을 하고 있다.

아르모리크

아르모리크는 프랑스 싱글몰트의 선두 주자로, 이를 만든 와렝햄 증류소는 프랑스에서 최초로 이중 증류를 활용한 것으로 알려져 있다. 19세기 후반 프랑스 북부 출신의 와렝햄(Warenghem) 가문은 트레고르 지역과 브르타뉴의 붉은 화강암 해안 사이에 자리를 잡았다. 와렝햄 증류소는 1901년부터 서른다섯 가지 식물로 만든 허브리큐어 엘릭시르 다르모리크(Elixir d'Armorique)를 생산했는데, 이 제품은 미국을 비롯한 전 세계로 수출되어 현재도 판매 중이다.

1987년에는 첫 블렌디드위스키가 생산되었고, 1998년에는 최초의 브르타뉴산 싱글몰트인 아르모리크가 출시되었다. 브르타뉴는 아일랜드, 스코틀랜드와 켈트 문화를 공유할 뿐 아니라 기후와 지형 측면에서도 닮은 점이 많다. 비와 폭풍우가 잦은 해안성기후는 이 지역에서 생산된 위스키에 브르타뉴 특유의 개성을 부여했다.

도멘 데 오트 글라세

프랑스의 대형 증류주 기업 레미마르탱(Rémy Martin)의 도멘 데 오트 글라세(Domaine des Hautes Glaces) 인수는 많은 이를 놀라게 했다. 레미마르탱은 첫 싱글몰트 투자로 스코틀랜드 아일라섬의 브룩라디 증류소와 미국 워싱턴주 시애틀의 웨스트랜드 증류소를 인수하고 얼마 지나지 않아 도멘 데 오트 글라세를 인수했다.

프랑스 알프스 중심부의 해발 3000피트에 위치한 도멘 데 오트 글라세는 소규모의 농장 증류소다. 이 증류소는 현장에서 자체적으로 재배하고 가공한 유기농 곡물로 핸드크래프트 싱글몰트를 생산한다. 생산공정에서 옛 제조 방식을 활용하는 것도 특징이다. 도멘 데 오트 글라세는 목재팰릿을 때는 옛 직화식 프랑스 알렘빅 증류기로 이중 증류를 하고, 응축 공정에서도 현대적인 응축기가 아닌 웜터브를 사용한다.

○ 거위목 형태의 라인암이 달린 직화식 알렘빅 증류기.

위스키 라벨 읽기

솔레라 방식으로 숙성 Soutirage en solera
제조 공정을 설명하는 홍보용 문구.

싱글몰트Single Malt
100% 보리 몰트로 제조.

도멘 데 오트 글라세 Domaine des Hautes Glaces
등록된 브랜드명이자 증류소의 명칭으로 지역을 드러낸다.

레무아송Les Moissons
프랑스어로 '수확'이라는 의미다.

유기농 위스키 Organic whisky
프랑스 내에서 유기농 인증 획득.

위스키 상식

락톤은 나무에 함유된 가장 복합적인 화합물로, 위스키에 풍미를 입히는 역할을 한다.
숙성된 위스키 안에는 식별 가능한 화합물이 500개 이상 존재하는데, 그중 풍미에 영향을 주는 것은 100개 미만이다.
락톤은 오크통 내부를 태우는 과정에서 활성화해 코코넛과 버터스카치 풍미를 낸다.

로젤리에르

로젤리에르(Rozelieures) 위스키는 프랑스 로렌 지역에서 최초로 출시된 위스키다. 이 위스키는 싱글몰트 스카치위스키에 대한 열정을 나누던 두 친구의 의기투합으로 시작되었다. 증류업자였던 위베르 그랄레(Hubert Grallet)의 농장에서 곡물 재배를 담당하던 크리스토프 뒤픽(Christophe Dupic)은 어느 날 보리를 수확하다가 그랄레에게 과일 대신 보리를 증류해보자고 제안했다. 연구개발과 증류, 숙성이 몇 년에 걸쳐 진행되었고, 2000년에는 친환경적인 공법으로 지역 곡물을 증류해 만든 로젤리에르 위스키가 출시되었다.

보쥬 숲 가장자리에 위치한 로젤리에르 증류소 자체는 1890년부터 운영되어온 곳으로, 메종 드 라 미라벨(Maison de la Mirabelle)이라는 로렌산 미라벨 자두 오드비가 가장 유명하다.

추천 위스키

로젤리에르 싱글몰트 퓌메

ROZELIEURES SINGLE MALT FUMÉ

이 싱글몰트는 프랑스 피트를 사용한 유일한 프랑스 위스키로, 훈연한 피노 셰리 오크통에서 숙성해 더블 스모크 몰트 위스키가 되었다. 코끝에 느껴지는 가벼운 훈연 향이 혀에 닿아 커피 향과 더 진한 스모키함으로 전개된다.

46% ABV

디스틸러리 메이에

독일 국경 근처의 알자스 지역은 미네랄이 풍부하고 섬세한 과일 향을 내는 와인으로 유명하다. 3대째 내려오는 이 작은 증류소의 위스키는 장 클로드 메이에(Jean-Claude Meyer)와 두 아들의 과감한 시도로 탄생했다. 과일 오드비로 이미 여러 차례 수상 경력이 있던 디스틸러리 메이에(Distillerie Meyer)는 2007년

○ 프랑스 로렌 지방의 로젤리에르 증류소.

B626

○ 프랑스의 지하 저장고.

위스키 생산을 시작했다. 증류는 지역에서 일반적으로 사용하는 알렘빅 방식을 활용했다. 디스틸레리 메이에는 주철 증류기로 제조하는 싱글몰트와 블렌디드몰트 외에 그레인위스키와 몰트위스키를 혼합한 블렌디드위스키를 제조하는 몇 안 되는 프랑스 증류소다.

브렌

현존하는 프렌치 싱글몰트 중 가장 독특한 제품이다. 브렌(Brenne)은 전직 발레리나이자 위스키 마케팅 담당자였던 앨리슨 파크(Allison Parc)라는 미국 여성이 2012년 자신의 뉴욕 아파트에서 설립했다. 파크는 프랑스에 자주 방문하던 중 소규모 코냑 제조업체를 알게 되었는데, 이 업체는 코냑을 만드는 사이사이에 맥아를 증류해 만든 위스키를 새 프랑스 리무쟁(Limousin) 오크통에 숙성하고 있었다. 4년간의 연구개발 끝에 파크는 코냑 증류소에서 생산한 위스키를 코냑 캐스크에 피니싱하는 방식으로 풍미 프로필을 개발했고, 그 결과 스카치위스키와는 아주 다른 프렌치 싱글몰트가 탄생했다. 발효에는 코냑 효모를 사용하며, 증류는 프랑스 알렘빅 증류기로 두 차례 진행한다. 브랜드명부터 도안, 라벨까지 모두 파크의 손을 거친 제품으로, 독특한 프렌치 싱글몰트라는 입소문이 나며 큰 인기를 끌었다.

인도: 럼이 있는 곳에 위스키도 있다

인도산 싱글몰트위스키를 즐긴다고 말했을 때 돌아오는 상대의 혼란스러운 반응은 언제 봐도 재미있다. 영국의 식민지였던 인도는 벌써 150년이 넘는 세월 동안 스카치위스키와 관련 상품을 생산해왔다. 그리고 2000년대 중반부터는 스코틀랜

추천 위스키

메이에 위스키 블렌드 쉬페리외
MEYER WHISKY BLEND SUPERIEUR

프랑스에서는 찾아보기 힘든 블렌디드위스키로, 그레인위스키 85%에 몰트위스키 15%를 매링해 훌륭한 맛을 보여준다. 곡물 원료는 모두 샹파뉴 지역에서 재배되었으며, 증류 또한 같은 지역에서 이루어졌다. 꽃의 신선함과 향긋함으로 시작해 살짝 점도가 있는 살구와 복숭아 맛으로 이어지다가 크게 강하지도 약하지도 않은 중간 정도의 여운으로 마무리된다.

40% ABV

브렌 에스테이트 캐스크
BRENNE ESTATE CASK

증류소 인근에서 재배되는 곡물 원료만을 사용해 '에스테이트'라는 명칭을 붙일 수 있었다. 열대의 바나나와 바닐라 크림이 강하게 느껴지며, 풍부한 풍미와 자두 향이 올라온다. 브렌의 팬들은 브렌 특유의 온화한 부드러움과 균형 잡힌 스파이시함에 매력을 느껴 싱글몰트의 세계에 입문했다고 말한다. 싱글 배럴 릴리즈로 병입되었으며, 숙성 햇수는 명시하지 않았지만 프렌치 오크에서 평균 7년 동안 숙성했다.

40% ABV

위스키 상식

증류 과정에서 생성되는 유황화합물은 구리 증류기를 조금씩 부식하며, 시간이 지나면 증류기 내부를 철 수세미로 문지른 것처럼 만든다.

드 위스키에 필적할 만한 제품을 속속 내놓고 있다.

스카치위스키, 그중에서도 블렌디드위스키에 대한 인도인들의 사랑은 대단하다. 전체 소비량으로 봤을 때 인도는 프랑스와 미국에 이어 3위를 차지하고 있으며, 조니워커 브랜드 수입량으로는 1위를 자랑한다.

인도의 위스키 생산량은 더욱 놀랍다. 한 데이터에 따르면, 판매량을 기준으로 가장 인기 있는 위스키 브랜드는 인도의 오피서스초이스(Officer's Choice)와 맥도웰스(McDowell's)인 것으로 드러났다. 두 브랜드를 비롯한 인도 위스키는 중동과 남아시아 전역에서 판매되고 있지만, 사실 다른 국가들은 이들 제품을 위스키로 인정하지 않는 경우도 많다. 곡물이 아닌 당밀을 기본 재료로 해서 만들기 때문이다.

암룻

암룻은 1955년 인도의 다른 증류소들과 마찬가지로 인도제조외국주류(Indian Made Foreign Liquor, IMFL, 263쪽 참고)를 생산하며 사업을 시작했다. 그러다 1974년부터는 생산 라인에 브랜디를 추가했고, 1987년에는 블렌디드위스키 제조에 사용할 몰트위스키를 개발하기 시작했다. 암룻의 싱글몰트가 처음으로 출시되었던 2004년, 몰트위스키 병입율은 전체의 1%에 지나지 않았다. 그러나 2018년이 되자 모두 판매가 가능해졌다. 싱글몰트 판매는 지금은 고인이 된 증류소의 2세대 소유주 닐라칸다 라오 자그델(Neelakanta Rao Jagdale)의 선견지명이었다. 그는 1990년대 말과 2000년대 초 꾸준히 증가하는 싱글몰트 스카치위스키 소비량을 보며 위스키업계의 변화를 감지했다.

암룻 브랜드의 첫 직원은 글로벌 브랜드 홍보대사이자 신입 증류 담당자로 수련 중이던 아쇼크 초칼링감(Ashok Chokalingam)이었다. 암룻 증류소는 벵갈루루 외곽에 위치해 있는데, 아쇼크에 따르면 당화조부터 단식 구리 증류기까지 모든 것이 인도에서 제작된 것이라고 한다. 사실 체계적인 계획을 가지고 시작한 일은 아니었다. 처음부터 싱글몰트를 만들겠다는 의도였다기보다는 어쩌다 보니 자연스럽게 만들게 된 것에 가깝다. 암룻에서는 제분부터 담금, 라벨 부착까지 모든 작업을 손으로 한다. 그 모습은 어딘지 자부심 강한 미국 크래프트 증류업체들을 떠올리게 한다.

암룻은 첫 번째 증류기를 사용하며 경험을 쌓았고, 그로부터 몇 년 후에야 각종 수정사항을 더한 두 번째 증류기를 들였다. 원래의 증류기는 두 1차 증류기 중 하나로 사용했고, 새로 들인 증류기는 2차 증류기 역할을 하며 암룻이 찾고 있던 정제 작업을 실현할 수 있게 되었다.

아쇼크는 버펄로트레이스를 비롯한 미국 증류소에서 직접 배럴을 소싱하며 켄터키 위스키업계와 관계를 넓혀가고 있다. 암룻이 사용하는 보리의 90%는 파키스탄과 네팔에 가까운 국경 지역에서 재배된다. 2019년 현재 암룻은 기존 공장 옆에 수백만 달러 규모의 증류 전용 시설을 신규 건립할 예정이다. 시설 건립과 함께 단식 증류기 두 쌍을 추가로 설치해 생산 역량을 세 배까지 늘릴 계획이다.

추천 위스키

암룻 퓨전
AMRUT FUSION

2세대 소유주였던 닐라칸다는 피트 향을 살짝 더해 복합성을 끌어내자는 생각을 했고, 그 아이디어가 제대로 먹히면서 암룻 퓨전은 위스키 세계의 주목을 끌었다. 뛰어난 솜씨가 돋보이는 제품으로, PPM을 정확히 맞춰 주문한 스코틀랜드산 몰트를 25% 사용했다. 나머지 곡물 원료는 네팔 국경 근처의 히말라야 지역에서 조달했다. 제조 역량이 돋보이는 만족스러운 제품으로, 스코틀랜드 위스키와는 확연히 다른 경험을 선사한다.

50% ABV

암룻의 마스터 디스틸러 수린더 쿠마르

풍미에 대해 "블렌더는 머릿속으로 그림을 그리는 화가와 같다. 캔버스에 색과 모양을 채우다 보면 그림이 윤곽을 드러내며 가야 할 방향이 명확해진다. 위스키는 천천히 진화하는 술이고, 지금의 인식은 나중에 현실이 된다."

위치에 대해 "지리와 기후는 결과에 영향을 미친다. 스코틀랜드에서 3년을 숙성한 위스키는 크게 인상적이지 않을 수도 있으나, 인도에서의 3년 숙성은 놀라운 개성을 드러낼 수 있다(이때 증발하는 천사의 몫이 12%에 달한다). 나무의 종류, 증류기의 크기, 숙성고의 환경, 기후, 문화 등 모든 것이 더해져 위스키가 된다. 공기의 질은 효모 발효에 영향을 준다. 그것과 배럴의 일관성 유지가 늘 가장 어려운 부분이다."

겸허함에 대해 "블렌더는 풍미의 개발을 책임진다. 블렌더는 새로운 제품을 만들 때는 창조자가, 이미 자리 잡은 제품에 대해서는 해결사가 되어야 한다. 그러나 블렌더가 제품에 줄 수 있는 영향은 40%가량이다. 나머지 60%는 자연의 영향이라고 생각한다. 자연적인 온도와 공기의 질 등 모든 것이 영향을 준다."

○ 인도 벵갈루루 지역 암룻 증류소의 마스터 디스틸러 수린더 쿠마르(Surrinder Kumar).

폴 존 증류소

원래는 보드카 병입과 정류, 정제를 하는 업체로 출발했다. 폴 존 브랜드의 회장 이름을 딴 폴 존 증류소(Paul John Distilleries)는 2000년부터 '좋은 위스키'를 본격적으로 생산하기 시작했다. 곡물 증류소 출신의 마이클 수자(Michael D'Souza)를 마스터 디스틸러로 채용하고 몇 년이 지난 시점이었다. 수자의 증류업계 경력은 25년으로, 그중 10년은 폴 존과 함께했다. 수자의 말을 들어보자.

"순전히 기술 측면에서만 본다면 인도의 증류 기술은 세계 그 어느 나라보다도 뛰어납니다. 인도의 IMFL 증류소들은 당밀에서 더 순수한 증류액을 뽑아내기 위해 다중압력으로 5중 증류를 합니다. 그러나 아쉽게도 양질의 증류주 생산이라는 측면에 있어서는 15년 정도 뒤처져 있습니다. 인도의 증류업계는 얼마 전까지 긍정적인 향미 분자와 부정적인 향미 분자를 구분하지도 않았죠."

고품질 싱글몰트를 만들자고 의기투합한 수자와 존은 스코틀랜드로 연구 여행을 떠났다. 그러나 둘은 곧 인도에서 스코틀랜드 스타일을 구현하는 것은 불가능하다는 사실을 깨달았다. 인도에서 구할 수 없는 재료도 있었고, 기후도 너무 달랐다. 폴 존 증류소가 위치한 인도의 고아는 포르투갈의 영향을 받은 지역으로, 인도양 인근의 열대기후 지역에 속한다.

"저희는 스코틀랜드 방문 이후 접근법을 바꿔야겠다는 결론을 내렸습니다. 스코틀랜드의 공정을 적용하려면 틀에서 벗어난 접근법이 필요했습니다. 이곳이 인도라는 것을 늘 염두에 두기로 했죠. 인도는 다양한 민족, 언어, 문화가 모인 나라입니다. 저희는 제품을 통해 그 광범위한 다양성을 모두 담아내고 싶었습니다."

증류기를 포함한 폴 존 증류소의 모든 장비는 인도에서 제작했다. 숙성고에는 약 4,000통의 배럴이 보관되어 있는데, 천사의 몫으로 증발하는 양은 1년에 8% 정도라고 한다.

○ 인도 고아 지역 폴 존 증류소의 마스터 디스틸러 마이클 수자.

○ 인도 고아 지역 폴 존 증류소의 증류실.

추천 위스키

폴 존 에디티드
PAUL JOHN EDITED

버번 배럴로 숙성한 제품으로, 가벼운 피트 향과 고아 지역의 바다 공기가 스며 있는 느낌이다. 지배적인 과일 향과 달콤한 몰트 향이 코를 간질이다 피트를 머금은 복합적인 맛이 입안을 채우고 바닐라와 달달한 크림이 입안을 코팅하며 마무리된다. 라인업의 대표 제품이다.

46% ABV.

람푸르 싱글몰트
RAMPUR SINGLE MALT

새틴 술 장식이 달린 우아한 천 주머니로 포장되어 있다. 이 '왕관 속 보석'과도 같은 싱글몰트는 코끝에서 퍼지는 계피와 달콤한 바닐라 크림으로 시작해 정향과 카다멈으로 이어지며 섬세한 맛의 향연을 보여준다.

43% ABV

위스키 상식

타닌은 숙성 과정에서 이중적인 역할을 한다. 나무의 타닌 성분은 쓴맛과 떫은맛을 만든다. 지나친 쓴맛을 방지하기 위해 나무통을 만드는 과정에서 타닌을 침출하기도 한다. 그러나 나무에 남은 타닌은 시간이 흐르며 바닐린을 비롯한 화합물을 우리가 좋아하는 부드러운 풍미로 변화시키는 역할을 한다.

람푸르

람푸르 싱글몰트(Rampur Single Malt)는 2004년에 처음 출시된 인도 싱글몰트로, 조용한 돌풍을 일으켰다. 시장의 주목을 노리는 많은 신규 브랜드가 그렇듯, 람푸르 또한 초기에 자사의 제품을 '인도 싱글몰트계의 코히누르(Kohinoor, 영국의 왕관을 장식하고 있는 세계 최대의 다이아몬드 중 하나)'로 홍보했다.

(원래는 람푸르라고 불렸던) 라디코 카이탄(Radico Khaitan)은 람푸르 브랜드의 모회사이자 인도 최대의 주류 생산·정류·병입 업체로, 세 개의 공장에서 각각 럼과 보드카 그리고 IMFL 위스키인 8PM과 애프터 다크(After Dark)를 생산하고 있다. 흥미롭게도 람푸르 싱글몰트는 라디코 카이탄의 브랜드 소개에서 빠져 있는데, 꽤나 훌륭한 싱글몰트인 점을 생각하면 매우 아쉬운 일이다. 람푸르 싱글몰트는 이중 증류 후 냉각 여과 없이 히말라야산맥 기슭에 위치한 증류소에서 숙성된다.

동아시아에서 나타난 새로운 위스키

아시아는 도수가 높은 증류주를 오랜 세월 즐겨온 지역이다. 우선 가장 오래된 증류주이자 가장 많이 소비되는 증류주 중 하나인 바이주(백주)가 있다. 백주는 수수로 만든 중국술로, 화한 목 넘김과 강한 아세톤 향을 자랑하는 증류주다. 쌀을 증류해 만든 일본의 쇼추와 한국의 소주 또한 꾸준히 생산되고 있으며, 지역에서 만드는 '밀주' 또한 다양하다. 아시아 음식 문화의 중심에는 발효 음료와 발효 음식이 있지만, 일본을 제외한 지역에서 위스키는 비교적 새로운 시도에 속한다. 그러나 놀랍게도 많은 신규 업체가 이미 오래전부터 위스키를 만들어온 사람들처럼 능숙한 모습을 보이고 있다.

인도제조외국주류: 종이팩에 담긴 술

현재 인도에는 189개의 증류소가 있다. 물론 모두가 위스키를 생산하는 것은 아니다. 많은 증류소가 산업용 알코올과 바이오가스, 연료용 에탄올을 생산하며, 대부분 식용 및 산업용 에탄올 생산 공장을 함께 운영하는 대기업에 속해 있다. 맥도웰스나 로열챌린지(Royal Challenge)는 현재 디아지오 소속인 유나이티드 스피리츠(United Spirits)에 속해 있지만, 그 역사는 1826년까지 거슬러 올라간다. 맥도웰스와 로열챌린지를 비롯한 증류소들의 공통점은 바로 인도제조외국주류(Indian Made Foreign Liquor), 즉 IMFL 생산이다. 현재 인도에서 생산되는 모든 주류 중 90%가 IMFL에 속한다.

IMFL은 인도 주류업계의 생명줄과도 같다. IMFL은 당밀을 증류해 얻은 중성 주정을 베이스로 해 벌크로 구입한 브랜디나 아이리시위스키, 스카치위스키에 원하는 첨가물과 색소를 섞어 제조한다. 현재는 별 제재 없이 원하는 이름을 자유롭게 붙일 수 있지만, 새롭게 설립된 인도식품안전기준청(Food Safety and Standards Authority of India)이 조만간 관련 규정을 도입하면 아마도 상황은 달라질 것이다. 현재 20여 곳의 주요 증류소가 이러한 '위스키'를 생산하고 있다. 이런 대량생산 위스키는 가격이 매우 저렴하며, 편의성을 위해 종이팩에 담아 판매한다. 이 책에서 소개한 세 증류소를 비롯한 일부 업체에서 내놓는 IMFL의 경우 품질이 조금 나은 편지만, 대부분은 고급 싱글몰트 생산 비용을 충당하기 위해 비교적 저렴한 가격으로 대량 판매하는 제품이다.

추천 위스키

카발란 콘서트마스터
KAVALAN CONCERTMASTER

버번 배럴에서 숙성하고 토니, 루비, 빈티지 포트 바리크(barrique, 프랑스 보르도에서 주로 사용하는 225리터 용량의 배럴—옮긴이)를 조합해 피니싱했다. 체리 콜라와 코코아의 진하고 감미로운 향이 코를 채우고 견과류와 건포도 향으로 이어져 가볍고 부드러운 여운을 남긴다.

40% ABV

카발란

카발란은 위스키 문화가 전혀 존재하지 않는 대만에서 위스키 제조를 시작했다는 점에서 꽤나 용감하다. 대만에서는 주로 백주를 제조한다. 일본에 위스키를 처음 들여온 것은 페리 제독이었고, 이를 일본 위스키로 만들어낸 것은 다케츠루와 토리이였다. 대만에서는 대만의 유니레버 격인 킹카컴퍼니(King Car Company)가 그 역할을 맡았다. 킹카는 1979년부터 루트비어와 인스턴트커피 등을 만들어온 회사다. 그러나 킹카의 리티엔차이(Lee Tien-Tsai) 회장에게는 쌀, 보리, 수수를 원료로 하는 흔한 증류주가 아닌 위스키를 만들어보고 싶다는 열망이 있었다. 2002년 대만이 세계무역기구에 가입하자 리티엔차이는 저명한 위스키 전문가 짐 스완을 발 빠르게 초청해 자문을 구했다. 스완은 마스터 블렌더 이안 창(Ian Chang)과 함께 증류소와 숙성고 설계에 들어갔다. 이들이 중점이 둔 것은 위스키 숙성에 악영향을 줄 수 있는 열대기후에 대응하는 것이었다. 그렇게 증류소가 들어서고 2006년에는 카발란의 첫 증류주가 증류기에서 스피릿 세이프로 흘러들었다. 대만 위스키의 최소 숙성 기간은 2년이다.

○ 대만의 카발란 증류소.

스웨덴:
떠오르는 한밤의 태양

추천 위스키

하이코스트 달브 레인지
HIGH COAST DÁLVVE RANGE

'달브(dálvve)'는 사미어로 '겨울'이라는 의미다. 사미어는 빙하기 북유럽 여러 지역에 살던 사미족의 언어로, 지금도 일부 지역에서 사용하고 있다. 달브 시그니처 몰트는 스웨덴 보리를 사용했으며, 아일라산 피트를 가볍게 입혀 퍼스트필 버번 배럴에 숙성했다. 풋사과와 섬세한 토피 향, 다양한 식물 향을 내며 숙성 햇수는 5~6년이다.

46% ABV

스웨덴은 17세기에 최초로 곡물이 아닌 감자를 증류해 보드카를 만든 곳으로 알려져 있다. 캐러웨이 씨앗으로 만드는 스웨덴의 전통 증류주 아콰비트 또한 다른 증류주에 못지않은 긴 역사를 지니고 있다. 그러나 1999년 스웨덴에서 설립된 맥미라(Mackmyra)가 2008년 미국 시장에 진출하기 전까지 미국에서 스웨덴 위스키는 생소한 존재였다. 맥미라의 약진과 더불어 새롭게 나타난 신생 업체들이 백야의 나라를 대표하고자 위스키 시장에 속속 뛰어들고 있다. 위스키 제조에 있어 스웨덴의 장점은 비교적 일정한 기온 그리고 물과 목재라는 천연자원의 풍부함이다. 이에 더해 스웨덴 사람들은 공학적인 사고방식을 지니고 있다. 이는 위스키 제조를 위해 증류기를 이리저리 조작하고 조립할 때 분명 크게 도움이 되는 사고방식이다.

하이코스트 증류소

스웨덴인과 덴마크인, 독일인은 세계에서 가장 열정적인 위스키 애호가로 유명하다. 매년 스코틀랜드에서 열리는 위스키 축제 피즈 아일(Feis Isle)과 스페이사이드 페스티벌(Speyside Festival)은 늘 이들로 북적인다. 유쾌한 술친구이기도 한 이들은 위스키에 관한 한 아주 사소한 사실에도 관심이 많으며, 대개 멋진 티셔츠를 입고 있다. 하이코스트 증류소(High Coast Distillery)의 전신인 박스 증류소(Box Distillery) 또한 함께 스코틀랜드 증류소를 방문한 두 친구의 이야기로 시작되었고, 나머지는 자연스럽게 흘러가 현재의 모습이 되었다.

하이코스트 증류소는 여름과 겨울 그리고 낮과 밤의 기온차가 극심한 스웨덴 북부에 위치해 있다. 그러나 극한의 환경은 잘만 활용하면 위스키에 유리하게 작용할 수도 있다. 예를 들어, 극심한 기온차로 배럴이 빠르게 팽창하고 수축하면 안에 담긴 원액이 나무에 반복적으로 흡수되었다 배출되며 그 영향을 더 많이 이끌어낸다. 지극히 차가운 물 또한 도움이 된다. 담금액을 식히거나 응축기의 증기를 냉각할 때 물의 낮은 온도를 활용하면 결과물에 극적인 변화를 줄 수 있다.

스피릿 오브 벤

아마도 이 글을 읽고 나면 스피릿 오브 벤(Spirit of Hven, 이하 벤) 방문을 버킷리스트에 넣을지도 모른다. 벤은 스웨덴과 덴마크 사이 외레순 해협 위의 그림 같은 배카팔스빈(Backafallsbyn) 섬에서 세 가지나 되는 역할을 부지런히 해내고 있다. 우선 이곳은 컨퍼런스센터와 레스토랑, 스파, 부티크 그리고 스웨덴 최고의 위스키 바를 갖춘 4성급 호텔이다. 벤은 스코틀랜드의 앨런 어소시에이츠(Allen Associates, 증류기 관련 솔류션을 제공하는 엔지니어링 기업—옮긴이)와 제휴해 식품 및 비식품 사업의 턴키(turn-key)방식 운영 컨설팅 서비스를 제공하며, 세계 주류 회사들이 증류에 대한 새로운 아이디어를 시험해볼 수 있는 연구센터의 역할도 하고 있다. 이렇게 24시간이 모자라다는 듯 돌

○ 스웨덴의 하이코스트 증류소.

추천 위스키

스피릿 오브 벤 튀코스 스타
SPIRIT OF HVEN TYCHO'S STAR

100% 싱글몰트용 보리의 재배에서부터 위스키 증류, 병입에 이르기까지 모두 증류소 부지 내에서 이루어진 제품으로 중간 정도의 피트감을 지녔다. 몰트 향과 풍부함, 연기를 입한 과일과 호두 향이 코를 타고 입으로 내려와 고소한 견과류와 가벼운 피트 향으로 마무리된다. 유기농 인증 제품으로 냉각 여과를 거치지 않았으며 알코올 도수는 41.8% ABV다. 그야말로 별처럼 빛나는 맛이다.

아가는 이곳의 시계는 스피릿 오브 벤 증류주 라인 탄생을 가능케 했다. 벤이 추구하는 정신을 담아낸 이 제품들은 모두 경계를 뛰어넘는 혁신을 담고 있다.

튀코스 스타 싱글몰트(Tycho's Star Single Malt)가 그 예다. 벤은 2012년 내놓은 첫 몰트위스키 우라니아(Urania)에 이어 튀코스 스타를 출시했다(제품명은 16세기 덴마크의 유명한 천문학자이자 연금술사였던 튀코 브라헤Tycho Brahe의 이름에서 따왔다). 튀코스 스타는 익숙한 생산방식에 독자적인 시도를 결합했다. 가장 큰 특징은 스웨덴산 보리에서부터 숙성에 사용한 배럴에 이르기까지 모든 것이 철저하게 유기농이라는 점이다. 벤의 해외영업을 맡고 있는 마르쿠스 크리스텐손(Marcus Christensson)은 쉽지 않았던 그 과정에 대해 이렇게 말했다. "적합한 중고 배럴을 찾는 일이 가장 어려웠습니다. 모든 단계에서 유기농 조건을 충족했는지를 일일이 확인해야 했죠."

이런 철저함 덕에 벤의 위스키는 어떤 카테고리에도 속하지 않지만 가장 까다로운 규정을 지닌 위스키가 되었다. 벤의 위스키는 실험실에서 시작한 브랜드답게 비커 형태의 병에 담겨 있다. 잘 알려지지 않은 브랜드지만 찾아 나설 가치가 충분하다.

그 밖의 세계 위스키

매년 지구 곳곳에서 나타난 새로운 위스키 요정이 미국이라는 시장을 향해 날아든다. 아예 새로 생긴 신생 업체인 경우도 있고, 위스키 침체기에 사라졌던 기업이 다시 돌아오는 경우도 있다. 지금부터 소개하는 위스키 중에는 찾기 어려운 제품도 있다. 그러나 소규모 브랜드에서 나온 훌륭한 제품을 찾고 소비하려는 당신과 당신의 바텐더 그리고 지역 소매상의 노력은 브랜드의 성장으로 이어질 것이다.

남아프리카공화국: 스리 십스

남아프리카공화국 케이프타운에 위치한 제임스 세지윅 증류소(James Sedgwick Distillery)의 역사는 1886년으로 거슬러 올라간다. 이 증류소는 남아공에서 다양한 내수용 위스키를 생산해왔지만, 수출용은 10년 숙성 싱글몰트 한 종류다. 2003년에 출시한 스리 십스(Three Ships)는 최초의 남아프리카산 싱글몰트다. 세지윅의 또 다른 제품으로는 베인스 케이프 마운틴 위스키(Bain's Cape Mountain Whisky)가 있는데, 두 브랜드 모두 유능한 마스터 디스틸러인 앤디 와츠(Andy Watts)의 지휘 아래 생산되고 있다. 베인스 케이프 마운틴 위스키는 국가를 막론하고 위스키 시장에서 흔치 않은 존재인 싱글그레인위스키로, 이 스타일이 하나의 카테고리로 지정될 가능성을 보여준다.

오스트리아: 라이젯바우어

라이젯바우어의 중심에는 과일이 있다. 한스 라이젯바우어(Hans Reisetbauer)는 오스트리아의 유명한 다뉴브강 인근에서 농장 증류소를 운영한다. 그의 증류소는 윌리엄스 배에서 블랙커런트, 엘더베리, 자두에 이르기까지 다양한 과일로 만드는 순수하고 신선한 오드비로 유명하다.

라이젯바우어 싱글몰트의 특징은 숙성 과정에서 버번, 셰리, 포트와인 배럴 등 전통적인 배럴을 사용하지 않는다는 점이

추천 위스키

베인스 케이프 마운틴 싱글그레인
BAIN'S CAPE MOUNTAIN SINGLE GRAIN

달콤하고 과일 향이 난다. 옥수수 100%로 증류했으나 옥수수의 풍미가 노골적으로 드러나지는 않으며, 향기로운 토피와 바닐라, 올스파이스 풍미를 보여준다. 입안에 기분 좋은 점도와 여운을 남기며, 단독으로 마시기에도 얼음을 넣어 마시기에도 적합하다.

43% ABV

라이젯바우어 더 싱글몰트, 12년
REISETBAUER THE SINGLE MALT, 12 YEAR

와인 배럴에서만 숙성한 '곡물 오드비' 같은 싱글몰트다. 버번 배럴의 특징인 바닐린이나 락톤이 느껴지지 않고, 셰리와 포트와인 배럴의 특징인 스파이시한 검붉은 과일이나 무화과 향도 없다. 진정 독특한 개성을 지닌 위스키로, 전면의 과일 향이 브랜디 같은 느낌을 주기도 한다.

48% ABV

위스키 상식

연속 증류기의 발명은 얼마나 중요한 사건이었을까? 석유, 가스, 화학 생산, 제약 등 오늘날 성분 정제에 분별 분리 기술을 활용하는 대다수 주요 산업은 모두 위스키의 덕을 보고 있다고 생각하면 된다.

다. 이 농장 증류소의 위스키는 샤르도네와 트로켄베어렌아우스레제(Trockenbeerenauslese) 배럴의 조합으로 7~15년 숙성한다. 아마 샤르도네는 들어봤어도 트로켄베어렌아우스레제는 잘 모르는 사람도 많을 것이다. 이름도 생소한 이 와인은 오스트리아와 독일의 소테른(Sauterne)이라고도 볼 수 있는데, 놀랍도록 달콤한 맛이 특징이다. 이 와인은 특정한 기후 조건에서 '고귀한 부패'로 과육이 건조되며 풍미 변화를 일으킨 리슬링 등의 포도를 원료로 만들어진다.

오스트리아: 비저

또 다른 오스트리아 위스키 우아후아(Uahouua)는 비엔나 외곽에 있는 비저(Wieser) 가문의 농장에서 다양한 농산물과 함께 생산된다. 토요일 오후 친구들과 함께 수영장 가에서 즐겁게 마시기에 딱 좋은 이름을 지닌 우아후아의 숙성 햇수는 7~12년이다. 우아후아의 영감이 된 스카치위스키보다 숙성 기간이 짧은 편인데, 온도변화가 심한 지역이라 나무와의 상호작용이 더 활발하게 일어나기 때문이라고 한다. 스웨덴의 벤과 마찬가지로 다양한 보리 몰트를 사용하며, 사중 증류 후 세계 곳곳에서 공수한 셰리, 와인 그리고 새 오크통으로 숙성한다. 증류 순도와 배럴 종류의 다양성 덕에 곡물의 높은 과일 에스테르가 코까지 전달된다.

스페인: 나바소스 팔라치

'덕후의 증류주(geeky spirit)' 공급자를 자처하는 미국 수입업자 니콜라스 팔라치(Nicolas Palazzi)의 소수에 집중하는 철학이 위스키로 확장되더니, 스페인의 '셰리 덕후' 에퀴포 나바소스(Equipo Navazos)와의 협업으로 나바소스 팔라치(Navazos Palazzi) 위스키가 탄생했다. 증류 작업은 스페인에서 했으며 특별히 엄선한 셰리 배럴에서 세심하게 숙성했다. 여과 과정을 거치지 않고 캐스크스트렝스로 출시되었다.

추천 위스키

나바소스 팔라치 '보타 푼타' 몰트위스키
NAVAZOS PALAZZI
'BOTA PUNTA' MALT WHISKY

이 제품은 '솔레라', '버트', '올로로소'와 더불어 새로운 셰리 용어를 위스키 세계에 소개했다. '보타 푼타(bota punta)'는 솔레라 시스템으로 쌓은 배럴 중 맨 아래층의 가장 앞에 있는 통을 의미한다. 위치상 같은 층의 다른 배럴보다 공기와 빛에 더 많이 노출되기 때문에 숙성 정도가 달라진다. 또한 증류소의 방문객에게 시음을 시켜줄 때도 보타 푼타에서 꺼내기 때문에 내부의 원액이 공기와 더 자주 접촉한다. 100% 스페인산 보리를 원료로 해 구리 증류기로 제조했으며 최소 10년 이상 숙성했다. 900병 한정 생산.

52.5% ABV

호주, 뉴질랜드, 태즈메이니아

아일랜드가 이제 막 과거의 영광을 되찾으려 깨어나고 있다면, 남태평양의 호주(태즈메이니아 포함)와 뉴질랜드는 아무것도 없던 곳에서 새로운 유산을 창조하려는 참에 있다.

몇 년 전, 뉴질랜드의 마지막 밀포드 싱글몰트(Milford Single Malt)가 미국 시장에 나타났고, 위스키 사냥꾼들은 오랜만에 모습을 드러낸 이 유니콘 위스키를 재빠르게 사들였다. 이 제품은 1990년대 후반 문을 닫은 예전 윌로브룩 증류소(Willowbrook Distillery)의 원액이 담긴 제품이었다. 윌로브룩은 한때 시그램 소속이었는데, 지금은 사라진 시그램이라는 거인의 손이 어디까지 미쳤는지를 보여주는 사례다.

사실 호주나 뉴질랜드에 위스키 문화가 존재했다는 것은 그리 놀라운 일이 아니다. 모두 스코틀랜드와 영국 이민자들이 와

위스키 라벨 읽기

우아후아Uuahouua
등록된 브랜드명이자 지역명.

사중 증류, 캐러멜 색소 무첨가
Quadruple Distillation & Caramel Free
생산방식을 나타낸다.

셰리 우드 Sherry Wood
생산방식.
위스키가 셰리 배럴에서 숙성되었음을 의미한다.

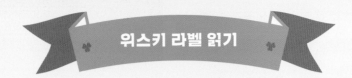

비저Wieser
생산자 이름.

싱글몰트위스키
Single Malt Wiesky
위스키의 스타일과 원산지를 나타낸다(오스트리아식 철자).

7년7 years
숙성 햇수 표기.
병에 담긴 위스키 중 가장 어린 원액이 7년 숙성되었다는 의미다.

위스키 상식

이중 증류는 17세기 프랑스에서 한 신실한 브랜디 증류업자의 꿈에서 영감을 받아 탄생했다고 한다.
이 증류업자의 꿈속에 악마가 나타나 영혼을 빼앗으려 그를 가마솥에 넣고 삶았는데,
그의 믿음이 워낙 신실해 두 번이나 삶아야 했다고 한다.

서 정착한 곳이었기 때문이다. 뉴질랜드의 경우 1920년대 중반경 증류산업이 생겨났다. 대부분 가족 소유의 소규모 증류소였는데, 돈을 들여 멀리서 수입하느니 지역에서 증류하는 편이 더 저렴하다는 생각에서 시작한 경우가 많았다. 윌로브룩도 그중 하나였다. 윌로브룩은 나중에 몰슨(Molson)에 매각되었고, 몰슨이 인수한 증류기는 다른 곳으로 팔려 가 럼 생산에 사용되었다.

이후에는 뉴질랜드 위스키 컬렉션(New Zealand Whisky Collection)이라는 새로운 투자자 그룹이 나타났다. 뉴질랜드 위스키 컬렉션은 윌로브룩에서 경매로 나온 마지막 400배럴을 사들여 병입한 후 제품으로 내놓았다. 그중에는 오타고 30년 싱글몰트(Otago 30-Year Single Malt)도 포함되어 있었는데, 뉴질랜드는 이 제품을 내놓으며 스코틀랜드, 아일랜드, 일본과 함께 30년 숙성 위스키를 내놓은 국가 대열에 합류했다. 그 외 다른 싱글몰트나 블렌디드, 더블몰트 제품들도 있지만 기껏해야 호주 정도까지만 수출될 뿐 다른 시장에서는 찾아보기 어렵다(사실 증류소 문턱을 넘지 못하는 경우도 많다). 뉴질랜드 위스키 컬렉션은 새로운 증류소를 설립하기 위해 노력 중이다.

호주에도 뉴질랜드와 유사한 오스트레일리안 위스키 홀딩스 컴퍼니(Australian Whisky Holdings Company)라는 그룹이 설립되어 난트(Nant), 라크(Lark), 오버림(Overeem), 올드켐프턴(Old Kempton) 등의 브랜드를 인수하며 위스키 전체 카테고리의 생산과 유통, 홍보 강화를 꾀했다.

태즈메이니아의 현대식 증류 역사는 19세기 초 전직 군인과 죄수, 정착민들이 탄 배가 호바트의 설리번스코브(Sullivan's Cove)에 도착하며 시작되었다. 증류는 십여 개의 합법적인 증류소와 기타 농장, 소규모 증류소에서 정기적으로 이루어졌다. 그러다 1838년 새로 부임한 총독이 증류를 전면적으로 금지했고, 다시 증류가 돌아오기까지는 154년이라는 시간이 걸렸다.

남태평양제도 위스키의 '대부'는 빌 라크(Bill Lark)다. 라크는 "왜 여기서는 아무도 몰트위스키를 만들지 않지?"라는 의문을 품고 외딴 태즈메이니아에서 위스키 증류를 부활시켰다. 태즈메이니아에는 보리밭, 피트 습지, 하일랜드와 유사한 수질의 연수, 숙성에 안성맞춤인 기후 등 위스키 제조에 필요한 모든 것이 있었다. 라크는 디스틸러인 딸 크리스티(Kristy)와 함께 라크 싱글몰트(Lark Single Malt)를 만들어 1992년 출시했다.

2년 후에는 정착민들이 처음 상륙했던 바로 그 장소에 설리번스코브 증류소가 세워졌다. 그러나 설리번스코브가 세계적인 수준의 싱글몰트를 만들기 시작한 것은 케임브리지 마을로 옮겨간 후부터였다. 설리번스코브의 싱글몰트 제품들은 2000년대 중반부터 많은 상을 받았지만, 다른 성공적인 신생 증류소와 마찬가지로 수요를 따라가는 데 어려움을 겪고 있다.

추천 위스키

스타워드 노바
STARWARD NOVA

정기적인 생산으로 미국 시장에도 공급되는 몇 안 되는 호주 증류소 제품이다. 스타워드 증류소는 와인 양조장에 둘러싸여 있다. 스타워드 싱글몰트는 모두 호주 레드 와인과 로제 와인을 담았던 통을 갓 비워낸 '습식' 배럴에서 숙성하는데, '하루에 사계절을 모두 체험할 수 있는' 변덕스러운 호주 날씨와 온도변화가 풍미 프로필을 결정한다. 밝은 과일 노트로 시작해 부드러운 공격으로 이어지다 약간의 타닌감과 드라이한 느낌으로 마무리된다.

41% ABV

세계 위스키 시음 가이드

미국에서 위스키는 원산지나 스타일에 상관없이 알코올 도수 40% ABV 이상이다. 시음을 진행할 위스키는 이러한 사항을 염두에 두고 선정했으며, 스타일별로 분류했다. 가볍고 섬세한 뉘앙스의 위스키는 목록 위쪽에, 숙성 햇수가 길거나 도수가 높고 (나무 향, 훈연 향, 향신료 향 등) 풍미가 무겁고 진한 위스키는 아래쪽에 배치했다. 숙성 햇수가 위스키의 품질을 결정하지는 않는다는 점을 꼭 기억하자.

750밀리리터 제품 기준 가격 가이드 (※ 2019년 미국 시장 기준)

위스키를 가격대별로 나누는 것은 쉽지 않은 일이다. 같은 품질의 위스키라고 가정했을 때, 유명한 대형 증류소는 대량 생산과 효율적인 유통으로 작은 증류소보다 가격을 낮출 수 있다. 해외에서 수입되는 위스키의 경우 운송과 영업비용 등 더 많은 간접비가 발생하며, 이는 가격 상승의 요인이 된다. 가격 분류는 ('초고가'를 제외하고) 미국증류주협회(Distilled Spirits Council of the United States)의 기준을 따랐다. 가격 가이드는 그야말로 일반적인 안내라는 점을 밝힌다. 가격 분류 시 여러 소매업체에 조언을 구했으며, 가격이 위스키의 품질을 좌우하지는 않는다는 사실을 밝힌다.

저가 Value	★★
프리미엄 Premium	★★★
상위 프리미엄 High End Premium	★★★★
슈퍼 프리미엄 Super Premium	★★★★★
초고가 Off the Chart	★★★★★★

빠르게 성장하고 있는 세계 위스키

다양한 나라가 위스키를 만들기 시작했다. 이제는 눈을 감고 지구본을 돌리다 아무 데나 찍어도 위스키 생산지인 시대가 되었다. 대다수가 싱글몰트를 생산하기는 하지만, 여러 스타일을 맛보며 각 지역의 차이점을 느껴보는 것도 재미있을 것이다.

아르모리크(프랑스) ★★★★
Amorik(France)

하이코스트(스웨덴) ★★★★★
High Coast(Sweden)

라크 태즈메이니안 싱글몰트(태즈메이니아) ★★★
Lark Tasmanian Single Malt(Tasmania)

설리번스코브 싱글몰트(태즈메이니아) ★★★★★
Sullivan's Cove Single Malt(Tasmania)

잉글리시 위스키 컴퍼니(잉글랜드) ★★★★★
English Whisky Company(England)

오마르 난토우(대만) ★★★
Omar Nantou(Taiwan)

대체 목록

펜데린 마데이라(웨일스) ★★★
Penderyn Madeira(Wales)

라이젯바우어 싱글몰트(오스트리아) ★★★★
Reisetbauer Single Malt(Austria)

카발란 콘서트마스터(대만) ★★★★★
Kavalan Concertmaster(Taiwan)

스피릿 오브 벤(스웨덴) ★★★★
Spirit of Hven(Sweden)

폴 존 피티드(인도) ★★★★
Paul John Peated(India)

PART 10

집에서 즐기는 위스키

위스키는 이제 30년 전 와인과 비슷한 위치를 차지하게 되었다. 위스키의 인기가 높아지며 바나 레스토랑이 아닌 집에서도 많은 이가 위스키를 즐기고 있다. 지역 상점에서도 크래프트 위스키, 세계 위스키 등 다양한 위스키를 접할 수 있으며, 인터넷을 통해 각종 브랜드와 그 배경, 제조 방법에 대한 정보를 얻는 것도 쉬워졌다. 거의 모든 사람이 위스키에 대해 어느 정도의 지식(또는 호기심)을 가지고 있다. 가장 좋은 것은 예전에 비해 선택의 폭이 넓어지면서 모두가 자신의 취향과 예산에 맞는 위스키를 즐길 수 있게 되었다는 점이다.
위스키에 관심 있는 친구들과 가볍게 즐기는 모임부터 특정 증류소의 발효조가 오리건 삼나무 재질인지 더글러스 전나무 재질인지 디테일한 논쟁을 즐기는 모임까지 위스키 홈파티와 시음회는 그 범위가 다양하다. 다행히 대부분은 세상사 시름을 잠시 잊고 위스키 얘기를 나누는 즐거운 저녁 자리인 경우가 많다.
친구들과 위스키를 마시거나 시음회를 할 때 따로 정해진 규칙은 없다. 위스키에 대한 지식 또한 온라인, 증류소 방문, 지역 모임 참석 등 자신에게 편한 방법으로 습득하면 된다. 위스키를 전문적으로 다루는 잡지나 책, 강의, 위스키 축제나 투어 등을 통해서도 정보를 얻을 수 있다. 이 장에서는 위스키 글라스웨어, 위스키 클럽, 흥미로운 위스키 행사 등 위스키 즐기기에 대한 정보를 개략적으로 다루려 한다. 내용을 읽어보면 조사와 연구에 드는 시간을 조금은 아낄 수 있을 것이다.

어디에 담아 마실까?

사실 빨간 플라스틱 일회용 컵만 아니면 어디에 마셔도 괜찮다. 그러나 위스키의 매력을 더 잘 살려주는 잔이 있는 것은 사실이다. 재질은 유리를 추천하는데, 화학적으로 불활성물질이기 때문에 다른 잔류 화학물질이 나오지 않는 것이 장점이다. 다음 설명을 읽고 자신에게 적합한 위스키 잔을 골라보자.

○ 아이리시위스키 전용 잔, 투아.

투아 투아(tuath, 게일어로 '가족'이라는 의미)는 아이리시위스키 전용 잔으로 알려져 있지만, 당연히 다른 위스키를 마셔도 된다. 이 장에서 소개하는 모든 잔의 특징을 조금씩 합한 잔으로, 위스키가 담기는 볼 부분이 넓고 아래쪽이 살짝 원뿔 모양이다. 몸통은 위로 갈수록 좁아지다가 입이 닿는 테두리 부분은 다시 넓어진다. 베이스 부분이 오목해 검지로 편하게 감싸서 잡을 수 있다.

샷 글라스 위스키를 샷 글라스에 담아 마시는 곳이라면 아마도 정신없이 마시는 대학교 사교클럽 모임이거나 허름한 술집일 것이다. 샷 글라스는 '알코올 전달 용기'에 가깝다. 알코올은 확실히 전달해주지만 위스키의 미묘한 뉘앙스는 거의 살리지 못한다.

플라스크 휴대용으로 좋다. 플라스크는 반쯤 채우는 것보다는 가득 채워두거나 아예 비워두는 것이 좋다. 가득 채워두면 플라스크 안에 공기가 거의 남지 않아 풍미 요소가 내부의 금속 벽에 부착되는 현상을 줄일 수 있다. 플라스크를 비우고 헹군 후에는 뚜껑을 열어 공기를 통하게 해야 내부에 남아 있는 향미 분자를 분해할 수 있다. 안에 담긴 내용물이 밖에서 보이지는 않지만, 음주 금지 구역에서 플라스크로 위스키를 마시는 것은 삼가자.

와인 잔 와인 잔은 스트레이트나 온더록스로 위스키를 마실 때 좋은 선택이 될 수 있다. 단, 가능하면 작은 화이트 와인용 잔을 사용하자. 볼 부분이 넓은 부르고뉴용 잔을 사용하면 위스키가 공기를 지나치게 접촉해 에탄올이 강조된다.

○ 니트 글라스.

니트 글라스 니트(NEAT)는 '자연공학아로마기술(Naturally Engineered Aroma Technology)'의 약자다. 엔지니어인 조지 만스카(George Manska)는 코를 증류주에 더 가까이 댈 수 있게 하면서도 에탄올은 날려 보내기 위해 이 납작한 모양의 글라스를 개발했다. 이 잔으로는 도수가 높은 위스키나 캐스크스트렝스 제품도 타는 듯한 느낌 없이 비교적 편안하게 즐길 수 있다. 넓고 안정적인 베이스 부분을 손으로 감싸 쥐면 위스키에 온기를 전달할 수 있으며, 원하지 않는 경우에는 목 부분을 잡고 마시면 된다.

셰리 코피타 우아한 모양의 작은 잔으로, 블렌딩 작업이 이루어지는 실험실에서도 자주 사용한다. 위스키보다 알코올 도수가 낮은 셰리를 마실 때 주로 사용하는 잔이다 보니 에탄올을 강조하는 경향이 있다. 도수를 25% ABV 정도로 낮춘 위스키를 평가할 때 가장 적합하다.

글렌케런 글라스 투박한 텀블러 잔이나 온더록스 글라스에 불

○ 글렌케런 글라스.

만을 느낀 글렌케런 크리스털의 창립자 레이먼드 데이비슨(Raymond Davidson)이 직접 만들었다. 글렌케런 글라스는 위스키 세계에서 이제 하나의 상징적인 존재로 자리 잡았다. 베이스는 견고하고 볼 부분은 적당히 넓어 잔에 담긴 위스키를 돌리며 향미를 깨우기에 좋으며, 몸통 부분이 좁아 농축된 아로마가 잘 전달된다. 잔의 모양과 디자인이 액체에서 향미를 이끌어내 콧구멍까지 전달하기에 적합하므로 캐스크스트렝스를 희석해 마실 때 가장 좋은 성능을 발휘한다. 주변에서 쉽게 찾아볼 수 있으며, 위스키를 즐기는 사람이라면 대여섯 개 정도는 가지고 있다.

미국의 복잡한 주류 관련 규제

금주법 이후 미국의 알코올 규제는 주정부의 소관으로 넘어갔다. 그 결과 미국에는 주류 유통과 판매에 관한 약 50개의 법률이 주별로 존재한다. 게다가 주류의 '현장' 판매(바, 레스토랑에서의 판매)와 '매장' 판매(주류 판매점과 주류 전문 마트에서의 판매) 면허 발급과 주류 소비 등은 또 개별 자치단체의 소관인 경우가 많다. 단일 면허니 독점 판매권이니 금주 카운티니 주 독점이니 하는 규정들을 읽다 보면 하도 복잡해서 그냥 술이나 한잔 마시고 싶어진다.

○ 리델 몰트 글라스.

리델 몰트 글라스 오스트리아의 리델 가문은 무려 19대에 걸쳐 거의 모든 품종과 스타일을 위한 와인 잔을 만들어왔다. 그런 리델에서 몰트위스키를 위해 내놓은 잔이 이 제품이다. 곡선으로 굽은 상단의 테두리는 에스테르를 끌어올리고, 우아한 나팔 모양이 증류주를 기분 좋게 입까지 전달한다. 위스키를 좁게 돌리기 좋은 적당한 크기의 볼은 풍미가 지나치게 열리는 것을 방지한다. 베이스 부분은 견고하지만, 잡기 편하게 되어 있는 몸체의 유리는 얇고 섬세해 깨지기 쉽다. 버번이나 라이위스키 같은 그레인위스키보다는 싱글몰트에 더 잘 어울린다.

스니프터 개인적으로 지금까지 발명된 잔 중 가장 형편없는 잔이라고 생각한다. 스니프터는 큰 와인 잔처럼 증류주의 에탄올을 강조해 위스키의 향을 가린다. 또한 잔의 지름에 비해 입구의 지름이 지나치게 좁아서 안에 담긴 내용물을 입에 닿게 하려면 고개를 뒤로 크게 젖혀야 한다. 안락의자에 편안히 기대고 앉아 고개를 한껏 뒤로 젖히고 위스키를 마시는 모습은 결코 멋질 수가 없다.

미니 스니프터 사공이 많아서 산으로 간 것 같은 잔이다. 모든 사공의 의견을 수렴해 반영했더니 누구도 만족하지 못한 결과가 나왔다.

온더록스 글라스 얼음을 넣어 마시는 잔으로, 주변 사람들과 시선을 맞추며 즐길 수 있어서 파티나 저녁 식사 자리에 적합하다. 온더록스로 마실 때는 버번이나 캐나다 위스키, 라이위스키, 블렌디드스카치 등 얼음을 잘 견디는 스타일을 고르는 것이 좋다.

○ 온더록스 글라스.

○ 놀란 글라스.

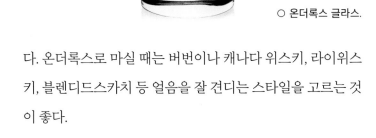

놀란 글라스 가격대는 조금 있지만 잡기 편하고 예쁜 유리잔이다. 투명한 이중벽으로 되어 있는데, 튤립 모양의 안쪽 잔이 외부 잔과 곡선으로 부드럽게 연결되어 내용물을 기분 좋게 마실 수 있다. 바닥면이 평평해 안정적이고, 아래쪽의 면 처리가 안에 담긴 액체를 돋보이게 한다.

위스키를 즐기기 위한 도구

위스키의 인기가 급부상하며 위스키를 즐기기 위한 각종 도구도 자연스럽게 인기를 얻고 있다. 위스키의 맛을 향상해준다는 다음의 도구 중 한두 가지는 이미 집에 있을지도 모르겠다.

위스키 록/스톤 위스키를 차게 식힌다는 개념은 위스키 애호가들에게는 대부분 생소하다. 온도가 내려가면 풍미가 닫히는 경향이 있기 때문이다. 일부 위스키의 경우 약간의 희석이 풍미를 열어주기도 하지만, 식히는 것만으로는 큰 효과를 내지는 못한다. 위스키보다는 화이트 와인을 마실 때 더 유용하다.

얼음 틀 세계 유명 칵테일 바들은 음료에 적합한 얼음을 만들기 위해 수천 달러씩을 투자한다. 이들의 목표는 가능한 한 공기가 적게 들어간, 물 100%의 얼음을 만드는 것이다. 얼음 안의 공기는 자칫 이취를 전달할 수 있고, 액체와 얼음이 닿는 면을 넓게 해 증류주나 칵테일을 과하게 희석할 수도 있기 때문이다. 얼음 틀을 잘 사용하면 최고급 칵테일 바에서 5,000달러짜리 클라인벨(Clinebell) 아이스메이커로 만드는 얼음과 꽤 비슷한 결과물을 만들 수 있다. 얼음 틀의 모양은 정육면체에서 구형, 스타워즈에 나오는 전투용 인공위성 '데스스타(Death Star)' 모양까지 다양하다. 온더록스를 만들 때는 되도록 얼음을 하나만 넣는 것이 좋다. 구형 얼음을 사용하면 다른 모양에 비해 위스키와의 접촉면이 적어서 느리게 녹는다는 점도 참고하자.

위스키 디캔터 사실 20년 숙성 패피 반 윙클을 굳이 디캔터에 옮겨서 따라 마시는 사람은 없을 것이다. 그렇게 하면 라벨을 읽은 친구의 부러운 표정을 볼 기회를 놓쳐버릴 테니 말이다. 드라마 〈매드 맨(Mad Men)〉의 배경이 된 60년대 미국에서는 값싼 위스키를 더 비싸고 좋은 위스키로 보이게 만드는 수단으로 디캔터가 쓰이기도 했다. 세월의 흐름이 느껴지는 부분이다.

위스키 스포이트/피펫 인터넷이나 취미용품점에서 쉽게 구할 수 있지만, 없다면 그냥 빨대를 써도 무방하다. 빨대를 물에 담근 후 상단의 구멍을 막아 옮긴 물을 위스키에 소량 떨어뜨려 희석한다. 도수가 높은 위스키를 평가할 때, 또는 원래 취향보다 풍미가 강하고 스모키한 위스키를 마실 때 유용하다. 물은 잔에 담긴 위스키의 표면 장력을 깸으로써 에탄올을 진정시키며, 일부 아로마를 강화하거나 가리기도 한다. 우선은 적은 양을 넣어보고 점점 양을 늘리며 적절한 농도를 찾아보자.

혼술의 양면

'혼술', 즉 혼자 마시는 술은 지나칠 경우 건강 문제와 사회문제로 이어질 수 있다. 물론 제작자의 의도를 정확히 이해하기 위해 시간과 집중력을 들여 혼자 음미해야 하는 위스키도 있다. 그러나 혼자서 술에 취해 기절한 채 주말을 보낸다면 400달러짜리 최고급 숙성 싱글몰트를 마시든 저렴한 마트용 대용량 위스키를 마시든 마찬가지다. 술도 좋지만 무엇보다 건강을 최우선으로 생각해야 한다. 비록 이 책이 위스키의 매력을 강조하기는 하지만, 과음은 결코 아름다운 일이 아니라는 사실을 명심하자.

위스키 함께 즐기기

전 세계적으로 많은 위스키 클럽이 생겨나고 있다. 이러한 클럽은 같은 관심사를 지닌 사람들과 위스키를 마시고 경험과 지식을 나눌 수 있는 좋은 수단이다. 활동 회원이 많은 대규모 클럽의 경우 브랜드 홍보대사나 증류업 종사자, 블렌더, 작가 등 저명인사가 찾아와 직접 위스키에 대한 설명을 해주기도 한다. 클럽들은 활동의 연장선상에서 지역 소매업체나 위스키 바와 제휴할 수도 있다. 물론 동네 위스키 바에서 마음 맞는 동료들과 자리를 마련하는 것도, 회원들의 집에서 돌아가며 한잔씩 기울이는 것도 좋은 클럽 활동이 될 수 있다. 다음은 오랜 기간 활동하며 점차 회원 수를 늘려온 클럽들이다. 원한다면 클럽을 직접 결성해 활동을 시작하는 것도 물론 가능하다. 소셜미디어에는 거의 모든 종류의 위스키에 대한 클럽과 팬페이지가 있으니 그중 하나를 둘러보는 것도 방법이다.

스카치몰트위스키 소사이어티(SCOTCH MALT WHISKY SOCIETY) 1970년대 에든버러에서 몇몇 친구들의 모임으로 시작되었으며, 가장 유명한 위스키 클럽 중 하나다. 지금은 수만 명의 회원을 보유한 세계적인 조직으로 성장했다. 자세한 내용은 홈페이지를 참고. **www.smws.com**

위스키 블라스페미(WHISKEY BLASPHEMY) 필라델피아 지역에서 한 회원의 깊고 방대한 위스키 컬렉션을 중심으로 몇몇 친구가 모이며 시작되었으며, 조지 T. 스태그(George T. Stagg)로 맨해튼 칵테일을 만들어 마시는 등 위스키에 대한 '신성모독(blasphemy)'을 두려워하지 않는다. 페이스북에서 비공개그룹으로 운영하고 있다. (경고: 회원 검증 절차가 있으며, 유령회원은 환영받지 못한다.)

위민후 위스키(WOMEN WHO WHISKEY) 2011년 뉴욕에서 줄리아 리츠 토폴리(Julia Ritz Toffoli)가 설립했다. 줄리아의 목표는 더 많은 여성이 사교적인 분위기에서 위스키를 즐기는 것이다. 현재는 미국과 전 세계에 25개 이상의 지부를 두고 있다. 여성 중심의 클럽이지만 '젠틀맨스 나이트' 행사 때는 남성도 가입이 가능하다. 행사 때는 회원들이 남성 파트너를 데려와 함께 위스키를 마시며 회원 가입을 독려한다. 자세한 내용은 홈페이지를 참고. **www.womenwhowhiskey.club**

서던캘리포니아 위스키 클럽(SOUTHERN CALIFORNIA WHISK(E)Y CLUB) 로스앤젤레스 지역의 진지한 위스키 마니아 클럽이다. 이 클럽은 유명 브랜드와 함께 정기적인 행사를 개최하는데, 이 자리에서는 위스키에 대한 존중과 관심을 담은 수많은 질문이 쏟아지기도 한다. 자세한 내용은 홈페이지를 참고. **www.southerncaliforniawhiskeyclub.com**

로크앤키 소사이어티(LOCH AND KEY SOCIETY) 매사추세츠주 웨스트버러에 위치한 훌리오스(Julio's)라는 주류 판매점의 라이언 말로니(Ryan Maloney)와 단골손님 몇 명이 주축이 되어 만든 클럽이다. 나흘간 진행되는 '위스키 위켄드(Whiskey Weekend)' 행사에서는 증류업자나 위스키 품평회 수상자의 마스터클래스를 진행하기도 한다. 자세한 내용은 홈페이지를 참고하거나 훌리오스를 방문해 문의하자.

노퍽 위스키그룹(NORFOLK WHISKEY GROUP) 보스턴에서 남쪽으로 1시간가량 떨어진 매사추세츠주 노퍽에서 비크람 싱(Bikram Singh)이라는 한 매장 주인이 평범한 상가에 진정한 위스키 명소를 만들어냈다. 싱은 자신의 매장에서 브랜드 관계자와 함께 몇 차례 시음회를 개최했고, 이에 만족한 단골들은 그를 설득해 함께 위스키 클럽을 시작했다. 지금은 다양한 증류소를 방문해 숙성고의 천사들과 이야기를 나누기도 하고, 특정

○ 시음 매트 위에 놓인 진귀한 위스키들.

한 배럴을 함께 구매해 즐기기도 한다. 자세한 내용은 페이스북 페이지를 참고하거나 싱의 매장을 방문해 문의하자.

로스앤젤레스 스카치 클럽(LOS ANGELES SCOTCH CLUB) 로스앤젤레스위스키 소사이어티(L.A. Whisk(e)y Society)와는 다른 단체로, 스카치 위주의 시음에 집중하는 개방된 조직이다. 시음 후 열정적인 토론을 벌이기로 유명하며, 잘 알려지지 않은 위스키에 대해서도 많은 정보를 제공한다. 자세한 내용은 홈페이지를 참고. www.scotchclub.com

메트로애틀랜타 스카치 클럽(METRO ATLANTA SCOTCH CLUB) 로스앤젤레스 스카치 클럽의 자매클럽으로, 회원들을 위한 여러 공개 행사를 개최한다. 미국 남부에도 버번이 아닌 스카치위스키 애호가가 있다는 사실을 보여주려 결성되었다. 자세한 내용은 홈페이지를 참고. www.scotchclub.com

드래머스 클럽(DRAMMERS CLUB) 뉴욕시를 기반으로 탄생한 클럽으로, 세계 정복을 꿈꾼다. 로스앤젤레스, 런던, 뭄바이, 텔아비브, 바르샤바에 지부를 두고 있으며, 앞으로 더 늘어날 전망이다. 위스키밖에 모르는 진지한 마니아들이 더욱 진지한 업계 전문가들과 정말로 진지하게 위스키 이야기를 나누는 곳이지만, 그 분위기는 즐겁고 유쾌하다. 자세한 내용은 홈페이지를 참고. www.drammersclub.com

너클헤드 오브 스카치

몇 년 전 친구들과 함께 모임을 만든 적이 있다. 내가 위스키 이야기만 늘어놓는 것을 지겨워하던 친구들이 이럴 거면 차라리 위스키 클럽을 만들자고 해서 시작된 모임이다. 이름은 너클헤드 오브 스카치(Knuckleheads of Scotch, '스카치 얼간이들'이라는 의미)라고 지었다. 첫 모임은 친구인 스콧의 집에서 했다. 스콧은 코카리키 수프(닭과 대파를 넣어 만든 스코틀랜드 음식—옮긴이)와 비스킷, 막대에 꽂은 스카치에그를 준비했다. 밥과 나는 고민 끝에 각자 좋아하는 위스키를 두 병씩 가져갔고, 스콧은 세 병을 준비해두었다. 나는 인터넷에서 찾은 시음 가이드와 시음 매트를 인쇄해서 갔다. 그렇게 우리는 스콧의 집 식탁에 둘러앉아 준비한 위스키를 차례로 마셔보았다. 여러 병의 위스키를 맛보고, 냄새 맡고, 마시고, 비교했다. 농담을 주고받으며 낄낄거렸고, 스콧이 준비한 음식을 게걸스럽게 먹어 치웠다(너무 맛있어서 어쩔 수 없었다). 그런 다음에는 집에 가서 다음 날까지 뻗어서 잠을 잤다.

다음 모임에서는 좀 더 진지한 시도를 해봤다. 우리는 각자 위스키 한 병과 그에 대한 정보를 준비했다. 시간이 흐르며 참가자가 늘었고, 모임은 점점 형식을 갖춰갔다. 파워포인트로 발표자료를 준비하기도 했고, 시음이 진행되는 모습을 촬영하기도 했다(위스키 냄새 맡는 모습을 찍는 동영상이 그렇게 재밌지는 않았지만 말이다). 블라인드 시음과 위스키 관련 게임 후에는 함께 시가를 피우고 더 독특한 위스키를 찾아 마시기도 했다. 위스키 붐이 일기 전이었던 터라 특정 제품을 찾기 위해 여러 주류 판매점을 헤매기도 했다. 한때 위스키 찾기가 회원들 간에 일종의 경쟁이 되면서 가장 인상적인 제품을 찾아온 친구는 박수갈채를 누리기도 했다.

집에서 하는 시음회

위스키 여행을 시작하기에 가장 좋은 곳은 바로 집이다. 준비할 것은 잔, 세심하게 고른 위스키 한두 병 그리고 이 책이다. 집에서 하는 시음에는 여러 장점이 있다. 가장 좋은 점은 익숙한 환경에서 내가 원하는 사람들과 함께할 수 있다는 사실이다. 곁들일 음식과 음악을 직접 고를 수 있다는 것도 장점이다.

어떻게 준비할까?

즐겁고 자유로운 분위기를 조성하는 게 좋지만, 과음을 조장해서는 안 된다. 우리가 하려고 하는 것이 술잔치가 아닌 시음회임을 기억하자. 시음회를 준비할 때 기억해둘 사항은 다음과 같다.

1. **환경** 전체적으로 어떤 환경에서 진행할지 생각해보자. 학구적인 시음회를 원하는가? 아니면 토론을 곁들인 경쟁적인 분위기나 흥겨운 분위기를 원하는가? 참가자들은 앉게 할 것인가 서게 할 것인가? 되도록이면 시작 전에 기본 규칙을 명확히 밝히고 모두 앉은 상태에서 시작하는 편이 좋다. 위스키를 여러 잔 마시는 자리인 만큼 시간이 흐르며 느슨해질 수밖에 없기 때문이다.
2. **위스키 준비** 각자 원하는 위스키를 가져오게 하면 참석자들

의 흥미를 높일 수 있다. 참석자들이 정식 발표와 정보 교류를 원한다면 미리 자료를 준비하는 것이 좋다. 위스키 전문가나 브랜드 담당자, 지역 소매업자들이 유료로 진행하는 방문 시음도 있다. 브랜드 담당자의 경우 자사 제품만 가져오는 경우가 많으니 다양한 제품을 원한다면 바텐더나 지역 소매업자와 같이 풍부한 지식을 갖춘 전문가를 찾는 편이 좋다.

3. **음식 준비** 햄류와 치즈, 크래커와 빵, 채소 스틱 등 가볍게 집어 먹을 수 있는 음식을 준비해두면 좋다. 초밥도 괜찮은 선택이 될 수 있다. 굴이나 조개류는 바닷물의 짠맛이 미각을 지나치게 자극하고, 술을 마신 채 굴 칼 등을 이용하는 게 위험할 수 있어 적합하지 않다. 젓가락을 비롯해 식기를 사용해야 하는 소스, 면 종류, 수프, 샐러드 등도 곤란하다. 참석자들의 빈속을 채우는 것이 목적이니 단순하게 준비하자. 한 가지 예외가 있다면, 겨울철 따끈한 칠리나 스튜는 위스키와 잘 어울린다. 스튜 종류의 음식을 준비했다면 시음을 절반 정도 진행한 후 휴식 시간에 함께 먹은 다음 다시 시음을 시작하는 게 좋다. 커피를 마시면 술이 깬다는 것은 속설이지만, 중간에 입안을 정리하는 용으로 준비하는 것도 괜찮다.

4. **음악** 주최자가 선택하되 너무 요란하지 않은 것으로 한다. 재즈는 언제나 변함없이 위스키와 완벽하게 어울리는 음악이다.

5. **물** 물은 입이나 잔을 헹굴 때 그리고 위스키를 희석할 때 필요하다. 물론 그냥 마시기 위해서도 필요하다. 그러니 가까운 곳에 충분히 준비해두자. 알코올의 이뇨작용으로 탈수 현상이 일어날 수도 있으니 모두 물을 충분히 마시도록 지속적으로 주의를 환기하자. 물을 마시면 술이 깬다는 사실도 속설이지만, 신장을 씻어내는 역할은 한다.

6. **스포이트나 빨대** 같은 위스키를 두 단계로 나누어 시음하면 더 많은 것을 느낄 수 있다. 처음에는 아무것도 섞지 않은 니트로 마시고, 그다음에는 희석해서 마셔보자. 물의 양을 정확히 조절하려면 스포이트나 빨대를 이용하는 것이 좋다.

7. **뱉는 통이나 버리는 통** 시음을 진행할 때는 전문가들이 그러듯 맛을 본 후 뱉는 게 좋다. 가이드 시음이라면 알코올이 아닌 감각적 측면에 집중하도록 유도한다. 시음 시에는 감각에 느껴지는 풍미 자체에만 집중하고, 마음에 들었던 위스키는 추후에 다시 마시자. 뱉는 통은 시음회에서 쓰고 바로 버릴 수 있도록 생활용품점에서 플라스틱이나 두꺼운 방수 종이 등으로 된 저렴한 제품을 구매한다.

8. **시음 매트** 잔을 놓을 자리에 제품의 이름이나 번호를 적은 종이를 준비한다. 시음 매트를 준비해두면 시음의 흐름을 따라가면서 앞서 느꼈던 향미를 되짚어볼 수 있다. 시음 매트의 활용 사례는 아래 그림을 참고하자.

9. **참고용 아로마 휠** 시음 시에는 느껴지는 냄새에 이름을 붙이는 연습을 해야 한다. 아로마 휠(63쪽 참고)을 활용하면 향에 관련된 어휘를 익혀서 "어디서 맡아본 냄새더라?"라는 말만 무한 반복하는 상황을 피할 수 있다. 인터넷을 검색하면 스카치위스키나 버번용 아로마 휠을 수백 가지 찾을 수 있다. 버번을 제외한 대부분 위스키는 보리 몰트로 만든 제품의 다양한 변형이므로 스카치위스키 아로마 휠의 활용도가 가장 높다. 캐나다 위스키용 아로마 휠도 따로 존재한다.

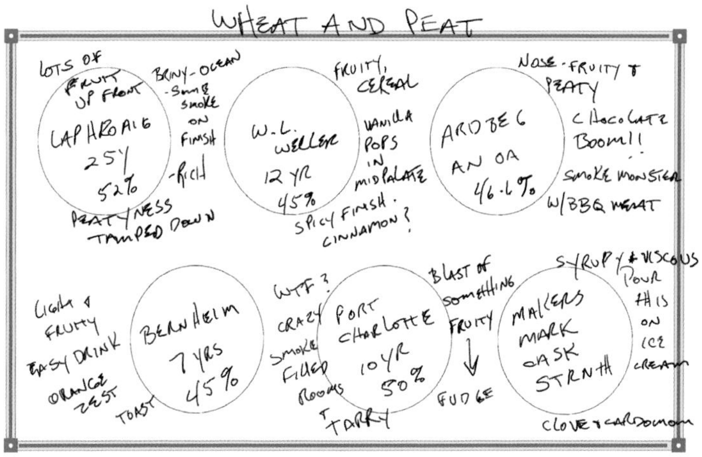

○ 시음 매트를 활용하면 다양한 위스키를 시음하며 느낀 생각을 정리하고 기억할 수 있다.

10. 잔 착석한 상태로 진행한다면 시음 매트 위에 잔을 나란히 놓고 위스키를 미리 따라두는 것이 가장 이상적이다. 잔 하나로 진행한다면 잔을 헹굴 물과 물을 버릴 통을 준비한다. 잔을 헹군 후 물을 통에 버리지 말고 마시도록 유도하면 더 좋다. 이상하게 여기는 사람도 있겠지만 따지고 보면 그냥 위스키 맛이 나는 물일 뿐이고, 수분 보충용으로도 좋기 때문이다. 평소 위스키를 즐기는 참석자에게는 선호하는 잔을 직접 가지고 오라고 해도 좋다. 시음 시에는 샷 글라스나 온더록스 글라스, 큰 와인 잔은 피하는 것이 좋다. 집에 마땅한 잔이 없다면 지역에 있는 파티용품 대여업체 등에서 작은 화이트 와인 잔을 대여하는 것도 방법이다. 시음을 모두 마친 후에는 잔을 바로 씻지 말고 하룻밤 그대로 둔다. 다음 날 아침 잔에 남은 향을 맡으며 공기와의 접촉이 어떤 변화를 가져왔는지, 전날 밤에는 못 맡은 냄새가 느껴지지는 않는지 살펴본다.

11. 샘플용 병 인터넷이나 생활용품점에서 50~100밀리리터 용량의 작은 병을 준비해두면 시음회 참석자가 자신의 소장품을 나누고자 할 때 유용하게 사용할 수 있다. 물론 먼저 모두의 동의를 받는 것이 필요하다.

12. 교통편 시음회 후의 귀가 방법도 생각해야 한다. 대중교통이나 택시, 차량 대절 등의 서비스를 이용해도 좋고, 가족에게 부탁하거나 술을 안 마신 사람이 운전을 전담해도 된다. 어떤 경우에도 참석자가 직접 운전을 해서 돌아가는 일은 없게 하자. 가장 좋은 방법은 시음회의 기획 단계에서 귀가를 위한 교통편을 미리 계획하는 것이다. 음주운전은 철저히 막아야 한다.

위스키 수집: 컬렉션 구축하기

컬렉션을 구축할 때 우선 위스키를 수집하려는 이유가 무엇인지 미리 생각해보자. 위스키에 대해 진지하게 더 알고 싶어서인가? 위스키를 마시고, 나누고, 수집가의 마음으로 어딘가에 참여하고 싶어서인가? 목적이 확실하다면 위스키 수집은 세상에서 가장 재미있는 취미가 될 것이다. 그리고 그 과정에서 많은 친구를 사귀고 좋은 사람과 흥미로운 행사로 가득한 신세계를 만나게 될 것이다. 중간에 알코올의존증에 빠지거나 무리한 구매로 파산하는 등 심각한 문제를 일으키지 않고 선을 지킨다면 위스키 세계 친구들과의 우정은 계속될 것이다.

일종의 투자로서 위스키를 수집하는 이들도 있다. 때로 위스키는 금보다도 가치 있기 때문이다. 이 경우 따져야 할 조건은 돈과 숙성 햇수, 희귀성, 마니아들 사이의 인기이며, 이 책은 좋은 안내서가 될 수 없다.

위스키 컬렉션을 구축할 때 가장 좋은 방법은 일종의 도서관을 만든다고 생각하는 것이다. 균형 잡힌 컬렉션을 만들기 위해서는 다양한 스타일의 위스키를 적어도 한 가지 이상씩 갖추는 것이 좋다. 그리고 서로 상반되는 스타일을 비교하며 풍미의 공통점과 차이점을 찾아보는 것이다. 이 캐나다 위스키는 이 아이리시위스키와 어떤 점에서 비슷하지? 이 블렌디드 스카치위스키와 이 일본 위스키의 공통점은 뭐지? 호밀 비율이 높은 이 버번과 다른 부차 곡물 비율이 높은 이 라이위스키는 어떤 점이 비슷하지? 컬렉션 중 몇 병은 특별한 날을 위해 아껴두되 나머지는 개봉해 친구나 동료 위스키 애호가들과 함께 나눠보자. 시음할 때는 다양한 종류의 잔을 사용해 변화를 주는 것도 좋다.

그렇다면 좋은 컬렉션은 무엇일까? 좋은 컬렉션을 만들기 위해서는 자신의 취향과 욕구를 파악해야 한다. 버번을 좋아한다면 버번을 중심으로, 스카치위스키를 좋아한다면 스카치위스키를 중심으로 구축한다. 어떤 경우든 겸허한 마음가짐으로 익숙한 것에서 벗어나는 연습을 하면 더 넓은 위스키의 세계를 만날 수 있다.

버번위스키

버번 중심의 컬렉션이라면 우선 켄터키 버번 몇 가지로 시작해 아메리칸 버번 몇 가지를 추가해보자. 버번의 인기가 치솟고 크래프트 증류소들이 경쟁에 뛰어들면서 기존 증류소들도 지난 몇 년간 여러 실험적인 시도를 통해 다양한 스타일의 위스키를 내놓고 있다.

켄터키 이외 지역의 버번은 상대적으로 젊은 증류업자들이 어린 원액으로 만드는 경우가 많고, 곡물 풍미가 전면에 느껴지는 경향이 있다. 신생 업체들은 젊음과 혁신을 무기로 버번의 법정 규정 내에서 다양한 실험적 시도를 하고 있다. 이러한 제품의 경우 배럴의 영향보다는 제조 방식에 따라 달라지는 직접적인 풍미가 더 많이 느껴진다.

풍미 스타일에 따라 하이라이 버번과 휘티드 버번으로 나눠 보거나 보틀드인본드와 싱글배럴, 스몰배치, (칵테일용 또는 일상용) 가성비 브랜드 그리고 고가의 슈퍼 프리미엄 제품을 종류별로 구비해보는 것도 좋다.

라이위스키

라이위스키의 경우 매시빌의 호밀 함량이 51%에서 최대 100%까지 다양하기 때문에 고를 수 있는 선택지가 매우 넓다. 우선은 크게 MGP 라이(MGP에서 소싱한 후 브랜드를 붙여 판매 중인 제품), 켄터키 라이, 캐나디안 라이, 아메리칸 라이로 나누고, 100% 호밀 위스키와 법정 최저 비율인 51% 호밀 위스키로 분류해보자. 분류가 복잡하니만큼 휴대폰으로 필요한 정보를 찾아보며 구매하는 것도 좋다.

분류를 거부하는 위스키

특정 유형에 속하지 않는 특이한 위스키도 컬렉션에 넣어보자. 이런 제품은 때로 저렴한 가격에 깜짝 놀랄 만한 즐거움을 주곤 한다. 스트레이트로 마시는 게 별로라면 펀치 음료 등을 제조할 때 활용해보는 것도 좋다. 이런 제품들은 메밀, 퀴노아, 수수, 기장 등 흔히 쓰이지 않는 곡물로 실험적인 시도를 한다. 아메리칸 블렌디드위스키나 버번 매시로 만든 위스키 등도 여기에 속한다.

스카치위스키

스카치위스키 컬렉션은 스카치위스키협회에서 정한 다섯 가지 카테고리로 나눈 후 이를 다시 풍미별로 나눠 수집해보자. 다시 한번 강조하지만 스카치위스키는 5대 생산지별로 다른 것이 아니라 증류소별로 다른 것이다. 블렌디드위스키와 블렌디드몰트, 싱글몰트를 각각 나눠서 살펴보자. 싱글몰트 카테고리의 경우 독립병입 제품과 증류소병입 제품을 함께 구비해 비교해보는 것도 흥미롭다.

그레인위스키

그레인위스키는 전체 비율로 따졌을 때 매우 드물어서 따로 진열되어 있는 경우가 많다. 그레인위스키는 연속식 증류로 생산해 싱글몰트와의 블렌딩에 주로 사용하며, 증류소 자체 출시보다는 독립병입자를 통해 출시되는 경우가 많다. 스코틀랜드산이 대부분이지만, 차츰 다른 나라에서도 생산하고 있다.

세계 위스키

세계 곳곳에서 거의 매일 새로운 위스키가 출시되는 가운데, 세계 위스키는 가장 빠르게 성장 중인 카테고리 중 하나다. 대부분은 싱글몰트지만 캐나다의 경우 블렌디드를, 일본의 경우 다양한 스타일을 내놓는다. 다양한 풍미와 스타일을 고려해 컬렉션을 꾸려보자.

흥미로운 위스키 행사들

위스키 행사는 집 밖으로 나가 사람들을 만나고 새로운 것을 배울 좋은 기회다. 위스키 홍보대사와 증류업자, 블렌더들이 기다리고 있다. 소정의 입장료를 내고 입장하면 다양한 음식과 마스터클래스 그리고 위스키를 마음껏 즐길 수 있다. 시음하는 사이사이에 잔을 헹구고 물을 마시는 것을 잊지 말자. 운전은 절대 금지다!

위스키 페스트(WHISKEY FEST) 대표적인 위스키 행사로, 입장료는 비싸지만 모두가 출동하는 축제다. 봄에는 시카고에서, 가을에는 뉴욕과 샌프란시스코에서 열린다.

위스키라이브(WHISKYLIVE) 정식 행사는 파리와 런던에서 개최되며, 미국에서는 소규모로 열린다. 호주, 바르샤바, 베이루트, 홍콩 등 세계 곳곳으로 확장하고 있다.

www.whiskylive.com

위스키 앤 배럴 나이트(WHISKEY AND BARREL NITE) 미국 위스키라이브 출신의 데이브 스위트(Dave Sweet)가 기획한 소규모 행사로, 참가자들의 잔에 단순히 위스키를 따라주는 데서 그치지 않고 소비자 경험에 초점을 맞춘다.

www.whiskeyandbarrelnite.com

위스키 오브 더 월드/위스키 엑스트라바간자(WHISKIES OF THE WORLD AND WHISKY EXTRAVAGANZA) 같은 회사에서 기획한 행사로 지역적 다양성과 교육에 초점을 맞춘다. 새너제이, 보스턴, 오스틴, 시카고, 애틀랜타, 뉴욕 등 여러 도시의 유명한 장소에서 크고 작은 브랜드의 위스키를 선보인다.

www.whiskiesoftheworld.com / www.thewhiskyextravaganza.com

미국 내 지역 행사

위스키 온 아이스 미네소타(WHISKEY ON ICE MN) 아이스 스케이팅은 잊자. 이 세상에 미니애폴리스 사람들처럼 위스키를 좋아하는 사람은 없다. 겨울에 열리는 행사로, 크고 작은 브랜드가 참가한다.

디스틸아메리카(DISTILLAMERICA) 위스콘신주 매디슨에서 개최하는 행사로, 중서부 지역 증류소를 만나볼 수 있는 좋은 기회다.

www.distillamerica.com

인디스피리츠 엑스포(INDIESPIRITS EXPO) 소규모 크래프트 업체들을 위한 개성 있는 박람회다. 뉴욕, 시카고, 라스베이거스에서 개최된다.

www.indiespiritsexpo.com

워터 오브 라이프 뉴욕(WATER OF LIFE NYC) 위스키 애호가이자 수집가인 매슈 루린(Matthew Lurin)이 기획하는 행사로, 일종의 '스피드 데이트'처럼 진행된다. 행사장에서는 20분마다 한 번씩 벨이 울리는데, 소리가 나면 참가자들은 테이블에서 일어나 다른 브랜드로 이동해야 한다. 행사 수익금은 위장성 기질종양 퇴치를 위한 자선단체에 기부된다.

www.wateroflifenyc.org

위스키 옵세션 페스티벌(WHISKEY OBSESSION FESTIVAL) 봄철 플로리다주 새러소타에서 나흘간 개최하며, 미국에서 열리는 가장 큰 위스키 행사로 알려져 있다.

위스키 지식의 세계

현재, 섹스와 음식을 제외하고 감각적 즐거움에 대한 글의 주제로 가장 많이 쓰이고 있는 것은 위스키다. 지금 위스키의 인기는 와인도 따라가지 못할 정도다. 새롭게 찾아온 위스키 붐은 인터넷 시대와 맞물렸고, 위스키 블로거의 숫자는 발효 나흘 차의 에탄올보다도 빠르게 증가했다. 시작은 스카치위스키였고, 그다음은 버번 그리고 위스키 전반을 다루는 블로거와 작가, 칼럼니스트가 속속 등장했다. 제조품이라는 위스키 특성상 위스키 작가들의 글쓰기는 위스키 생산자와 영웅, 악당과 아웃사이더의 이야기는 물론 화학물질, 피트 생산지, 증류기 세팅에 대한 이야기까지 무궁무진한 소재를 넘나든다.

온라인

몰트 매니악스(MALT MANIACS) 1997년 요하네스 반 덴 후벨(Johannes van den Heuvel)이 만든 오리지널 위스키 커뮤니티다. 전 세계의 사용자들이 시음하고 평가한 위스키의 종류가 1만 7,000개에 이를 만큼 우수한 데이터베이스를 보유하고 있다.

www.maltmaniacs.net

위스키펀(WHISKEYFUN) 몰트 매니악스의 자매 사이트로 매니악 원년 멤버인 세르주 발랑탱(Serge Valentin)이 만들었다. 발랑탱은 수천 병의 잘 알려지지 않은 위스키를 시음하고 음악과 글을 더해 테이스팅 노트를 공유한다.

www.whiskyfun.com

스카치위스키닷컴(SCOTCHWHISKY.COM) 몰트위스키, 증류소, 병입, 블렌더, 업계 소식, 생산방식, 역사, 날카로운 평가 등 스코틀랜드 및 세계 위스키에 대한 최신 정보를 만날 수 있는 곳이다.

www.scotchwhisky.com

위스키닷컴(WHISKY.COM) 위스키 리뷰어 호르스트 루닝(Horst Luening)이 증류기의 다양한 가열 방식에서 세계 곳곳의 오래된 증류소의 근황까지 위스키에 대한 유용하고 재미있는 지식을 전달한다.

www.whisky.com

위스키캐스트(WHISKYCAST) 팟캐스트 진행자 마크 길레스피(Mark Gillespie)가 전 세계를 여행하며 다양한 위스키를 소개한다. 길레스피는 위스키에 관련된 흥미로운 얘기가 있다면 망설임 없이 누구에게든 달려가 마이크를 들이민다.

www.whiskycast.com

척 카우더리의 블로그(CHUCK COWDERY'S BLOG) 버번을 비롯한 위스키에 관련된 세세한 정보를 이만큼 잘 아는 사람도 드물 것이다. 주관적이고 주장이 강하며, 의견 표현에 거침이 없다.

www.chuckcowdery.blogspot.com

버번비치(BOURBONVEACH) 루이빌 필슨역사학회(Filson Society)의 기록학자 출신인 마이클 비치(Michael Veach)가 연구자적인 열정으로 버번과 관련된 모든 것의 역사를 탐구한다.

www.bourbonveach.com

더 위스키워시(THE WHISKEYWASH) 위스키 리뷰와 위스키 세계에 대한 다양한 통찰, 흥미로운 읽을거리를 폭넓게 담았다.

몰트 임포스터(THE MALT IMPOSTER) 몰트 임포스터의 위스키 리뷰는 위스키 홍보에 등장하는 과장된 문구를 풍자적으로 비판하는 내용이 주를 이루지만, 본질적으로 그 바탕에는 위스키를 잘 아는 진지한 애호가들이 있다.

www.maltimposter.com

티르부숑(TIRE-BOUCHON) 운영자인 보지 보즈커트(Bozzy Bozkurt)는 학자이자 유목민 그리고 전업 위스키 전문가다. 다양한 브랜드와 제품, 모든 종류의 증류주 생산자에 대해 날카롭고도 통찰력 있는 시각을 보여준다.

www.bozzy.org

위스키스펀지(WHISKYSPONGE) 위스키계의 〈디 어니언(The Onion)〉(미국의 유명한 풍자 언론—옮긴이)으로, '익명'을 표방하는 작성자들이 가끔은 지나치게 진지한 척하는 위스키업계를 재치 있게 풍

자한다. 풍문에 따르면 많은 위스키업계 명사들이 위스키스펀지의 풍자 대상이 되기를 비밀스럽게 바란다고 한다.

www.whiskysponge.com

책

아래 소개한 작가들의 책은 일단 모두 구매해서 읽어볼 가치가 있다. 대부분 여러 권의 저서를 출간했기 때문에 책 제목이 아닌 저자 이름으로 소개했다. 모두 업계 최고의 전문가들로, 사실적인 스토리텔링을 바탕으로 독자적인 통찰과 유머, 지식을 책에 담아냈다.

마이클 잭슨(MICHAEL JACKSON) 위스키의 대부이자 원로 그리고 원조 평론가다. 그의 저서인 《싱글몰트 가이드(Guide to Single Malts)》의 앞부분을 딱 50쪽만 읽어보라. 병마개를 따기도 전에 이미 위스키 애호가가 되어 있을 것이다.

데이브 브룸(DAVE BROOM) 마이클의 왕좌를 계승한 후계자로, 위스키와 증류주에 관한 한 현재 활동하는 작가 중 최고라고 할 수 있다. 일본 위스키에 대해 다룬 《위스키의 도(道)(The Way of Whisky)》는 닌자 같은 집요함으로 일본의 위스키 전통을 파고든다.

찰스 머클레인(CHARLES MACLEAN) 현재 업계에서 가장 많은 글을 내놓고 있는 작가이자 편집자다. 타의 추종을 불허하는 방대한 백과사전적 지식 덕에 이 정도면 일루미나티 멤버로도 가입할 수 있겠다는 농담 섞인 평가를 받고 있다.

피어난 오코너(FIONNAN O'CONNOR) 그의 저서 《한 잔을 사이에 두고(A Glass Apart)》는 아이리시위스키에 관한 한 독보적인 책이다. 중세 시대를 연구하던 학자 출신인 오코너는 위스키에 대한 뜨거운 열정을 글로 풀어내고 있다. 화요일 밤 더블린의 딩글 바(Dingle Bar)에 가면 그를 만나는 행운을 누릴 수 있을지도 모른다.

루 브라이슨(LEW BRYSON) 〈몰트 애드버킷(Malt Advocate)〉과 〈위스키 애드버킷(Whiskey Advocate)〉에 20여 년간 글을 기고해온 브라이슨은 위스키에 대해서라면 누구보다도 잘 알고 있다고 자부한다. 저서인 《위스키 맛보기(Tasting Whiskey)》에서 그는 유려하면서도 술술 읽히는 문체로 해박한 지식을 전달한다.

클레이 라이즌(CLAY RISEN) 〈뉴욕 타임스〉의 부편집장으로, 《아메리칸 위스키, 버번 그리고 라이위스키(American Whiskey, Bourbon & Rye)》라는 책을 통해 위스키라는 술이 증류주의 왕인 이유를 다양한 배경과 함께 설득력 있게 전달한다.

데빈 드 커고모(DAVIN DE KERGOMMEAUX) 곡물을 연구한 전문가이자 〈위스키 매거진(Whisky Magazine)〉 객원편집자로, 캐나다 위스키를 무명에서 지금의 위치로 끌어올린 장본인이다.

프레드 미닉(FRED MINNICK) 《위스키 속의 여성들(Whiskey Women)》은 위스키 제국 건설에서 여성들이 수행한 역할을 조명함으로써 여성의 영향력과 중요성에 대한 이해를 돕는 첫 책이다.

리드 미텐뷸러(REID MITENBULER) 그의 저서인 《버번 제국(Bourbon Empire)》은 19세기 버번의 탄생 배경과 함께 20세기에도 이 술이 살아남을 수 있었던 이유를 짚어주는 흥미로운 책이다.

짐 머레이(JIM MURRAY) 아마도 태초부터 지구상에 존재하는 모든 위스키를 맛보고 평가한 인물이 아닐까? 종종 비난의 대상이 되기도 하지만, 그가 내놓는 《위스키 바이블(Whiskey Bible)》 시리즈는 여전히 진지한 위스키 애호가의 바에서 빼놓을 수 없는 존재다.

잡지

〈위스키 매거진〉 초기에는 영국 중심적인 내용으로 구성되었으나 현재는 전 세계로 범위를 넓혀 위스키 관련 지식에서 라이프스타일까지 위스키가 주는 즐거움을 광범위하게 다룬다.

〈위스키 애드버킷〉 1990년대 존 핸셀(John Hansell)이 발행한 맥주 관련 뉴스레터에서 시작한 잡지로, 위스키 자체와 그 생산자, 애호가들에 대한 정보를 폭넓게 다룸으로써 지금의 위스키산업 탄생에 상당 부분 기여했다. 현재는 〈시가 어피셔나도(Cigar Aficionado)〉와 〈와인 인수지애스트(Wine Enthusiast)〉를 발간하는 생켄 미디어(Shanken Media) 소속이다.

유용한 위스키 용어

아세탈(및 아세트알데히드) ACETALS(AND ACETALDEHYDES)

효모 발효 과정에서 발생하는 화합물로, 잘 익은 신선한 과일과 초록 풀, 건초 등의 풍미 노트를 지녔다.

알렘빅 ALEMBIC

아랍어로 '솥' 또는 '증류기'를 의미한다. 증류 시 하단 증류솥 위에 덮는 상단의 곡선형 덮개를 말하기도 한다.

천사의 몫 ANGEL'S SHARE

숙성 시 증발로 인해 배럴에서 사라지는 액체의 양. 증발하는 것은 환경에 따라 물이 될 수도 있고 알코올이 될 수도 있다.

아쿠아 비테 AQUA VITAE

라틴어로 '생명의 물'을 의미한다. 치료제로서 처음 '스피릿(증류주, 또는 영혼)'을 만든 고대 수도사들은 이를 생명의 물로 여겼다.

배럴 BARREL

통판(길쭉한 널)과 덮개(상단과 하단을 덮는 판), 테로 구성된 둥근 나무 용기로, 위스키 숙성에 사용한다.

마개 BUNG

배럴의 마개 구멍을 막는 나무 재질의 마개.

마개 구멍 BUNG HOLE

정확한 측정을 통해 통판 중 하나에 뚫은 구멍. 이 구멍을 통해 배럴에 위스키를 주입하고 빼낸다.

버트 BUTT

셰리를 담는 대형 배럴(500리터)로, 위스키 숙성에 사용한다.

캐스크 CASK

배럴과 같은 의미지만, 스코틀랜드나 아일랜드에서는 캐스크라는 용어를 선호한다.

태우기/차링 CHARRING

배럴 내부를 조절된 열기로 태우는 행위. 이렇게 함으로써 나무의 당분이 캐러멜화되고 성분이 수용성으로 변해 위스키로 쉽게 전달된다. 미국 증류업계에서는 대개 태우기 정도를 1~4단계로 구분한다.

냉각 여과 CHILL FILTRATION

병입 전 위스키를 냉각해 용해성 지방을 걸러내고 액체의 혼탁화를 방지하는 과정이다. 46% ABV 미만으로 병입하는 위스키에 주로 적용한다.

색소 첨가 COLORING

모든 배치에 일관된 색상을 부여하기 위해 인체에 무해한 캐러멜 색소를 더하는 과정으로, 스코틀랜드와 아일랜드에서는 허용하고 있다.

칼럼스틸 COLUMN STILL

연속식 증류기, 코피 증류기, 특허 증류기라고도 하며, 증류주의 연속적인 생산을 가능하게 한다.

응축기/콘덴서 CONDENSER

증류기를 나온 뜨거운 알코올 증기를 다시 액화하는 냉각장치.

향미 분자/콘지너 CONGENERS

코와 입을 통해 감지하는 유기물 속 화합물.

증류병/하단솥 CUCURBIT

'솥'을 뜻하며, 단식 증류기 중 액체가 담겨 가열되는 하단의 본체 솥을 가리킨다.

증류액 자르기/분획(초류, 중류, 후류) CUTS (HEAD, HEARTS, TAILS)

단식 증류에 반드시 필요한 과정으로, 증류액을 음용 가능한 부분과 그렇지 않은 부분으로 나누는 작업이다.

퀴베 배트 CUVÉE VAT

원하는 풍미 프로필을 얻기 위해 원액을 블렌딩하거나 매링하는 혼합용 탱크.

수상돌기 DENDRITES

향을 뇌로 전달하는 비강 내의 신경.

직화 DIRECT FIRE

증류기 하단에 직접 불을 피워 증기가 끓어오르게 하는 옛날 방식. 현대식 증류기의 경우, 더 효율적인 가열을 위해 증기 코일이나 증기 재킷을 활용한다.

증류액 DISTILLATE

증류의 최종 결과물, 또는 증류기에서 밖으로 배출되는 알코올이 함유된 액체.

증류(이중, 삼중 등) DISTILLATION(DOUBLE, TRIPLE, ETC.)

물질을 가열해 끓인 후 증기를 분리해 응축하는 과정. 위스키의 경우 알코올이 든 '맥주'를 끓여서 알코올 증기를 분리한 후 이를 다시 액체로 응축해 얻는다.

도나 터브 DONA TUB

발효를 준비하며 효모와 홉 등을 혼합하는 통.

더블러 DOUBLER

미국에서 칼럼스틸로 위스키를 만들 때 사용하는 2차 증류기로, 덤퍼와 유사하다. 액체 형태의 로우 와인(1차 증류에서 나온 증기를 식혀 얻은 증류액—옮긴이)을 더블러로 다시 증류하면 하이 와인(2차 증류로 알코올 도수가 높아진 증류액—옮긴이)이나 완성된 증류주가 된다.

곡물 찌꺼기/지게미 DRAFF

증류 후 바닥에 남은 곡물 잔여물. '포트에일(pot ale)'이라고도 부른다.

드램 DRAM

용량이 특정되지 않은 한 잔.

더니지 DUNNAGE

게일어로 '흙으로 된'이라는 의미다. 흙바닥과 석재 벽으로 된 자연적인 숙성 창고로, 배럴은 3~4층으로 낮게만 적층할 수 있다.

엘르바쥬 ELEVAGE

원액을 점점 더 오래된 배럴로 옮겨가며 숙성하는 방식으로, 배럴 안에서 증류주를 '기른다'는 의미다.

에스테르 ESTERS

발효 과정에서 생성되기 시작하는 과일 향 화합물로, 위스키 제조자들이 선호하는 특성이기도 하다.

에탄올 ETHANOL

효모가 당류를 발효하며 자연적으로 생성되는 단순 알코올 화합물로, 섭취가 가능한 알코올이다.

유제놀 EUGENOL

오크 배럴 숙성과 관련한 단순 알코올 화합물로, 정향 등 스파이시한 향을 낸다.

버번 배럴 EX-BOURBON

한때 버번이 담겨 숙성되었던 배럴로, 이후에는 버번이 아닌 모든 위스키를 숙성하는 데 사용한다.

후류액 FEINTS

증류 시 커팅한 세 번째 증류액. 알코올 도수가 낮고 유황과 오프노트를 비교적 높게 함유하지만 술에 개성을 더하기도 한다. 후류는 대개 별도로 받아내서 다시 증류한다.

발효 FERMENTING

산소의 유입이 없는 상태에서 효모가 당분을 먹어 치우고 분해하는 유기적인 과정으로, 모든 풍미의 시작점이 된다. 프랑스의 과학자 루이 파스퇴르(Louis Pasteur)는 발효를 '공기 없는 호흡'이라 부른 바 있다.

지문/핑거프린트 FINGERPRINT

블렌딩 시 메인이 되는 위스키 원액. 핑거프린트 원액을 중심으로 다른 원액을 첨가해 원하는 스타일을 만들어낸다.

피니싱 FINISHING

이중 숙성 또는 추가 숙성이라고도 한다. 숙성을 마친 위스키를 셰리나 포트 와인 등이 담겼던 다른 배럴에 다시 접촉해 풍미의 층을 추가적으로 입히는 과정이다.

초류액 FORESHOTS

증류 초기에 가장 먼저 배출되는 증류액으로, 알코올 함량이 매우 높고 순도가 떨어지며 쏘는 느낌이 난다. 초류액은 따로 받아내 다시 증류한다.

푸르푸랄 FURFURAL

숙성용 배럴에서 나오는 화합물로, 위스키에 빵과 말린 과일, 아몬드 풍미를 부여한다.

중성 주정 GRAIN NEUTRAL SPIRIT(GNS)

곡물 매시를 알코올 도수 94.8% ABV 이상으로 증류해 40% ABV(80프루프) 이상으로 병입한 술.

곡분/그리스트 GRIST

곡물을 분쇄한 것. 술을 만들 때는 곡분을 물에 담가 당분을 추출해 발효를 준비한다.

중류액 HEARTS

증류 중간에 배출되는 증류액이다. 알코올의 순도가 높으며, 바로 병입하거나 배럴에 숙성할 수 있다.

혹스헤드 HOGSHEAD

65갤런 용량의 배럴로, 대개 아메리칸 스탠더드 배럴(53갤런)을 분해한 후 통판을 추가해 다시 조립하는 방식으로 만든다. 아메리칸 스탠더드 배럴 다섯 개로 혹스헤드 네 개를 만들 수 있다.

껍질 HULL

제분을 통해 곡분과 미분에서 분리되는 겉껍질.

비중계 HYDROMETER

비중을 측정해 액체에 함유된 알코올의 양을 확인하는 유리관 장치.

카이젠 KAIZEN

공급망의 모든 측면에서 결함을 조금씩 제거해 제조를 지속적으로 개선하려는 일본의 경영 개념.

락토바실러스 LACTOBACILLUS

자연계에 늘 존재하는 박테리아의 일종. 발효 시 락토바실러스균의 활동에 따라 당분 생산이 촉진되기도 하고 매시가 사용할 수 없을 정도로 시큼해지기도 한다.

락톤 LACTONES

참나무에서 발견되는 화합물로 굽기나 태우기를 통해 활성화하면 코코넛이나 헤이즐넛, 아몬드 향이 생성된다.

라우터링 LAUTER

맥주 제조 시 담금한 곡물을 저어서 곡물과 당화액을 분리하는 과정.

리그닌 LIGNIN

(곡물, 나무 등) 식물성 물질에 함유된 고분자 화합물로, 일반적으로 선호되는 바닐린 등의 다양한 풍미를 생성한다.

로우 와인 LOW WINES

증류기를 한 번 통과한 증류액으로, 알코올 도수는 대개 22~25% ABV다. 알코올 도수를 높이려면 다시 한번 증류해야 한다.

라인암/증류관 LYNE ARM (LYE PIPE)

거위목(gooseneck)이라고도 부른다. 스틸 상단에 연결된 관으로, 뜨거운 알코올 증기를 응축기로 운반하는 역할을 한다.

맥아 제조/몰팅 MALT(ING)

전분을 당으로 전환하기 위해 보리 등의 곡물을 일정한 간격으로 물에 접촉해 부분적으로 발아시키는 과정.

매싱 MASH

분쇄한 곡물에 따뜻한 물을 섞어 맥아즙의 당분을 분리하는 과정.

매시빌 MASHBILL

위스키를 만들 때 쓰이는 곡물의 배합 비율을 뜻하며, 대개 버번 제조 시 옥수수 외에 들어가는 호밀/밀/보리 등의 비율을 나타낼 때 쓴다. 매시빌의 구성에 따라 버번에는 독특한 풍미 차이가 나타난다.

당화조/매시턴 MASH TUN

쿠커(cooker)라고도 부른다. 당화조에서는 곡물을 당화해 당분이 있는 맥아즙을 만든다.

마우스필 MOUTHFEEL

위스키를 마실 때 입안에 느껴지는 진함, 가벼움, 점성, 기름기, 타닌 등 감각적 인식.

옥타브 OCTAVE

13~16갤런 용량의 배럴로, 한때 가정에서 보관용으로 사용했다.

감각수용 ORGANOLEPTIC

후각과 미각 등을 통해 유쾌 또는 불쾌하게 인식하는 자연의 모든 것.

피트/이탄 PEAT

물이 많은 지역 주변의 땅속 깊은 곳에서 식물질이 분해되어 생성된 물질. 과거 난방을 위한 연료로 사용했으며, 위스키 제조의 경우 몰팅 과정에서 보리에 향을 부여하는 역할을 한다.

페놀 PHENOL

일반적으로 물질의 연소 시 발생하며, 위스키 제조의 경우 피트를 이용한 가열이나 배럴 태우기 과정에서 발생한다. 스모키함과 약품 느낌, 타르 향 등으로 인지된다.

단식 증류/포트스틸 POT STILL

뚜껑이 있는 용기에 유기물을 담은 후 가열해 특정 성분을 분리하고 정화하는 방식. 단식 증류는 위스키 제조의 핵심이다.

펀천 PUNCHEON

110~140갤런 용량의 배럴로, 주로 맥주 양조에 쓴다.

퓨어포트스틸 PURE POT STILL

아일랜드 전통 스타일로, 몰팅한 곡물과 몰팅하지 않은 생곡물을 혼합해 만든 위스키다. 2010년부터 '퓨어포트스틸'이 아닌 '싱글포트스틸'로 명칭이 변경되었다.

교정/수정 RECTIFICATION

증류를 마친 원액을 수정하거나 변경하는 것. 추가 증류, 숯을 이용한 여과, 향료 첨가 등을 모두 포함한다. 교정에 대한 논의에서는 맥락이 중요하다.

환류 REFLUX

단식 증류기 내에서 알코올 증기가 상승과 하강을 반복하는 현상. 알코올 증기는 이 현상을 통해 가벼운 원소와 무거운 원소로 분리된다.

레토르트 증류기 RETORT

단식 증류기의 먼 조상.

릭하우스/랙형 저장창고 RICKHOUSE

위스키를 숙성하는 자연적인 창고로, 바닥은 흙과 나무이며 배럴을 눕혀서 쌓을 수 있는 나무 선반이 있다. 미국에서 부르는 '창고(warehouse)'와 규모

면에서 비슷하다.

당화 SACCHARIFICATION
발효를 통해 유기 혼합물에서 자당 또는 단순당을 추출하는 과정.

쇼추 SHOCHU
쌀이나 보리를 증류해 만든 일본의 전통 증류주

솔레라 SOLERA
어린 셰리와 오래 숙성한 셰리를 단계별로 혼합해 최종 제품의 일관성을 유지하는 숙성 시스템.

사워 매시 SOUR MASH
박테리아 오염을 방지하고 일관성을 유지하기 위해 증류에 한 번 사용한 곡물 찌꺼기 일부를 다음번 증류하는 맥주 매시에 혼합해 pH 균형을 조정하는 방식. 백셋(backset)이라는 용어로 부르기도 한다.

맥박 여과/스파징 SPARGING
곡물을 매싱해 당분을 추출할 때는 일반적으로 온도를 점점 높여가며 세 차례에 걸쳐 뜨거운 물을 붓는다. 마지막 가장 뜨거운 물로는 곡물 매시에 남은 당분을 뽑아내는데, 이 과정을 스파징이라고 한다. 마지막 부은 물은 다음 매시에 붓는 첫 번째 물로 사용한다.

스피릿 세이프 SPIRIT SAFE
증류주 커팅이 이루어지는 유리와 놋쇠 재질의 상자로, 증류업체가 세금을 적게 내고자 술을 빼돌리는 것을 막기 위해 자물쇠로 잠가두고 관리했다.

증류기/스틸(워시스틸, 포트스틸 등)
STILL (WASH, POT, ETC.)
발효한 액체를 끓여 알코올을 기화하고 응축해 증류주를 만드는 데 쓰는 밀폐된 용기.

백조목/스완넥 SWAN NECK
라인암과 유사하며, 증류기의 뜨거운 증기를 응축기로 전달하는 역할을 한다.

타닌 TANNIN
참나무에서 자연적으로 발생하는 일종의 수렴제로, 시간이 지나면서 위스키의 풍미에 영향을 준다.

덤퍼 THUMPER
미국에서 위스키 제조 시 사용하는 2차 증류기. 칼럼스틸에서 포집한 증기 형태의 로우 와인이 물을 통과해 덤퍼로 주입되면 2차 증류를 거쳐 완성된 증류주로 배출된다. 이 과정에서 나는 독특한 쿵쾅거리는(thumping) 소리 때문에 덤퍼라는 이름이 붙었다.

굽기/토스팅 TOASTING
배럴 내부를 저강도로 천천히 가열해 나무 깊은 곳에 있는 당분을 전환함으로써 풍미를 만드는 과정.

트리클 TREACLE
설탕을 정제하는 과정에서 생산된 시럽으로, 당밀과 유사하나 품질이 떨어진다.

턴 TUN
풍미를 잃고 중화된 대형 목재 용기로, 숙성된 위스키 원액을 담아 병입이나 블렌딩을 준비하는 용도로 쓰인다.

언더백 UNDERBACK
매시턴(또는 쿠커)에서 당화된 맥아즙을 보관하는 용기. 스코틀랜드에서는 발효를 시작하기 전 여기에서 맥아즙을 식힌다.

바닐린 VANILLINS
참나무에서 발견되는 화합물로, 가열하면 달콤한 바닐라나 크림, 커스터드 풍미를 낸다.

휘발성 VOLATILE
증류 과정에서 변화할 가능성이 가장 높은 성분. 휘발성이 가장 높은, 즉 가장 가벼운 성분은 증류기에서 응축기로 쉽게 이동하며, 휘발성이 낮고 무거운 성분은 증류기에 남아 걸러진다.

워시 WASH
맥주 형태의 증류 모액으로, 증류기를 거쳐 위스키가 된다.

워시백 WASHBACK
증류 이전 최종적인 발효가 이루어지는 대형 용기.

웜터브 WORM TUB
찬물을 통과하는 나선형의 한 줄짜리 코일튜브로, 증류기에서 나온 뜨거운 증기를 다시 액체로 변환한다. 웜터브는 현대적인 응축기로 대체되었다.

맥아즙/워트 WORT
발효를 위해 제분한 곡물에 뜨거운 물을 부어 만든 당화즙.

효모 YEAST
발효를 통해 맥주를 만들 때 맥아즙의 당분을 먹고 알코올과 이산화탄소를 생성하는 자연 발생적인 미생물.

감사의 말

○ 시카고의 딜라일라스(Delilah's) 바에서 만나볼 수 있는 방대하고 전설적인 위스키 셀렉션.

존경해 마지않는 위스키 작가들이 쓴 40여 권의 책을 읽은 내게 위스키에 관한 책을 쓴다는 것은 꽤 주눅이 드는 일이었다. 그중 많은 이가 이 책에 언급되었고, 또 내 동료이기도 하다. (모두가 빚을 지고 있는) 알프레드 바너드에서부터 이제는 고인이 된 마이클 잭슨까지, 나는 이들의 책과 기고문, 블로그, 짧은 기록들을 따라다니며 내가 너무나도 사랑하는 위스키라는 술에 대한 정보와 데이터와 이야기를 찾았다. 정말이지 모든 이에게 지식과 지혜를 빚지고 있음을 느끼는 지금, 내가 그들의 이야기를 제대로 전달했기만을 바랄 뿐이다.

이렇게 많은 이가 모인 재능의 숲에서 어떤 주제를 잡아야 할지 고민하던 중 데이브 브룸이 내게 해준 말이 뜻밖의 해결책이 되어주었다. 작업을 막 시작했던 당시 나는 우연히 만난 데이브에게 책을 집필 중이라고 고백했다. 데이브는 축하와 격려를 아끼지 않았다. 그러나 그의 책은 도서관 내에서도 가장 방대한 정보를 담은 책이었고, 나는 그의 책에 담긴 엄청난 지식에 주눅이 들었다. 내 걱정을 털어놓자 데이브가 내게 말했다. "하지만 로빈, 우리 중에 위스키를 실제로 팔아본 사람은 자네뿐이잖아." 그 말을 듣자 머릿속에 종소리가 울렸다.

맞는 말이었다. 나는 위스키의 현장에서 수많은 유통업체, 소매업체, 바텐더 그리고 소비자를 만나왔다. 위스키 샘플이 잔뜩 담긴 가방을 끌고 미국 전역의 거리 구석구석을 다녔다. 차에 위스키를 가득 싣고 다니며 전국의 상점과 바, 행사장에서 테이블과 판매대, 부스를 설치했다. 수천 병의 샘플 위스키를 따르고, 수천 마일을 비행했다. 소비자를 설득하고, 바텐더를 교육하고, 영업 사원들의 사기를 북돋고, 바쁜 소매업체와 진열대 자리를 놓고 협상을 벌였다. 위스키 상자를 나르고 성과를 냈다. 나는 위스키 붐의 시작점을 경험했다. 이 모든 것이 내가 할 수 있는 이야기였다.

이 점에 관해서는 나의 30년 지기 찰스 메리노프에게 특별히 감사의 마음을 전하고 싶다. 기술 분야에서 일하며 위스키 블로그에 글을 쓰고 친구들과 시음회를 여는 내 모습에서 위스키에 대한 열정을 느낀 찰스는 내게 기회를 열어주었다. 어느 날 밤 모임에서 찰스는 내게 컴퍼스박스의 존 글레이서와 함께 위스키업계에서 일해볼 생각이 있는지 물었고, 나는 두 번 생각할 것도 없이 수락했다.

애스터 센터의 앤디와 롭 피셔를 비롯한 모든 관리자에게도 큰 빚을 졌다. 그들 덕에 나는 센터에서 10년이 넘게 다양한 위스키 강좌를 진행할 수 있었다. 그 수업 중 하나를 듣고 내게 집필을 권해준 첫 편집자 제임스 제이요와 망설이고 있던 나를 설득해준 에이전트 메릴린 앨런에게도 감사하다. 무한한 인내심으로 나를 저자의 길로 이끈 현재의 편집자 존 메일스 그리고 이 책이 만들어지는 데 필요한 수많은 세부사항을 담당해준 스털링 출판사의 크리스틴 헌, 스콧 애머만, 린다 리앙에게도 고마운 마음을 전한다. 위스키의 과학에 대해 시도 때도 없이 던져대는 모호한 질문에 늘 기꺼이 답해준 디아지오의 리즈 로즈와 레오폴드브러더스의 토드 레오폴드에게도 감사하다. 끝없는 인내심으로 그리고 삶을 있는 그대로 바라보는 꾸밈없는 태도로 내 인생에 빛을 밝혀준 아내 에이미와 딸 로즈에게도 고마운 마음을 전하고 싶다.

다음은 나를 기꺼이 환영해주고, 방문을 주선해주고, 길을 알려주고, 절벽에서 떨어지지 않게 도와주고, 수많은 이메일과 전화 문의에 답해주고, 접근이 불가한 곳에 들어갈 수 있게 해준 고마운 담당자들이다. 암룻 증류소: 프라모드 카시얍, 강가 프라사드. 아사히 홀딩스: 카지 에미코, 토모요시 나오키. 버펄로트레이스: 마크 브라운, 프레디 존슨, 에이미 프레스크, 크리스티 울드리지. 캄파리-포티크릭: 존 앤더슨, 크리스 톰슨. 캐슬브랜즈: 존 더빈. 치치부 증류소: 요시카와 유미. 플레이버맨 앤 문샤인 유니버시티: 콜린 블레이크. 포로지스: 자루샤 플로레스, 패티 홀랜드. 글래스 레볼루션 임포츠: 라지 사브하르왈. 글렌케런 크리스털: 앤디 데이비슨, 스콧 데이비슨, 마티 더피, 제이슨 케네디. 고든앤맥파일: 데이비드 킹, 스티븐 랜킨. 헤븐리 스피리츠: 크리스틴 쿠니. 하이랜더 인: 미나가와 타츠야. 하이람워커: 닐 비숍. 임펙스 임포츠: 샘 필머스. 인디펜던트 스테이브: 브래드 볼트, 테리 스미스, 제이슨 스타우트. 킬베간: 존 캐시먼. 믹터스: 조지프 매글리코, 케니 응. 미즈 쇼추: 이치오카 타케오. 니트 글래스: 조지 맨스카. 폴 존

인더스트리스: 아사 에이브러햄. 페르노리카: 제러드 그레이엄, 닉 파파니칼루, 앤드루 위어. PM 스피리츠: 레오나르도 카메르시오. 프루프 포지티브 비버리지: 스티븐 숄러. 사보나 커뮤니케이션스: 마누엘라 사보나. 스커닉 임포츠: 지나 렌 베르가. 산토리 홀딩스: 사사키 유스케. 틸링 증류소: 스티븐 틸링. 테를라토 임포츠: 마이클 클레이튼. 토키와 임포츠: 에릭 스완슨. 위민후위스키: 일라나 와이스. 와그스태프 월드와이드: 어맨다 해서웨이. 그리고 증류주업계에서 만나 나와 친구가 되어주고, 많은 것을 가르쳐주고, 많은 웃음과 위스키를 함께 나눈 멋진 이들에게 감사하고 싶다. 우리의 사이에 결코 술이 마르지 않기를.

다음에 나열한 이들은 모두 내게 귀한 시간을 내어 자신이 하는 일에 대해, 그 일을 하는 이유에 대해 설명해주었다. 위스키를 더 깊게 이해할 수 있도록 이들이 들려준 많은 이야기를 이 책 곳곳에 인용했다. 그 모든 이에게, 그들의 팀에게 그리고 그들이 지닌 위스키에 대한 마음에 감사의 말을 전한다. 스코틀랜드 아벨라워: 앤 밀러. 인도 암룻 증류소: 아쇼크 초칼링감, 수린더 쿠마르. 바카디아메리카: 앨버트 가르자. 미국 켄터키주 버펄로트레이스: 할란 휘틀리. 일본 치치부: 아쿠토 이치로. 스코틀랜드 컴퍼스박스 위스키: 존 글레이서. 디아지오 북미: 리즈 로즈. 디아지오 크라운로열 캐나다: 마크 발케네드, 조애나 스캔델라. 디아지오 스코틀랜드: 앤드루 밀소프. 디스텔(딘스톤) 스코틀랜드: 커스티 매컬럼, 스티븐 우드콕. 미국 일리노이주 퓨 스피리츠: 폴 훌레트코. 미국 켄터키주 플레이버맨: 톰 깁슨. 캐나다 포티크릭: 빌 애쉬번. 미국 켄터키주 포로지스: 브렌트 엘리엇, 앨 영. 미국 뉴저지주 지보단: 톰 디지아코모. 스코틀랜드 글렌알라키: 리처드 비티, 그레이엄 스티븐슨, 빌리 워커. 스코틀랜드 글렌파클라스: 컬럼 프레이저, 조지 S. 그랜트. 스코틀랜드 글렌드로낙: 레이철 배리. 스코틀랜드 글렌모렌지: 빌 럼스덴. 스코틀랜드 고든앤맥파일: 데이비드 킹, 스티븐 랜킨. 캐나다 하이람워커: 돈 리버모어. 미국 켄터키주 인디펜던트 스테이브 컴퍼니: 앤디 할로웨이, 마이크 넛슨, 개럿 노웰, 앤드루 위브링크. 스코틀랜드 인버 하우스: 고든 브루스. 미국 켄터키주 켈빈 쿠퍼리지: 폴 맥러플린. 미국 켄터키주 켄터키 아티잔 디스틸러리: 크리스 밀러, 제이드 피터, 트레이 졸러. 미국 일리노이주 코발 디스틸링: 소낫 버네커. 미국 콜로라도주 레오폴드브러더스: 토드 레오폴드. 미국 켄터키주 믹터스: 맷 벨, 댄 맥키, 안드레아 윌슨. 일본 닛카: 타다시 사쿠마. 인도 폴 존 증류소: 마이클 수자, 폴 존. 미국 프루프 앤 우드: 데이브 슈메이. 미국 캘리포니아 소노마 증류소: 애덤 스피겔. 미국 캘리포니아주 세인트조지 스피리츠: 랜스 윈터스. 일본 산토리: 후쿠요 신지, 마이크 미야모토. 미국 켄터키주 벤덤: 롭 셔먼. 스코틀랜드 화이트앤맥케이: 그렉 글래스. 스코틀랜드 윌리엄그랜트앤선즈: 브라이언 킨스먼. 캐나다 울프헤드: 톰 맨허츠. 마지막으로 나의 위스키 시음회에 패널로 참석해준 커트 메이틀랜드, 수잔나 스키버-바튼, 재키 서머스, 조쉬 해튼, 클레이 워싱턴, 게리 피카드, 말론 팔투, 프랭크 시아파, 찰리 프린스, 베키 만, 톰 리히터, 로즈 로빈슨, 크리스토퍼 디아스에게 감사의 말을 전한다.

사진 출처

Courtesy of Aberlour: 213 right

Alamy: Chronicle: 196; Creative Touching Imaging Ltd.: 147; North Wind Picture Archive: 75 top left

Courtesy of Amorik: 56, 250 top, 272 bottom third from left

Courtesy of Amrut: 246, 257, 258, 263

Courtesy of Angel's Envy: 57

AP Images: Eric Risberg: 225

Courtesy of Balcones: 35, 75 bottom, 109, 128, 129 bottom right; ©Joe Griffin: 10; ©Boone Rodriguez: 102

Courtesy of Barrel Bourbon: 111 bottom left

Courtesy of Beam Suntory: 15 bottom right, 28 top, 81 bottom, 94 top right, 97 bottom, 100 bottom right, 142 bottom, 155 bottom, 158 bottom third from right, 160, 175, 191 bottom right, 220, 223 top, 227, 229 top center and top right, 233 bottom, 244 bottom third from left

Courtesy of Black Velvet: 150

Courtesy of Brenne: 256 bottom

Bridgeman Images: 11; Peter Newark American Pictures: 78; Science Museum, London, UK: 162

Courtesy of Brown-Forman: 27, 75 top right, 100 bottom left, 191 bottom left, 218 bottom second from left

Courtesy of Bruichladdich Distillery: endpapers, 40, 191 top left, 205, 208, 218 bottom left

Courtesy of Buffalo Trace: 42, 53, 71 top, 72, 74, 80 top and bottom left, 100 bottom second from left

Courtesy of Bunnahabhain: 4, 200; ©Chris Lomas: 15 top

Courtesy of Bushmills: 174

Courtesy of Campari: 134, 154, 155 top, 158 center

Kitchener-Waterloo Record/Canada Press: 143 left

Courtesy of Charbay Distillery: 129 top left

Courtesy of Chichibu: 33 bottom, 233 top, 241, 244 bottom center

Courtesy of Collingwood: 157 top left, 158 bottom second from right

Courtesy of Compass Box: 14 top, 194 bottom left, 218 bottom center, 292

Courtesy of Conecuh Ridge Distillery Inc.: 99 bottom

Courtesy of Copper Fox: 110, 121 top right

Courtesy of Corby: 142 top, 158 bottom second from left

Courtesy of Craft Distillers: 115 top, 132 bottom second from left

Courtesy of Dad's Hat: 116

Courtesy of Deanston: 46 bottom, 213 left, 218 bottom second from right

Courtesy of Deutsch Family Wine & Spirits: 111 top left, 132 bottom left

Courtesy of Dewars: 2, 18, 197 bottom left, 198 right; ©Till Britze: 70, 206; ©Malcolm Cochrane: 34; ©Chris Watt: 64

Courtesy of Diageo: 90, 99 top

Courtesy of Dingle: 181 left, 186 bottom center

Courtesy of Distillerie Meyer: 256 top

Courtesy of Domaine des Haute: 250 bottom, 251, 252, 272 bottom second from left

Courtesy of Dublin City Libraries and Archives: 164

Courtesy of Duncan Taylor: 197 bottom right

Courtesy of E & J Gallo Winery: 115 bottom

Courtesy of Far North: 104, 122 left; © Megan Sugden: 88, 122 right

Courtesy of FEW Spirits: 112

Filson Historical Society: 81 top

Courtesy of Four Roses: 83 top right, 98, 100 bottom second from right

Getty Images: Alexlukin/iStock/GettyPlus Images: 278 top right; Colin McConnell/Toronto Star: 137; Toronto Star: 143 right

Courtesy of Glenallachie: 44

Courtesy of Glencairn: 100 top, 132 top, 158 top, 186 top, 218 top, 244 top, 272 top, 277 right

Courtesy of Glendalough Distillery: 181 right

Courtesy of Glenfarclas: 8, 216, 217, 218 bottom right

Courtesy of Glenfiddich: 214 right

Courtesy of Glengoyne: 25, 188

Courtesy of Glenora Distillers: 157 bottom left

Courtesy of Heaven Hill: 80 top right, 94 bottom left, 100 bottom third from left and middle

Courtesy of High Coast Distillery: 32, 265, 266

Courtesy of High West Distillery: 111 top right, 132 bottom center

Courtesy of Hillrock Distillery: 71 bottom

Courtesy of Hotaling & Co.: 89 top, 100 bottom third from right

Courtesy of Ian Macleod Distillers: 197 top left, 218 bottom third from right

Courtesy of ImpEx Beverages: 33 top

Courtesy of InBev: 204

Courtesy of IronRoot Republic: 129 bottom left

Courtesy of J & A Mitchel & Co.: 191 top right

Courtesy of James Sedgwick Distillery: 268 top

Courtesy of Jefferson's Bourbon: 94 bottom right, 111 bottom right

Courtesy of Johnnie Walker: 61

Courtesy of Kavalan: 264

Courtesy of King's County Distillery: 129 top right, 132 bottom right; ©Valery Rizzo: 126

Courtesy of Knappogue Castle: 180, 186 bottom third from right

Courtesy of KO Bare Knuckle: 107

Courtesy of KOVAL: 123 top, 132 bottom third from right; ©Jaclyn Simpson: 123 bottom

Courtesy of Leopold Bros.: 24, 30, 45, 89 bottom, 121 bottom right and left

Library of Congress: 79, 82, 138, 141, 144, 198 left

Courtesy of Loch Lomond: 50, 65 bottom

Courtesy of Lot 40: 148, 158 bottom left

Courtesy of Macallan Distillers: 197 top right

Courtesy of Mars Shinshu Distillery: 229 bottom left, 243 top, 244 bottom third from right

Mary Evans Picture Library: 77; ©National Museums Northern Ireland: 165

Courtesy of MGP: 91

Courtesy of Michter's Distillery: 1, 37, 80 bottom right, 86, 96, 130, 131 top, 132 bottom second right; ©Nerissa Sparkman: 92

Courtesy of Midleton: 47, 170, 172 top, 173, 178; ©Barry McCall: 172 bottom

National Archives: 21

National Library of Scotland: 193

Courtesy of Navazos: 269, 272 bottom right

Courtesy of NEAT: 277 left

Courtesy of New Riff: 131 bottom

Courtesy of Nikka: 38, 223 bottom, 224, 226, 229 bottom right and top left, 230, 235, 238, 240, 244 bottom left and second from left and bottom second from right

Courtesy of Norlan: 278 bottom right

Courtesy of Paul John: 259, 260, 262 top, 272 bottom third from right

Courtesy of Pearse Lyons: 184 right, 185

Courtesy of Penderyn: 248, 272 bottom left

Courtesy of Pernod Ricard: 65 top, 83 bottom, 136, 140, 149 top, 158 bottom third from left, 194 top, 218 bottom third from left, 291; ©FlashStock Technology: 149 bottom

Courtesy of Proof and Wood: 83 top left

Courtesy of Proximo: 28 bottom

Courtesy of PurGeist: 14 bottom

Courtesy of Radico Khaitan Ltd.: 262 bottom, 272 bottom center

Courtesy of Redbreast/Irish Distillers: 176 right, 186 bottom third from left

Courtesy of Reidel: 278 left

Courtesy of Reisetbauer Austria: 268 bottom, 272 bottom second from right

Courtesy of Michael Ries: 281

Rijksmuseum: 192

Robin Robinson: 23, 43, 49, 152, 176 left, 237, 283, 294

Courtesy of Rozelieures: 253, 254

Courtesy of Sazerac: 76, 97 top

Courtesy of Scotch Whisky Research Institute: 63

Courtesy of SIA: 67, 68

Courtesy of Slane: 177

Courtesy of Smooth Ambler: 6

Courtesy of SMWS: 60, 210, 211, 274

Courtesy of Sonoma Distilling: 124; ©Michael Woolsey

Courtesy of Sons of Liberty: 125

Courtesy of Spirit of Hven: 267

Courtesy of Springbank: 52

Courtesy of St. George Spirits: 118; © Laurel Dailey: 114

Courtesy of Starward Nova: 271

Courtesy of Still Waters Distillers: 157 bottom right, 158 bottom right

Courtesy of Surnik Wines: 243 bottom

Courtesy of Teeling: 179 top, 186 bottom second from left; ©Patrick Bolger: 179 bottom

Courtesy of The Balvenie: 212, 214 left

Courtesy of Túath: 276

Courtesy of Tullamore D.E.W.: 182, 183 top, 186 bottom second from right

Courtesy of Tuthilltown: 119; ©Ben Stechshultlte: 95

© The University of Edinburgh Art Collection: 195

Courtesy of Walsh Whiskey: 184 left, 186 bottom right

Wellcome Collection: 12, 15 bottom left

Courtesy of West Cork: 183 bottom

Courtesy of Westland: 26, 46 top, 55, 58, 113 bottom

Courtesy of Honesto "Jun" Nunez/Whiskey Blasphemy Club: 284

Courtesy of WhistlePig: 113 top, 132 bottom third from left

Courtesy of Wieser: 270

Courtesy of Wikimedia Commons: HighKing: 167; Library of Congress: 222; Masterofmalt: 194 bottom right

Courtesy of Willett: 94 top left

Courtesy of Wolfhead Whiskey: 157 top right

위스키 수업

1판 1쇄 인쇄 2025년 3월 15일
1판 1쇄 발행 2025년 3월 31일

지은이 로빈 로빈슨
옮긴이 정영은

발행인 황민호
본부장 박정훈
외주편집 김기남
기획편집 신주식 김선림 최경민 윤혜림
마케팅 조안나 이유진
국제판권 이주은 한진아
제작 최택순

발행처 대원씨아이㈜
주소 서울특별시 용산구 한강대로15길 9-12
전화 (02)2071-2094
팩스 (02)749-2105
등록 제3-563호
등록일자 1992년 5월 11일

ISBN 979-11-423-1033-1 03590